职业本科教育计算机类专业基础课
MOOC+SPOC 系列教材

Python 程序设计项目化教程

主　编　孙永道
副主编　侯江丽　庞梦圆
参　编　罗文堃

中国教育出版传媒集团
高等教育出版社·北京

内容提要

本书为职业本科教育计算机类专业基础课 MOOC+SPOC 系列教材之一。

本书围绕职业本科教育计算机类专业人才培养目标，结合“Python 程序设计”课程定位及学生认知特点，从实践的角度出发，全面介绍 Python 语言的环境搭建、基本数据处理、流程控制、批量数据处理、文本数据处理、函数应用、模块化编程、文件读写操作和面向对象编程等内容，以及人工智能研究领域最新研究成果的应用实践，包括网络资源批量抓取、手写数字识别、手势识别和目标检测等。全书采用项目-任务编写模式，通过“任务-学习-实践”的设计思路，将来自信息技术产业日常工作、企业面试、经典问题、新技术等方面的真实任务融入 10 个项目中，体现理论与实践深度融合的职业本科教育特色。

本书配套有微课视频、PPT 课件、拓展阅读及实践、任务实现代码、习题答案、在线编程平台及题库等丰富的数字化学习资源。与本书配套的数字课程“Python 程序设计”在“智慧职教”平台（www. icve. com. cn）上线，学习者可登录平台进行在线学习，授课教师可调用本课程构建符合自身教学特色的 SPOC 课程，详见“智慧职教”服务指南。教师也可发邮件至编辑邮箱 1548103297@ qq. com 获取相关资源。

本书可作为职业本科院校 Python 程序设计基础课程的教学用书，也可作为 Python 学习者的参考教程。

图书在版编目（CIP）数据

Python 程序设计项目化教程 / 孙永道主编．--北京：高等教育出版社，2023.8

ISBN 978-7-04-059646-5

Ⅰ．①P…　Ⅱ．①孙…　Ⅲ．①软件工具-程序设计-高等职业教育-教材　Ⅳ．①TP311.561

中国国家版本馆 CIP 数据核字（2023）第 009312 号

Python Chengxu Sheji Xiangmuhua Jiaocheng

策划编辑　刘子峰　　责任编辑　许兴瑜　　封面设计　张　志　　版式设计　马　云
责任绘图　李沛蓉　　责任校对　刁丽丽　　责任印制　朱　琦

出版发行　高等教育出版社
社　　址　北京市西城区德外大街 4 号
邮政编码　100120
印　　刷　北京宏伟双华印刷有限公司
开　　本　787 mm×1092 mm　1/16
印　　张　18. 5
字　　数　410 千字
购书热线　010-58581118
咨询电话　400-810-0598

网　　址　http://www.hep.edu.cn
　　　　　http://www.hep.com.cn
网上订购　http://www.hepmall.com.cn
　　　　　http://www.hepmall.com
　　　　　http://www.hepmall.cn
版　　次　2023 年 8 月第 1 版
印　　次　2023 年 8 月第 1 次印刷
定　　价　52. 00 元

物 料 号　59646-00

“智慧职教”服务指南

“智慧职教”（www. icve. com. cn）是由高等教育出版社建设和运营的职业教育数字教学资源共建共享平台和在线课程教学服务平台，与教材配套课程相关的部分包括资源库平台、职教云平台和App等。 用户通过平台注册，登录即可使用该平台。

● 资源库平台：为学习者提供本教材配套课程及资源的浏览服务。

登录“智慧职教”平台，在首页搜索框中搜索“Python程序设计”，找到对应作者主持的课程，加入课程参加学习，即可浏览课程资源。

● 职教云平台：帮助任课教师对本教材配套课程进行引用、修改，再发布为个性化课程（SPOC）。

1. 登录职教云平台，在首页单击“新增课程”按钮，根据提示设置要构建的个性化课程的基本信息。

2. 进入课程编辑页面设置教学班级后，在“教学管理”的“教学设计”中“导入”教材配套课程，可根据教学需要进行修改，再发布为个性化课程。

● App：帮助任课教师和学生基于新构建的个性化课程开展线上线下混合式、智能化教与学。

1. 在应用市场搜索“智慧职教 icve”App，下载安装。

2. 登录App，任课教师指导学生加入个性化课程，并利用App提供的各类功能，开展课前、课中、课后的教学互动，构建智慧课堂。

“智慧职教”使用帮助及常见问题解答请访问 help. icve. com. cn。

前　言

随着信息技术的快速发展，各种编程语言之间的“竞争”也在不断发生变化。产生于20世纪90年代的Python语言，随着人工智能技术研究的不断深入和广泛应用，近年来越发受到广大编程爱好者的高度青睐，2021—2022年度已连续两年高居TIOBE编程语言排行榜榜首。Python具有简单的语法结构、丰富的第三方库和强大的项目开发支持，广泛应用于科学计算、图像处理、Web编程、人工智能、大数据处理等领域，也成为目前各层次学生学习编程语言的首选。

职业本科教育的教材要求既要突出实践性，又要具有一定的理论深度。此外，职业本科院校编程语言课程的教学也需要顺应时代变化，与时俱进，主动承担起培养具有丰富“工程实践”经验的岗位技术能手的重任。同时，编程教学要适应新技术的发展要求，融入最新的信息技术产业研究成果和研究方法，这样才能让学生更好地适应就业岗位的工作需求。本书正是基于这样的背景编写而成。

本着实践为主的目的，同时为满足职业本科层次学生对知识体系及内容深度的要求及职业本科教育类型特色，编者结合大量与信息技术产业面试题、典型问题、算法设计、工作内容等密切相关的实践任务，通过10个项目，全面介绍Python语言的环境搭建、基本数据处理、流程控制、批量数据处理、文本数据处理、函数应用、模块化编程、文件读写操作和面向对象编程等内容，以及人工智能研究领域最新研究成果的应用，包括网络资源批量抓取、手写数字识别等。此外，为了加快推进党的二十大精神进教材、进课堂、进头脑，编者在以下几个方面进行了探索与创新，体现教材特色。

（1）树化技能，引导教学

本书各项目根据学生需要掌握的知识和技能，归纳提炼出相应的“知识技能树”，让教师在教学过程中目标明确、有的放矢，并通过大量的实践和拓展学习将技能树的关键内容充分融入教材，引导学生在实践中强化和提升技能，体现高素质技术技能人才培养特色。此外，学生还可以随时通过书后附录的《学习达标统计》进行自我检查，进一步提升自主学习效率，从而落实全面提高人才自主培养质量要求。

（2）任务主导，实践贯穿

本书将每个项目分解为多个任务，在每个任务中首先给出具体的实践项目作为学习引导，再通过相关知识部分讲解关联的理论知识，最后对实践项目进行指导。每个任务的设计都是以本项目中某个知识点为主导，每个任务都配备3~8个实践项目，这些实践项目均经过精心设计，它们或与工作内容紧密相关，或为最新技术应用，或为求职面试题目等。通过这种实践贯穿始终的学习方式，可有效提高知识的应用和灵活解决实际问题的能力。本书注重引导读者的自主学习，将相关知识放在任务之后，读者学完相关知识后，在实践指导引导下，可以独立完成相关任务。另外，在附录部分提供了与每个任务对应的拓展实践题目，这样既能照顾大部分读者，又能满足部分有更高要求读者的个性化需求。

（3） 在线平台，记录成长

本书结合 Python 编程语言特点，提供搭建在线编程平台支持，供用书院校免费使用，使教与学可以在任何网络状况下进行在线实践，弥补了传统在线课仅仅提供视频学习和一些客观题，而无法锻炼读者实践技能的不足。同时，通过在线平台的过程记录和比赛模块，可以更好地激励读者的学习兴趣，进一步推动现代信息技术与教育教学的深度融合，展现教育数字化发展成果。

（4） 紧跟时代，智能引领

本书紧跟时代发展要求，将最新的科技研究成果引入其中，贯彻科技是第一生产力、创新是第一动力的发展理念。例如，在项目 10 中，适时引入当前最新的人工智能研究成果，包括通过“网络资源批量采集项目”为人工智能模型训练采集数据集，通过“手写数字识别项目”理解人工智能的神经网络思想，通过“手势识别项目”理解机器视觉方面的应用，通过“目标检测项目”提升人工智能在物体检测方面的原理理解和应用水平。

基于多年的项目开发经验，以及编程语言课程教学经验和课程体系开发经验，建议将本书学习设置为 64 学时。其中，50 学时为项目 1～项目 9 有关 Python 语言基本编程技能的学习，14 学时为项目 10 有关人工智能研究成果应用实践的学习。

本书由孙永道教授任主编，负责全书内容的设计与统稿。项目 6、项目 7、项目 9、项目 10 由孙永道、罗文堜编写，项目 1～项目 3 和项目 5 由侯江丽、罗文堜编写，项目 4 和项目 8 由庞梦圆编写。在本书的编写过程中，罗文堜在初稿校对和内容改进方面提供了很大的支持。

由于编者水平有限，以及编程技术的不断发展、IT 技术的不断成熟、Python 相关软件包的不断更新，书中难免有疏漏之处，恳请广大读者批评指正！编者联系方式为 sunyd168@ 126. com。

编　者

2023 年 6 月

目　　录

项目 1 环境搭建和运行 Python 程序

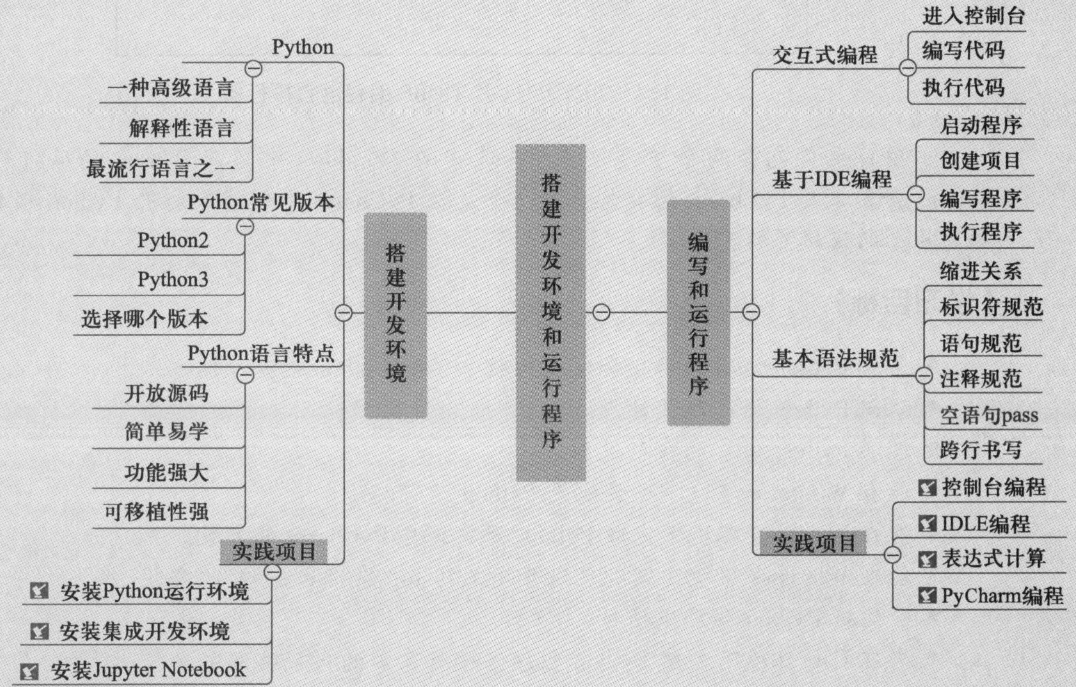

知识技能树

随着人工智能、大数据、云计算、物联网等技术的快速发展，Python 语言因其开源、跨平台、简单、高效等特点，受到广大编程人员的喜爱，在 2021 年 11 月发布的 TIOBE 编程语言排行榜中，Python 已经占据榜首，如图 1-1 所示。

PPT：项目 1 环境搭建和运行 Python 程序

排名	编程语言	流行度	对比上月	年度明星语言
1	Python	11.77%	^ 0.5%	2010, 2007, 2018, 2020
2	C	10.72%	v 0.44%	2017, 2008, 2019
3	Java	10.72%	^ 0.26%	2015, 2005
4	C++	8.28%	^ 0.78%	2003
5	C#	6.06%	^ 0.8%	
6	Visual Basic	5.72%	^ 0.48%	
7	JavaScript	2.66%	^ 0.47%	2014
8	SQL	2.11%	v 0.06%	
9	PHP	1.81%	v 0.29%	2004

图 1-1　2021 年 11 月 TIOBE 编程语言排行榜

本项目主要包含两个学习任务，一个是在 Windows 中搭建 Python 的运行环境和 Python 开发工具 PyCharm 的安装；另一个是在 PyCharm 中创建和打开 Python 项目，能编写基本的代码并执行。

【学习目标】

- 了解 Python 语言的产生和发展历程，了解 Python 的两个版本。
- 认识 Python 语言的优缺点。
- 理解 Python 语言的执行过程。
- 能在 Windows 环境下安装配置 Python 运行环境。
- 能在 Windows 环境下完成 Python 开发工具 PyCharm 的安装。
- 能在 Windows 环境下完成在线开发工具 Jupyter Notebook 的安装。
- 会运行 Python 程序或项目。
- 会在 IDE 环境下创建 Python 程序，进行基本的代码编写并运行。
- 掌握 Python 基本的代码编写规范。
- 能识别编辑器中出现的代码错误提示并进行修正。

任务 1-1 搭建 Python 开发环境

【任务要求】

【实践 1-1-1】 在 Windows 环境下安装 Python 运行环境，要求安装 Python 3.8 或以上版本。

【实践 1-1-2】 在 Windows 环境下安装 PyCharm 开发工具，要求安装 PyCharm 2021 或以上版本。

【实践 1-1-3】 在 Windows 环境下安装 Jupyter Notebook 开发工具。

【相关知识】

1.1.1 Python 是什么

Python 是一种高级编程语言，最早设计开发于 20 世纪 90 年代初。Python 拥有简单的语法和动态数据类型，并因其强大的数据处理能力成为众多平台上编写脚本和快速开发应用的编程语言。随着 Python 新功能的不断更新添加，它已经被用于多领域、独立的、大型项目的开发中；Python 还被编程高手用 C 或 C++扩展功能和数据类型，以提升 Python 的处理性能和处理能力；Python 拥有非常丰富的语言库，几乎能够完成各种项目需求。目前，Python 已经成为最受欢迎、发展最快的编程语言。Python 官网提供了 Python 的源码下载，如图 1-2 所示，安装程序下载和非常详尽的开发教程也可在本教程提供的电子资料“参考资料/官方教程/3.8 的教程压缩包”中找到。

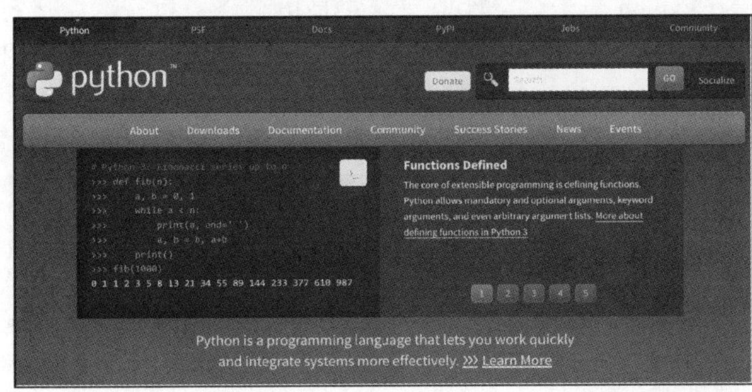

图 1-2 Python 官网

文本：参考资料

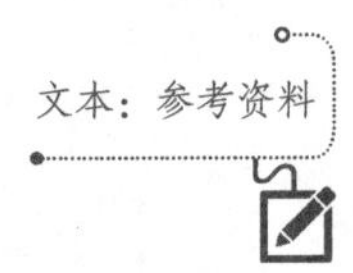

1.1.2 Python 常见版本

Python 分为 2 个大的版本，分别是 Python 2 和 Python 3。Python 2 是早期版本（常见的是 Python 2.7），官方已经停止维护。Python 2 有许多不足的地方，如字符串编码

笔 记

问题、性能问题等；另一个是 Python 3，目前的 Python 项目基本使用 Python 3 完成，Python 3 和 Python 2 存在很多不兼容的地方。

现在一般都推荐 Python 3 版本。Python 3 已经发布了很多版本，从 Python 3. 1 到现在的 Python 3. 11（2022. 1）。除非开发特别需要，一般推荐使用 Python 3. 6 及以上版本。Python 3 各版本的基本语法都差不多，只是新版本会增加一些新的功能。

1. 1. 3 Python 语言特点

Python 之所以近几年发展非常快速，且受到广大程序员的喜欢，是因为它有很多优点。以下是 Python 语言的一些优点。

① 简单易学。Python 语法简单，没有严格的数据类型限制，开发效率很高。

② 开放源码。Python 是开源的，有能力、有兴趣完全可以研究 Python 的源代码，并扩展 Python 功能，甚至加入 Python 的开发团队。

③ 解释性语言。Python 和 C/C++不同，用 Python 语言写的程序不需要编译成二进制代码后执行，而是可以直接从源代码运行程序，执行过程中由 Python 解释器把源代码转换成字节码，然后再翻译成机器语言并运行。

④ 移植性强。Python 语言已经被移植到许多平台上，更方便的是 Python 程序无须修改就可以在多种平台上直接运行，包括 Linux、Windows、macOS 等。

⑤ 功能强大。Python 语言的处理能力很强大，从简单的字符串、数值处理到复杂的图像处理、人工智能、物联网等均有 Python 的实现，尤其在大数据处理、人工智能等领域目前已经成为众多软件开发者的首选语言。

⑥ 资源丰富。Python 官方和第三方大量的程序员为 Python 开发了非常丰富的代码库，涵盖了网络、文件、GUI、数据库、文本、人工智能、大数据、物联网等方方面面，许多项目的实现可以直接调用库功能。

当然，Python 语言也有它的不足之处，具体如下。

① 速度较慢。Python 属于解释性语言，它是边翻译边执行的，运行速度要比 C、C++ 等编译型语言慢不少。尽管如此，Python 依然受到青睐，主要原因是现代计算机的处理能力越来越强大，正好弥补了 Python 速度慢的不足。

② 加密困难。不像编译型语言的源程序会被编译成目标程序，Python 直接运行源程序，因此对源代码加密比较困难，目前一般采用的加密方法都能被破解。

1. 1. 4 Python 开发工具

1. IDLE

IDLE 是 Python 安装程序自带的 IDE（集成开发环境），具备基本的 IDE 功能。当安装好 Python 以后，IDLE 就自动安装好了。IDLE 包含交互式和文本式两种模式。交互式就是在控制台输入 Python 命令后启动的开发环境，在这个环境中，可以一句句输入 Python 代码，每输入一句按 Enter 键就自动执行一句，IDLE 的文本模式其实是一个编辑器，像记事本一样，可以编辑、修改 Python 代码，也支持高亮显示。

2. PyCharm

PyCharm 是一种 Python 集成开发环境（Integrated Development Environment，IDE），

带有一整套可以帮助用户在使用 Python 语言开发时提高其效率的工具，如调试、语法高亮、项目管理、代码跳转、智能提示、自动完成、单元测试、版本控制。PyCharm 是最受欢迎的 Python 集成开发工具。

3. Jupyter Notebook

Jupyter Notebook 是基于在线的应用程序开发工具，即以网页的形式打开，可以在网页中直接编写代码和运行代码，代码的运行结果也会直接在代码块下显示。如果在编程过程中需要编写说明文档，可在同一个页面中直接编写，便于作及时的说明和解释。Jupyter Notebook 支持多种编程语言，包括 Python、Java 等。目前，Jupyter 官方对它进行了升级，改为 Jupyter Hub，提供了更为强大的功能。

4. JupyterLab

JupyterLab 是 Jupyter 主打的最新数据科学生产工具，在某种意义上，它的出现是为了取代 Jupyter Notebook。JupyterLab 包含了 Jupyter Notebook 的所有功能。JupyterLab 作为一种基于 Web 的集成开发环境，可以使用它编写 notebook、操作终端、编辑 markdown 文本、打开交互模式、查看 csv 文件及图片等功能。它是当前 Python 编程人员在线编程使用最广泛的工具，尤其是在教学、实验、研究、学习等方面，非常方便。

【实践指导】

Python 支持多种平台，包括常见的 Windows、Linux、macOS 等。开发基于 Python 语言的项目，需要完成两个环境的安装配置：一个是安装 Python 运行环境，它负责加载和执行 Python 程序；另一个是集成开发工具（IDE），是程序员用于编写和调试 Python 程序的工具，目前比较流行的 Python 语言开发工具包括 PyCharm、Jupyter、JupyterLab、VSCode 等。

本任务的目的是完成 Windows 环境下 Python 的安装。具体安装过程如下。

【实践 1-1-1 指导】

微课 1-1
安装 Python

这里，以 Windows 环境为例，介绍 Python 3. 8 的安装过程。

① 进入官网。在浏览器地址栏输入 Python 官网网址。

② 下载安装包。进入官网后，单击顶部导航栏中的“Download”超链接，进入页面后单击“Looking for Python with a different OS? Python for Windows”中的“Windows”超链接进入下载页面，在左侧“Stable Releases”（稳定版）一侧，选择“Python 3. 8. 7 - Dec. 21, 2020”（这里以 3. 8. 7 为例）下的“Download Windows installer (64-bit)”并单击下载，如图 1-3 所示。

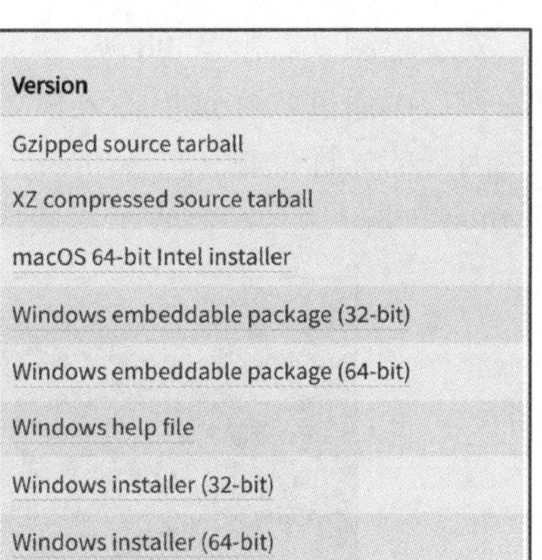

Version
Gzipped source tarball
XZ compressed source tarball
macOS 64-bit Intel installer
Windows embeddable package (32-bit)
Windows embeddable package (64-bit)
Windows help file
Windows installer (32-bit)
Windows installer (64-bit)

图 1-3　下载 Python 安装文件

③ 执行安装。双击解压后的安装文件（python-3. 8. 7-amd64. exe）进行安装。

安装界面出现后，如图 1-4 所示，选择“Customize installation”选项（自定义安装），并选中下方的“Add Python 3. 8 to PATH”复选项（即将 Python 安装位置添加到环境变量，后面使用 Python 命令无须进入 Python 目录），单击“Next”按钮进入下一步。

在“Optional Features”界面，如图 1-5 所示，默认选项即可，单击“Next”按钮继续安装。

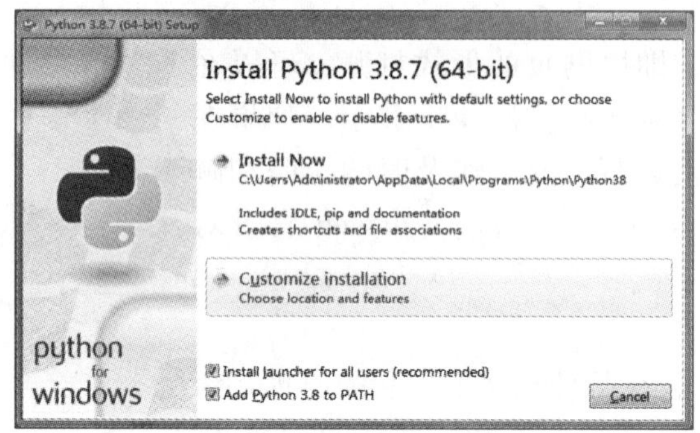

图 1-4 选择安装方式

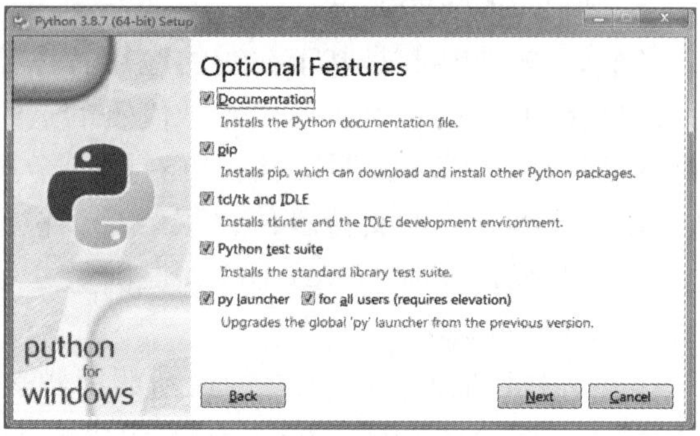

图 1-5 特性选择

在新出现的“Advanced Options”界面中，如图 1-6 所示，选中顶部的“Install for all users”复选项（为所有用户安装，即系统中的所有用户都可以使用 Python），并注意记录 Customize install location 处设定的实际安装路径，单击“Install”按钮继续安装。

最终显示“Setup was successful”界面，表示安装成功，如图 1-7 所示。

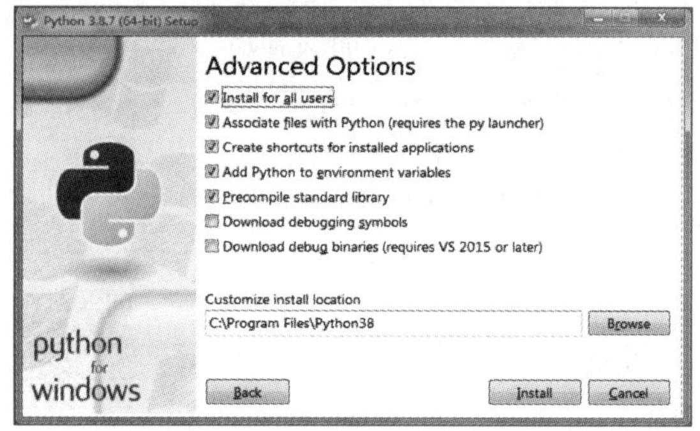

图 1-6 高级选项

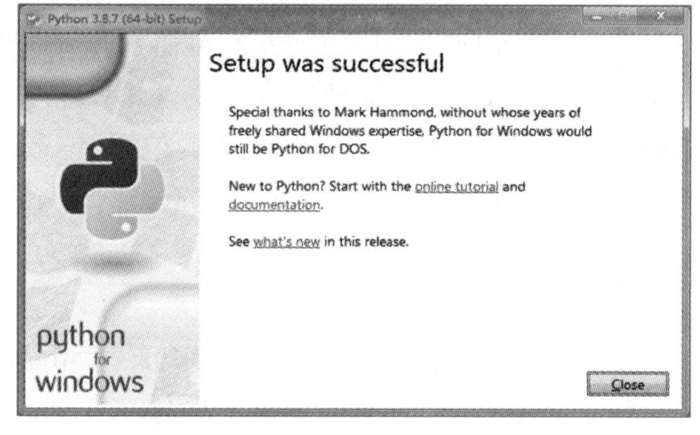

图 1-7 安装完成

安装检测。右击 Windows 左下角，在弹出的快捷菜单中选择“搜索”命令，在弹出的窗口中通过“在这里输入你要搜索的内容”输入框输入“cmd”进入命令行界面，并在闪烁的光标处输入“python”（只输入双引号内的字符）并按 Enter 键，看到有“Python 3. 8. 7...”字样表示安装成功，如图 1-8 所示。

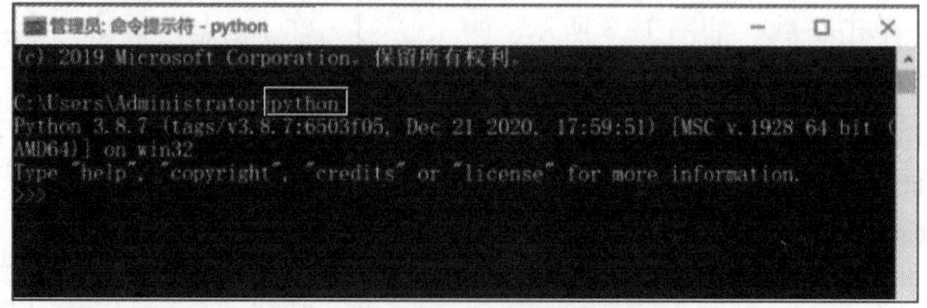

图 1-8 测试 Python 安装是否成功

【实践 1-1-2 指导】

PyCharm 是 Jetbrains 公司开发的著名 Python 开发工具，以智能、方便而著称。安装 PyCharm 有下面几个步骤。

微课 1-2
安装开发工具
PyCharm

① 进入官网。进入 Jetbrains 官网。

② 下载安装包。单击顶部导航菜单“Developer Tools”超链接，在弹出的界面中选择顶部的“PyCharm”进入下载页面，在新出现的页面中，单击中部左侧蓝色的“Download”按钮，开启下载过程。

③ 执行安装。双击下载的安装文件（以 pycharm-professional-2020. 3. 5 为例）进行安装。

在出现的“Welcome to PyCharm Setup”（安装欢迎）界面，如图 1-9 所示，直接单击“Next”按钮进入下一步。

在“Choose Install Location”（选择安装位置）界面，如图 1-10 所示，可以选择自己的安装位置，建议默认位置安装，继续单击“Next”按钮进入下一步。

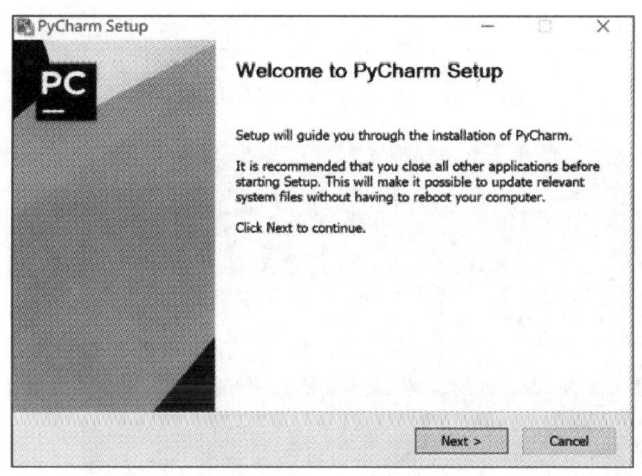

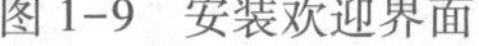
图 1-9　安装欢迎界面

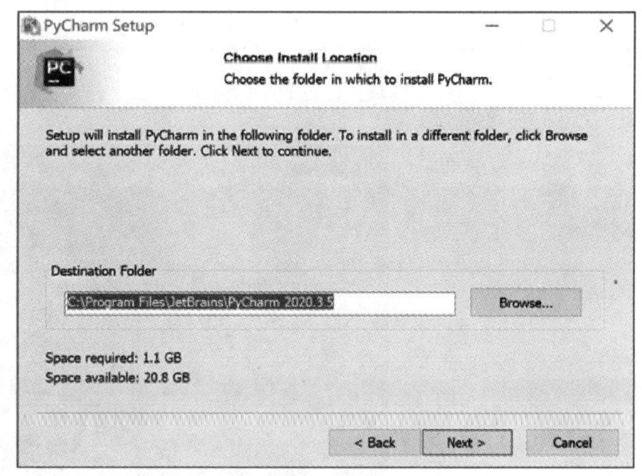

图 1-10　选择安装位置界面

在“Installation Options”（安装选项）界面，选中所有项目（包括创建桌面图标、开始菜单项、设置安装路径到系统环境变量、绑定 . py 扩展名双击可以用 PyCharm 打开等，也可以只选第 1 项），单击“Next”按钮完成安装，如图 1-11 所示。

安装完后，提示“Completing PyCharm Setup”信息，并提示重新启动系统，单击“Finish”按钮重新启动系统即完成安装，如图 1-12 所示。

④ 安装验证。系统重新启动后，双击桌面图标“PyCharm”能打开 PyCharm 窗口即表示安装成功。

⑤ 汉化界面。PyCharm 安装后默认是英文界面。新版本（2021 版及以后）都提供了汉化界面支持，对初学者来说应该很需要。汉化的方式：在菜单中选择“File”→“Setting”命令，打开配置界面后，如图 1-13 所示，按照如下顺序操作。

（a）在界面左侧选择“Plugins”选项。

（b）在右侧上方“2”处选择“MarketPlace”选项。

（c）在“3”搜索框中输入“Chinese”并按 Enter 键。

（d）在下方出现的插件列表中选择“Chinese(Simplified) Language Pack...”选项。

（e）单击右上方出现的“Install”按钮安装插件；安装完成后会提示重新启动 PyCharm，确认即可。

重新启动后，PyCharm 会自动变成中文界面。

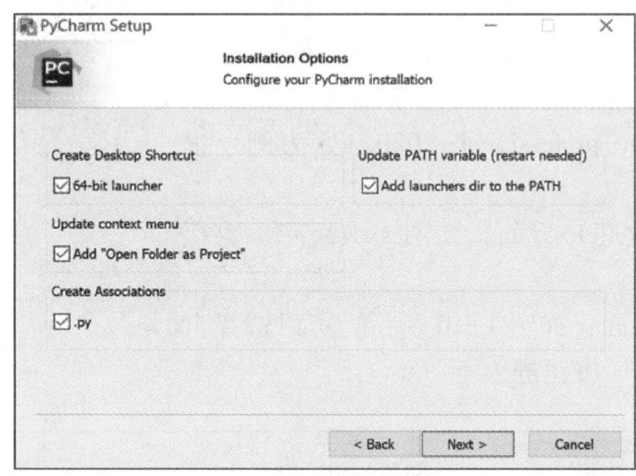

图 1-11 安装选项界面

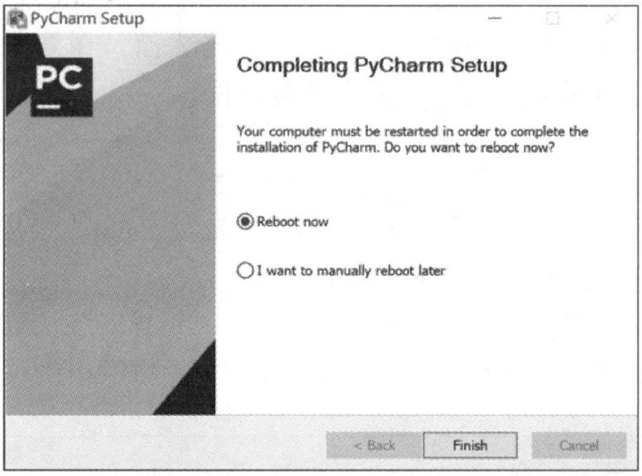

图 1-12 安装完成并重新启动系统

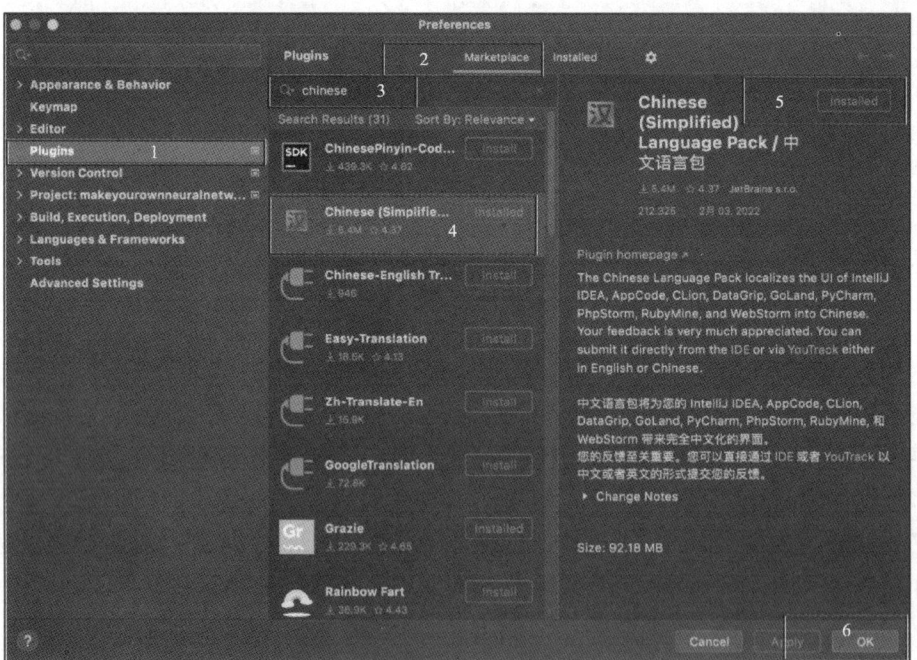

图 1-13 PyCharm 界面汉化

【实践 1-1-3 指导】

Jupyter Notebook 是一个非常方便的在线编程工具，它支持在线编写代码，允许编写一部分，执行一部分，非常方便调试代码。以下介绍 Windows 环境下 Jupyter

Notebook 的安装和使用步骤：

（1）安装 Python

安装 Python 的具体过程请参考前面的任务 1-1 部分。

（2）安装 Juptyer Notebook

首先，进入 Windows 的命令行（也叫控制台），然后输入如下命令执行安装：

```
pip install Jupyter
```

具体的安装过程如图 1-14 所示。

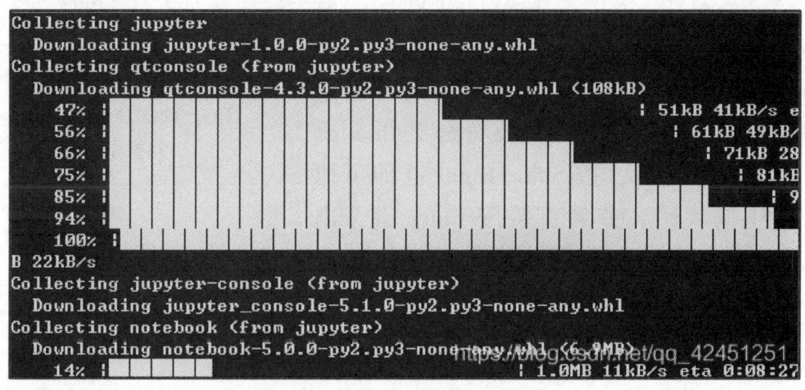

图 1-14　安装 Jupyter Notebook

（3）启动 Jupyter Notebook

完成 Jupyter Notebook 的安装后，就可以用如下命令启动 Jupyter Notebook：

```
Jupyter notebook
```

执行上述命令后，会打开浏览器，出现如图 1-15 所示的开发界面。

图 1-15　Jupyter Notebook 界面

Jupyter Notebook 启动后，不要关闭控制台窗口。关闭后会导致 Jupyter Notebook 退出。

笔 记

（4）创建 ipynb 文件

Jupyter Notebook 成功启动后，即可通过 Jupyter Notebook 界面创建 ipynb（即 ipython notebook 缩写）文件，编写 Python 代码。单击右上角的“New”按钮，在弹出的下拉菜单中选择“Python 3”选项即可创建 ipynb 文件，操作如图 1-16 所示。

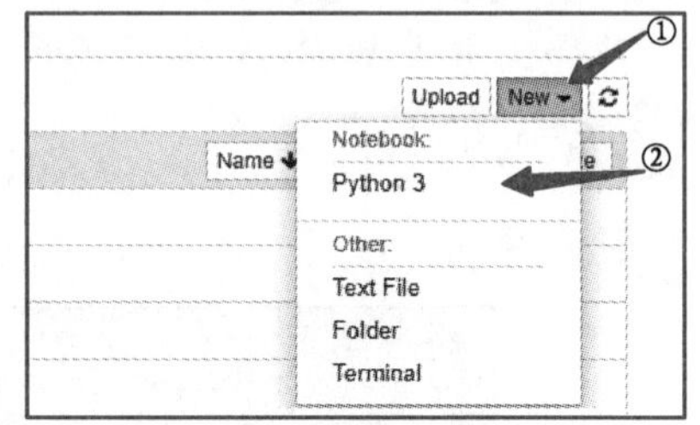

图 1-16 Jupyter Notebook 中创建 ipynb 文件

（5）使用 Jupyter Notebook

创建 ipynb（Interchanged Python Notebook，即基于 Jupyter Notebook 的交互式编程）文件后，就打开 Notebook 的开发界面，如图 1-17 所示，在代码框（cell）中即可输入代码。输入的代码可以是一条语句，也可以是多条语句，只要符合 Python 语法规范即可。输入语句后，按 Shift+Enter 键即可执行当前输入框中的代码，或者直接按 Enter 键，出现新的输入框，可以输入更多的代码。另外，在输入框中的语句执行完后，相关的输出会自动输出在输入框的下方。

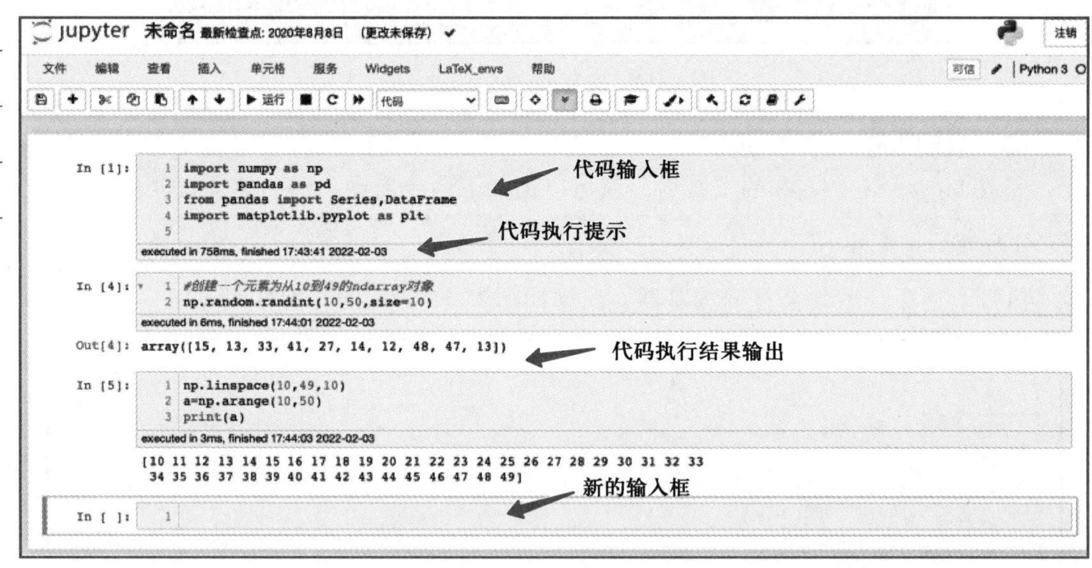

图 1-17 Jupyter Notebook 中创建 ipynb 文件

另外，可以在 Jupyter Notebook 开发环境左上角选择“文件”菜单命令，在弹出的下拉菜单中选择相应命令可以对当前创建的 ipynb 文件进行另存为或重命名操作。

（6）退出 Jupyter Notebook

要退出 Jupyter Notebook，可以直接在它的控制台窗口中按 Ctrl+C 组合键即可，并按提示输入 y 即可终止运行，如图 1-18 所示。

```
^C[I 17:49:08.624 NotebookApp] 中断
启动notebooks 在本地路径: /Users/syd168
1 活跃的服务
Jupyter Notebook 6.4.3 is running at:
http://localhost:8888/?token=792a0e60712ca71f77488329c33728df08c68b14ced6dc47
 or http://127.0.0.1:8888/?token=792a0e60712ca71f77488329c33728df08c68b14ced6dc4
7
关闭服务 (y/[n])y
[C 17:49:10.278 NotebookApp] 关闭确定
[I 17:49:10.279 NotebookApp] 关闭 1 服务
[I 17:49:10.279 NotebookApp] Kernel shutdown: 88618005-7ae3-4c42-a1ee-ef93c88119
0b
[I 17:49:10.305 NotebookApp] Starting buffering for 88618005-7ae3-4c42-a1ee-ef93
c881190b:d02a04b6328445fb906436f506f292d3
[I 17:49:10.310 NotebookApp] Kernel shutdown: 88618005-7ae3-4c42-a1ee-ef93c88119
0b
[I 17:49:10.623 NotebookApp] Shutting down 0 terminals
(gluon) Mac:~ syd168$
```

提示输入y才能关闭

图 1-18 Jupyter Notebook 中退出

任务 1-2 编写和运行 Python 程序

【任务要求】

笔记

【实践 1-2-1】 在 Windows 的控制台窗口创建一个简单的 Python 程序并输出“Hello,Python!”

【实践 1-2-2】 在 IDLE 交互式编程工具中计算表达式“2+5+8/2+3 ** 2”的值。

【实践 1-2-3】 在 PyCharm 中输出古诗句：“雄关漫道真如铁，而今迈步从头越。”

【实践 1-2-4】 参考相关知识部分，绘制一个绿色五角星，并在程序开头添加注释“绘制五角星”。

【相关知识】

1.2.1 编写和执行 Python 程序

Python 程序有多种编写方式，如交互式编程、利用 IDE 工具编程、在线编写方式。交互式编程利用 Python 解释器提供的功能，直接通过命令行交互方式编写代码，这种方式一般在初学时使用；IDE 编程则是利用 PyCharm 等开发工具编写脚本代码然后运行，这种方式一般用于 Python 项目开发和调试；在线执行方式则是利用 Jupyter Notebook 的强大功能，在线编写执行程序。

1. 交互式编程

交互式编程就是利用操作系统的控制台，一句一句地输入代码并执行。具体的过程如下：

① 进入 Windows 的控制台。方法是右击 Windows 的“开始”按钮，在快捷菜单中选择“搜索”命令，在弹出的窗口中输入 cmd 并按 Enter 键后即可进入。

② 在 Windows 的控制台提示符中输入 python 命令后按 Enter 键。

笔 记

③ 在“>>>”提示符后面输入 Python 代码，每输入一行按一次 Enter 键，代码会自动执行。

```
>>> a=1
>>>b=2
>>>c=a+b
>>>print(c)
```

执行过程如图 1-19 所示。

```
(base) Mac:~ syd168$ python
Python 3.7.2 (default, Dec 29 2018, 00:00:04)
[Clang 4.0.1 (tags/RELEASE_401/final)] :: Anaconda, Inc. on darwin
Type "help", "copyright", "credits" or "license" for more information.
>>> a=1
>>> b=2
>>> c=a+b
>>> print(c)
3
>>>
(base) Mac:~ syd168$
```

图 1-19　交互式编写和执行代码

④ 退出交互环境。按 Ctrl+Z 组合键即可退出交互环境。

微课 1-3
PyCharm 基本配置

2. IDE 工具编程

开发产品级的项目需要编写和调试大量代码，最好使用 IDE 工具编程或者 Jupyter 在线编程，这样可以在很大程度上提高效率。IDE 工具编程的基本步骤如下。

① 启动软件。双击桌面的 PyCharm 图标即可启动 PyCharm 软件。

② 创建项目。启动 PyCharm 后，单击启动界面中的“New Project”按钮创建新项目，在新出现的窗口中，直接单击“Create”按钮即可创建新项目，如图 1-20 所示。

图 1-20　创建项目

③ 创建程序文件。在项目文件夹的左上角，右击刚刚创建的项目并在弹出的快捷菜单中选择“New”→“Python File”菜单命令，在新出现的窗口中输入 Python 文件名称，如“myprogram”（无须输入扩展名 .py），按 Enter 键即可创建空的 Python 脚本文件，如图 1-21 所示。

④ 编写程序代码。在刚刚创建的 Python 文件中输入如下代码。

```
print("Hello Python!")
```

运行程序。在左侧项目文件列表中，右击新创建的 Python 文件“myprogram. py”，在弹出的快捷菜单中选择“Run myprogram”命令，如图 1-22 所示，即可运行该程序，会在 PyCharm 的底部输出"Hello Python"。

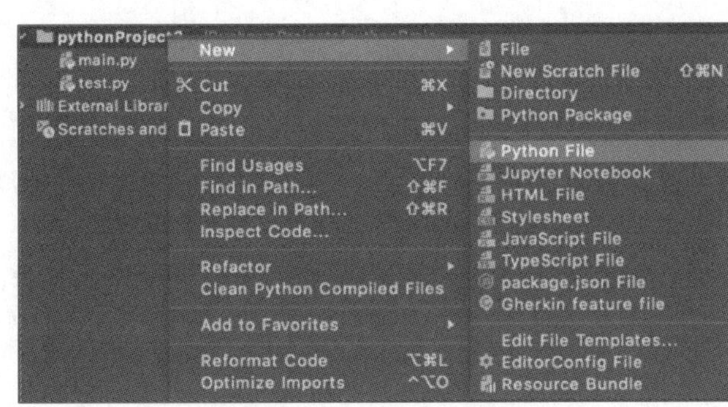

图 1-21　创建程序文件

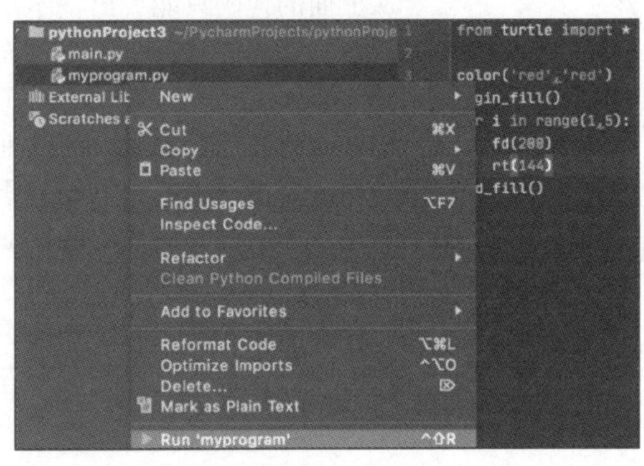

图 1-22　运行项目

1.2.2　Python 基本语法规范

这里，以绘制输出五角星的代码（s1.1.py）为例，介绍 Python 的基本语法规范（读者可以自行运行程序，查看输出效果）。

源代码

```
######################### s1.1.py #########################
1  from turtle import  *          #导入库功能
2
3  color('red','red')             #调用函数
4  begin_fill()                   #调用函数
5  for i in range(1,5):           #循环处理
6      fd(200)                    #调用函数
7      rt(144)                    #调用函数
8  end_fill()                     #调用函数
```

- 第 1 行表示引入库代码。就是应用第三方库或应用 Python 自带的标准库，这里引入的是 Python 的标准库 turtle（Python 内置的一个绘制图像的函数库，turtle 表示海龟），该行语句表示从库 turtle 中引入所有的功能。通过引入库代码，可以大大提高代码的编写效率。
- 第 2 行是空行，没有功能。
- 第 3 行是调用 Python 内置模块 turtle 中的功能函数 color，用于设置所绘制五角星颜色。
- 第 4 行是 turtle 库的函数调用，调用 begin_fill 函数开始执行绘图功能。
- 第 5 行是 Python 的循环处理语法，它表示从 1 循环到 4，循环执行第 6 行和第 7 行的代码 4 次。
- 第 6 行和第 7 行是绘制五角星，fd 函数的功能是沿着某个方向前进，rt 表示转过的角度。
- 第 8 行是完成绘制，利用 end_fill 函数完成绘图。

笔 记

从上面的代码只能看出基本的语法格式，实际上，要掌握编写 Python 程序的代码编写规范，必须注意以下几个方面。

1. 代码行缩进

Python 与其他语言最大的区别就是不使用大括号{}来控制类、函数以及其他逻辑判断，而用缩进来控制。Python 语法要求，程序代码中遇到冒号（:），则其下的语句必须缩进，如前面实例代码的第 6 和第 7 行的缩进就是表示这两行代码属于 for 循环的部分。

Python 语法允许不同位置的冒号后面的缩进空格数量可以不同，但是同一个冒号所有代码块语句必须包含相同数量的缩进空格，即同级别代码必须严格对齐，否则程序无法执行。

```
i = 0
for j in range(10):           #注释:range(10)的范围为:[0,1,2,3,4,5,6,7,8,9]
    i = i+j
    print(j,i)
```

如果第 3 行、第 4 行没有缩进（如下代码所示）就会出现报错信息“Indentation Error：expected an indented block”，提示需要缩进格式。

```
i = 0
for j in range(10):           #for 语句后面至少有一行代码语句是缩进的
i = i+j
print(j,i)
```

【提示】

Python 语法中，缩进可以用 Tab 键，也可以用空格键，建议使用 Tab 键。PyCharm 中如果要取消缩进或减少缩进，可以使用 Shift+Tab 快捷键。

2. 标识符规范

编程语言中，用于定义函数、模块、类、变量等的名词叫标识符，但标识符必须满足规范。标识符有两种：一种是编程语言已经定义好的（即内置的），叫关键字（Keyword），也叫保留字；另一种是编程人员自定义的，一般叫自定义标识符（很多语言中简称为“标识符”）。在 Python 里，编程人员自定义标识符（这里简称为“标识符”）在命名规则上遵循以下原则。

① 标识符只能由字母、数字和下画线组成，且首字母必须是字母或下画线。

② 标识符是区分大小写的。例如，下面 3 个变量是完全独立的、毫无关系的 3 个独立个体。

```
Name="张三"
NAME="李四"
Name="王二"
```

③ 标识符不能与关键字重名。Python 中有以下 33 个保留字。

```
False       None       True
and         exec       not
assert      finally    or
break       for        pass
class       from       print
continue    global     raise
def         if         return
del         import     try
elif        in         while
else        is         with
except      lambda     yield
```

Python 中的保留字可以通过 IDLE 输入以下两行代码予以查看。

```
import keyword
keyword. kwlist
```

④ Python 中以双下画线开头的标识符有特殊意义，一般应避免定义类似标识符。

例如，在类成员中，以单下画线开头的标识符表示不能直接访问的类属性；以双下画线开头的标识符表示类的私有成员；以双下画线开头和结尾的是 Python 中专用的标识，如__init__( )表示构造函数。

3. 跨行语句

Python 一般一行写一条语句，而且无须添加分号等结束符。但当一行比较长时，可以使用反斜杠（\）将一行的语句分为多行，Python 也支持在同一行写多条语句，但语句之间必须用分号隔开，如 s1. 2. py 中所示代码。

```
######################## s1. 2. py ###########################

one_value='我们正在学习 Python,'
two_value='Python 以其简单,快速高效的编程而著称,'
three_value='目前很多领域的编程都用到 Python,如人工智能、大数据等'
total = one_value + \
        two_value + \
        three_value
print(total)
x1 = 1;x2 = 2;x3 = 3;print(x1,x2,x3)      #注意左侧的分号
```

源代码

4. 代码注释

注释是程序的说明，不属于程序的功能，运行时不会执行。Python 中支持两种注释，即单行注释和多行注释。单行注释是以#开头一直到行末；多行注释用成对的三引号'''或"""包围的任意字符串，如 s1. 3. py 中代码所示。

源代码

```
######################## s1.3.py ###########################

#!/usr/bin/python                    #表示是脚本文件
# -*- coding: UTF-8 -*-              #表示文件编码为 UTF-8

#这是一个单行注释
print ("Hello, Python!")             #这也是一个单行注释
'''
多行注释
多行注释
'''
"""
这是多行注释
这是多行注释
"""
```

5. 空语句 pass

Python 中 pass 语句是一个空语句，是为了保持程序结构的完整性。pass 语句实际上是一个占位符。它经常被用在函数定义、循环结构、类定义等的功能实现部分，当它们暂时不实现，或留作后期实现时即可用 pass 语句来占位，如 s1.4.py 中代码所示。

源代码

```
######################## s1.4.py ###########################
age = int( input("请输入你的年龄:") )
if age < 12 :
    print("婴幼儿")
elif age >= 12 and age < 18:
    print("青少年")

elif age >= 18 and age < 30:
    print("成年人")
elif age >= 30 and age < 50:
    pass                  #TODO: 成年人
else:
    print("老年人")
```

由以上程序可以看出，当年龄大于或等于 30 并且小于 50 时，没有使用 print() 语句，而是使用空语句 pass，希望以后再处理成年人的情况。当 Python 执行到该 elif 分支时，会跳过，什么都不执行。

【实践指导】

【实践 1-2-1 指导】

① 从“开始”菜单直接找到 Python 3. 8 文件下 Python 解释器，或者在搜索的内容中，输入 cmd 命令，并按 Enter 键启动“命令提示符”窗口，然后在当前的 Python 提示符后输入 python，并按 Enter 键，进入 Python 解释器中。

② 在当前的 Python 提示符下，输入以下代码，并按 Enter 键，如图 1-23 所示。

```
>>>print ("Hello,Python!")
```

```
Python 3.8 (32-bit)
Python 3.8.0 (tags/v3.8.0:fa919fd, Oct 14 2019, 19:21:23) [MSC v.1916 32 bit (Intel)] on win32
Type "help", "copyright", "credits" or "license" for more information.
>>> print ("Hello,Python!")
Hello,Python!
>>>
```

图 1-23　在命令提示符窗口输出程序

【实践 1-2-2 指导】

① 在 Windows 系统的“开始”菜单中选择“所有程序”→“Python 3. 8”→“IDLE”菜单命令，即可打开 IDLE 窗口，如图 1-24 所示。

```
(gluon) Mac:~ syd168$ python
Python 3.6.13 |Anaconda, Inc.| (default, Feb 23 2021, 12:58:59)
[GCC Clang 10.0.0 ] on darwin
Type "help", "copyright", "credits" or "license" for more information.
>>> 2+5+8/2+3**2
20.0
>>>
```

图 1-24　在 IDLE 中编写程序

② 在当前的 Python 提示符>>>的右侧输入以下代码，并按 Enter 键。

```
>>> print("2+5+8/2+3**2=",2+5+8/2+3**2)
```

运行结果如下。

```
2+5+8/2+3**2=20.0
```

【实践 1-2-3 指导】

微课 1-4
创建和运行项目

① 启动 PyCharm。找到 PyCharm 桌面的快捷方式，双击打开 PyCharm。

② 创建项目。选择“File”→“New Project”命令，在出现的如图 1-25 所示界面中 Location 指定项目位置，选中“Previously configured interpreter”单选按钮，在

笔 记

“Interpreter”下拉列表中选择（或指定）已经安装的 Python，然后单击“Create”按钮即可创建新项目。

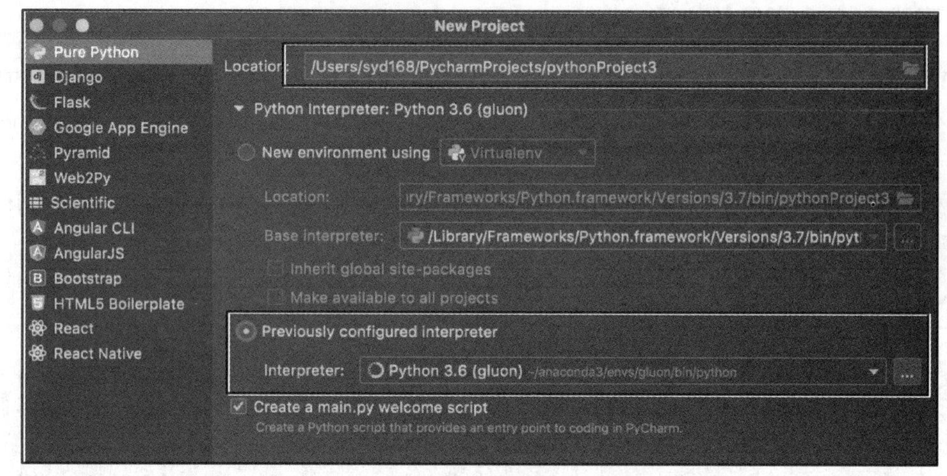

图 1-25 创建项目并设置

③ 创建 Python 文件。在新项目的左上角文件夹处右击，在弹出的快捷菜单中选择“New”→“Python File”菜单命令，新建一个程序，命名为 L1-21. py，即进入代码编写窗口，如图 1-26 所示。

④ 编写代码。如图 1-27 所示，在开发界面输入编程代码。

```
print("雄关漫道真如铁,而今迈步从头越。")
```

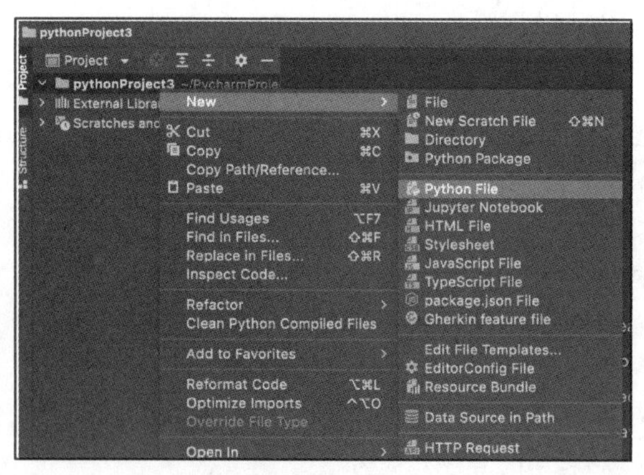

图 1-26 创建 Python 文件

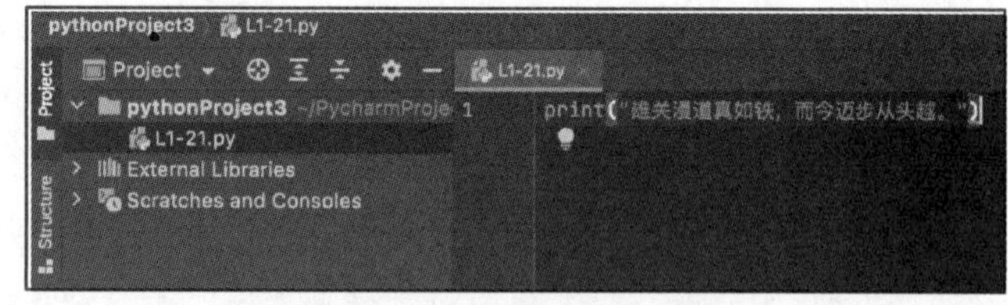

图 1-27 在 PyCharm 中编写代码

⑤ 运行程序。在代码编写界面的空白位置处右击，在弹出的快捷菜单中选择“Run'L1-21'”命令，即可运行当前 Python 程序，如图 1-28 所示。

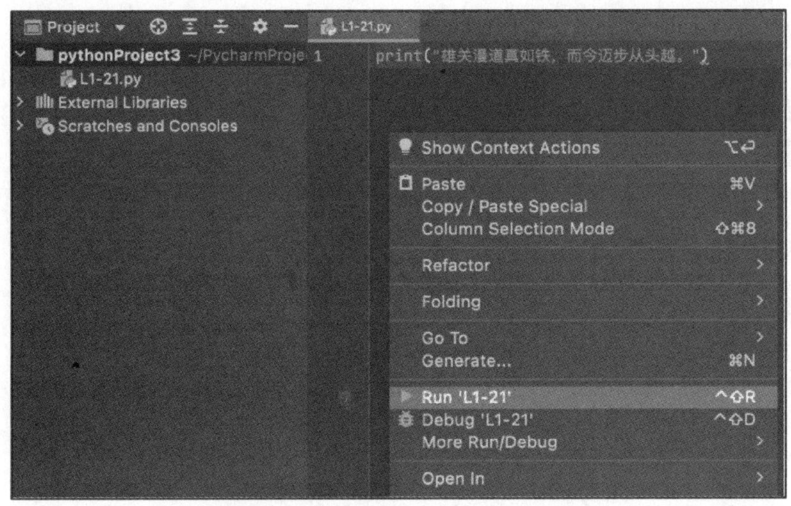

图 1-28　在 PyCharm 中运行程序

【实践 1-2-4 指导】

① 为了编程方便，一般会选用 PyCharm 作为 Python 的开发工具，新建一个 Python 程序文件，命名为 t_1. 1. py，双击打开开发界面。

② 在开发界面输入程序代码，右击文件名称，在弹出的快捷菜单中选择“Run t_1. 1. py”选项，即可看到运行结果。程序代码如下所示。

```
######################## t_1. 1. py ##########################
#绘制五角星
from turtle import *
color('green','green')
begin_fill()
for i in range(1,5):
    fd(200)
    rt(144)
end_fill()
```

学习反思

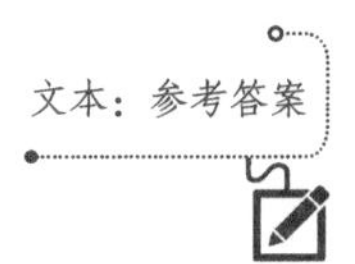

1. 根据自己的理解阐述什么是 Python。
2. Python 语言的优缺点有哪些?
3. Python 语言是解释性语言还是编译型语言?
4. Python 最早设计开发于何时?

笔 记

5. Python 主要应用在哪些领域？
6. Python 语言当前的排名情况如何？
7. 如何搭建 Python 语言的编程环境？
8. 介绍 PyCharm 中创建和运行项目的基本流程。
9. Python 语言的基本语法规则有哪些？
10. Python 语言程序的注释方法有哪些？

项目 2 基本运算与简单数据处理

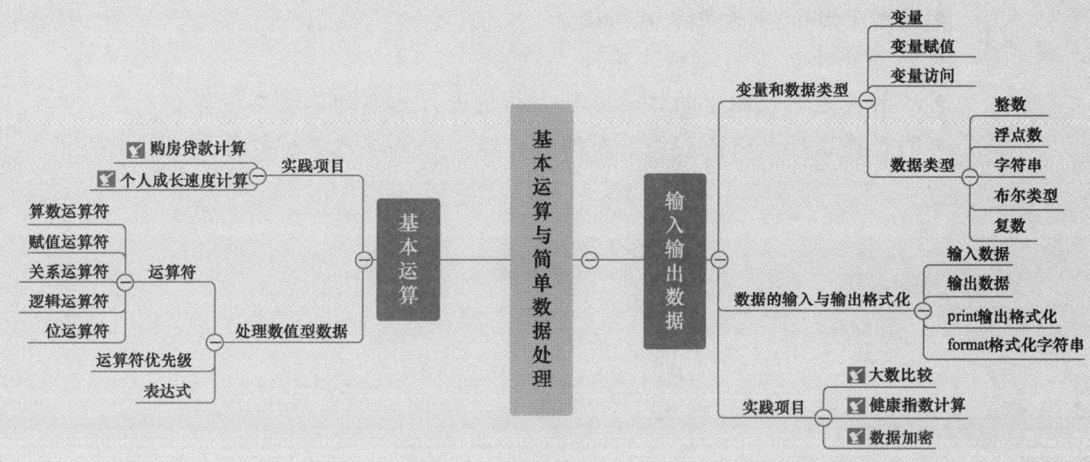

知识技能树

PPT：项目 2 基本运算与简单数据处理

每一种编程语言都支持变量的定义，Python 也不例外。变量是编程的起点，程序需要将数据存储到变量中。变量在 Python 内部是有类型的，因此需要了解数据类型及相关的输入输出方法；运算符可将各种类型的数据连接在一起形成表达式，并进行相应的运算。本项目主要围绕变量和运算符来展开，帮助读者掌握 Python 程序中的输入、输出语句和格式，以及基本类型数据的处理和字符串的基本处理等。

【学习目标】

- 理解编程语言中变量的作用。
- 能在 Python 中定义和使用变量。
- 熟练使用 Python 中输入数据的 input 函数。
- 熟练使用输出数据及格式控制的 print 函数。
- 理解编程语言中的运算符、表达式。
- 熟悉 Python 语言中的赋值运算符，尤其是整除、指数、求余等。
- 熟悉 Python 中的关系运算符。
- 熟悉 Python 中的逻辑运算符。
- 理解二进制处理中的位运算符，并能进行基本的二进制运算。
- 能根据实际表达式和运算符的优先级，对表达式进行计算。

任务 2-1 数据的输入输出

【任务要求】

【实践 2-1-1】 大数比较。编写程序比较 2021 的 2022 次方和 2022 的 2021 次方哪个的位数多？提示，可以用 str(x)将一个数据 x 转为字符串，用 len(x)获得 x 包含的字符个数。

【实践 2-1-2】 体质健康指数计算。体质健康指数，即 BMI 指数，是国际上常用的衡量人体胖瘦程度以及是否健康的一个标准。它的计算公式是：体质指数(BMI)=体重(kg)/身高 (m)^2。编写程序输出被测者的姓名、身高、体重和 BMI 信息。输出格式如下。

```
**********************BMI 健康指数**********************
姓名：XXX
身高：XXX
体重：XXX
BMI：XXX
*****************************************************
```

笔 记

【实践 2-1-3】 数据加密。假设某网络通信的每个字符都是用一个四位数的编码表示，编程实现对一串通信编码串进行加密。加密的规则是：先将编码的每位数字都加上 6，然后每个数字分别取除以 10 的余数代替该位上的原数字，再将这个四位数字的第 1 位和第 4 位交换位置，第 2 位和第 3 位交换位置。提示：待加密的编码是从键盘任意输入的一组四位数字组成的串。

提示：待加密的文字编码为 4564 1234 5678 9789 0123。

【实践 2-1-4】 数据解密。对【实践 2-1-3】加密的结果尝试进行解密，并验证是否和原数字一致。解密的方法就是上面过程的逆过程，即对加密后的编码，进行如下处理。

① 将第 1 位和第 4 位交换，第 2 位和第 3 位交换。

② 每位数字加 10。

③ 如果加 10 后大于 15，就用除以 10 的余数减去 6，如果小于或等于 15，就直接减去 6，作为该位的原数字。

【相关知识】

2.1.1 Python 中的变量和数据类型

计算机程序可以理解为是用合适的算法处理相关的数据的过程，即程序=算法+数据。算法是处理数据的方法，数据是程序处理的对象。在计算机程序中，正在处理的

笔记

数据一般放在内存中，而数据有各种类型的，包括文本数据、图像数据、声音数据等。程序中，一般用变量存取数据，变量又可以将不同类型的数据存放到内存单元中。

1. 变量

（1）变量的定义

变量（Variable），用于存放程序中要处理的数据，它实际上是计算机内存单元的别名，通过变量名可以获取存放在变量对应内存单元中的数据（整数、小数、字符等）。在编程中，数据一般在程序执行的时候被放在计算机内存中，访问内存中的数据，就是通过内存单元的别名——变量进行访问的（注：C 语言等可以直接通过内存单元地址获取数据，即指针）。

（2）给变量赋值

在编程语言中，将数据放入变量的过程叫作赋值（Assignment）。Python 使用等号“=”作为赋值运算符，具体格式如下。

```
name = value
```

name 表示变量名；value 表示值，也就是要存储的数据；=是赋值运算符。

【实例 2-1-1】如下是一些变量赋值的例子。

```
>>> pi = 3.1415926                    #将圆周率赋值给变量 pi
>>> x=345                             #给变量赋值整数
>>> y="我是个好学生,我喜欢编程"         #给变量赋值字符串
>>>z1,z2=3,4                          #将 3,4 分别赋予变量 z1,z2
>>>[x, y] = ["long", "shuai"]         #对 x,y 分别赋值
>>>a,b,c,d = "asdf"                   #将 asdf 字符分别赋予 abcd 四个变量
>>>a, *b ='long'                      #解包赋值,a=l,b=['o','n','g']
>>>a = b ="long"                      #多目标赋值,同时将'long'赋值给 a 和 b
>>>a += 3                             #相当于 a=a+3
>>>x=2**3+100                         #将表达式计算结果赋值给变量
>>>z3=sin(0.5*3.14)                   #将函数调用的结果赋予变量
```

【提示】

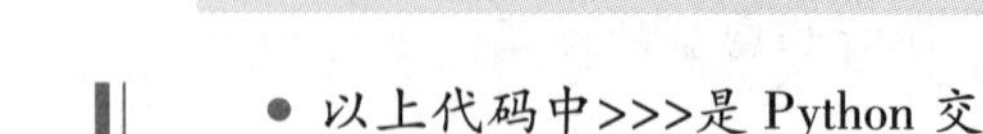

- 以上代码中>>>是 Python 交互式编程环境下的提示符。
- 以上代码中，左侧包含多个变量的，一般称为解包运算，就是将右侧的多个元素逐个拿出来分别赋值给左侧的变量。
- 变量的值在程序中可能随时被重新赋值，它保存的是最近一次赋值的结果。
- Python 支持一个变量可以赋值不同类型的数据，而且类型也随之变化。

（3）获取变量的值

变量的访问，就是获取变量中存放的数据。变量的访问非常简单，只要在需要的地方给出变量名即可获取该变量的数据。变量的访问可以出现在表达式中、函数调用中等。

【实例 2-1-2】变量访问。

```
>>> n = 10                      #给变量 n 赋值
>>> print(n)                    #将变量 n 传递给函数 print
10                              #输出的结果
>>> m = n * 10 + 5              #变量 n 参与表达式计算
>>> print(m)
105
```

2. 数据类型

计算机程序能够处理各种类型的数据，包括文本、图形、图像、音频、视频等。不同类型数据在存放到内存时需要不同大小的内存空间，而且不同数据支持的处理方式也不同，这就需要给不同的数据赋予不同的类型约束，以便区别不同数据，这就是数据类型的意义所在。

可以将 Python 支持的数据类型分为基本类型和扩展类型两大类。基本类型包括整数、实数、字符串、复数和布尔类型 5 种；扩展类型包括列表、元组、集合、字典、对象等。本项目中只学习基本类型，扩展类型在后续项目中学习。以下介绍基本类型中的各种数据类型。

(1) 整数

整数就是没有小数部分的数字。Python 中的整数不像 C 语言那样，不同范围的整数赋予不同的整数类型（如 short、int、long 等），Python 只有一种类型的整数。Python 整数的取值范围是无限的，不管多大或者多小的数字，Python 都能轻松处理。当所用数值超过计算机自身的计算能力时，Python 会自动转用高精度计算（大数计算）方式进行处理。

在 Python 中，可以使用多种进制来表示整数，包括十进制、二进制、八进制和十六进制，不同进制间可以直接参与运算的。

- 十进制。由 0 ~9 共 10 个数字排列组合而成。Python 规范要求十进制形式的整数不能以 0 作为开头，除非这个数值本身就是 0，因为 0 开头代表八进制数。
- 二进制。由 0 和 1 两个数字组成，进位规则是“逢二进一”，如 111（转换为十进制数为 7）、1001（转换为十进制数为 9）。书写时以“0b”或“0B”开头。
- 八进制。由 0~7 共 8 个数字组成，进位规则是“逢八进一”，以“0o”或“0O”开头。第 1 个符号是数字 0，第 2 个符号是大写或小写的字母 O，如 0O11（转换为十进制数为 9），-0O124（转换为十进制数为-84）。
- 十六进制。由 0~9、A~F 共 16 个字符组成，进位规则是“逢十六进一”，并且以“0x”或“0X”为开头，如 0X22（转换为十进制数为 34）、0xAF（转换为十进制数为 175）。

【实例 2-1-3】不同进制间的相互转换，运行输出的结果均为十进制数。

源代码

```
######################## s2. 1. py ###########################
#十六进制
hex1 = 0x22
hex2 = 0xAf
```

笔 记

```
print("hex1Value: ", hex1)
print("hex2Value: ", hex2)
#二进制
bin1 = 0b111
print('bin1Value: ', bin1)
bin2 = 0B1001
print('bin2Value: ', bin2)
#八进制
oct1 = 0o11
print('oct1Value: ', oct1)
oct2 = -0O124
print('oct2Value: ', oct2)
```

Python 中，将不管什么进制的整数赋值给变量，都是以十进制形式存在的。

为了提高数字的可读性，Python 3.x 允许使用下画线“_”作为数字（包括整数和小数）的分隔符。通常每隔 3 个数字添加一个下画线，类似于英文数字中的逗号。下画线不会影响数字本身的值。例如：

```
aa = 1_301_547          #数字 1301547
bb = 384_000_000        #数字 384000000
```

（2）浮点数

浮点数由整数部分和小数部分组成。Python 中的小数有以下两种书写形式。

- 十进制形式。如 34.2、263.548、0.256。
- 指数形式。指数形式写法为：aEn 或 aen。a 为尾数部分，是一个十进制数；n 为指数部分，是一个十进制整数；e 或 E 是固定的字符，用于分割尾数部分和指数部分。如 2.6E8 = 2.6×10^8，其中 2.6 是尾数，8 是指数。具体如下。

```
>>> f1=1.4 * 0.1
>>> print(f1)
0.13999999999999999
```

从以上程序中，很明显 f1 的计算结果应该为 0.14，但是 print 却输出 0.13999999999999999。这是因为小数在计算机内存中是以二进制形式存储的，小数点后面的部分在转换成二进制时会产生误差，所以小数的计算结果一般都是不精确的。

程序开发中，永远不要直接比较两个浮点数是否相等。

(3) 复数

复数(Complex)是 Python 的基本类型之一。复数由实部(real)和虚部(imag)构成,在 Python 中,复数的虚部以 j 或者 J 作为后缀,具体格式为:a+bj,其中 a 表示实部,b 表示虚部。以下是一个简单的复数运算。

```
>>>3+4j+5+6j
(8+10j)
```

(4) 字符串

字符串(String),是由若干字符构成的集合。Python 中的字符串使用界定符包围,界定符包括双引号" "、单引号' '或者三引号(''' '''或""" """)。这 3 种引号形式在语义上没有差别,只是在形式上有些差别。需要说明的是,单引号和双引号中的字符串必须在一行上,而三引号的字符串可以分布在多行上,字符串开始和结尾使用的引号形式必须是一致的。另外,3 种字符串界定符中可以互相包含。

【实例 2-1-4】一些有关字符串的简单实例。

```
my_str1 = """Hello, welcome to
                the world of Python"""                #三引号界定的多行字符串
my_str2 = "Hello, welcome to the world of Python2"   #双引号界定的单行字符串
my_str3 = 'Hello, welcome to the world of Python3'   #单引号界定的单行字符串
my_str4 = 'He said "I am a student !"'               #界定符可以嵌套
print(my_str1,"\n",my_str2,"\n",my_str3,"\n",ms_str4)
```

笔 记

输出结果为:

```
Hello, welcome to
            the world of Python
Hello, welcome to the world of Python2
Hello, welcome to the world of Python3
He said "I am a student !"
```

当字符串内容中出现引号时,必须进行转义处理,否则 Python 会解析出错。例如:

```
'I'm Good!'
SyntaxError: invalid syntax
```

由于上面的字符串中包含了单引号,此时 Python 会将字符串中的单引号与第 1 个单引号配对,这样就会把'I'当成字符串,而后面的 m Good!'就变成了多余的内容,从而导致语法错误。对于这种情况,有以下两种处理方案。

方案 1:用不同引号包围字符串。如果字符串内容中出现了单引号,那么可以使用双引号包围字符串,反之亦然。例如:

```
str1 = "I'm Good!"              #使用双引号包围含有单引号的字符串
str2 = '我是,"一名中国人"'      #使用单引号包围含有双引号的字符串
```

```
print(str1)
print(str2)
```

方案2：对引号进行转义处理。在引号前面添加反斜杠\就可以对引号进行转义，让 Python 把它作为普通文本对待。例如：

```
s='I\'m Good!'
print(s)                    #输出结果为:I'm Good!
```

常用的转义字符及其说明见表2-1。

表2-1 常用转义字符

转义字符	说明	转义字符	说明
\	续行符	\'	单引号
\n	换行符	\\	一个反斜杠
\0	空	\f	换页
\t	水平制表符	\0dd	八进制数，dd 代表字符，如\012 代表换行
\"	双引号	\xhh	十六进制数，hh 代表字符，如\x0a 代表换行

在字符串定界符前面加上字母 r（或 R），那么该字符串将原样输出，将不进行转义。例如：

```
>>> print("德能并蓄\012 敏行担当")
德能并蓄
敏行担当
>>> print(r"德能并蓄\012 敏行担当")
德能并蓄\012 敏行担当
```

（5）布尔类型

Python 提供了 bool 类型来表示真（对）或假（错）。例如常见的 5>3 比较算式，这个是正确的，在程序世界里称之为真（对），Python 使用 True 来代表；又如 4>20 比较算式，这个是错误的，在程序世界里称之为假（错），Python 使用 False 来代表。True 和 False 是 Python 中的关键字，而且大小写是固定的，一定要注意字母的大小写，否则解释器会报错。

布尔类型还可以作为整数来对待，即 True 相当于整数值 1，False 相当于整数值 0。因此，下边这些运算都是可以的，但是不建议对布尔类型的值进行数值运算。

```
>>> f1=True+1
>>> print(f1)
2
```

3. 数字类型之间的转换

Python 中基本数据类型之间不能直接进行运算时需要进行类型转换，表 2-2 中列出了一些 Python 内置的类型转换函数。

表 2-2 Python 常见类型转换函数

函数	作用
int(x,base)	将 x 转换成 base 进制整数类型
float(x)	将 x 转换成浮点数类型
str(x)	将 x 转换为字符串
repr(x)	将 x 转换为表达式字符串
eval(str)	计算在字符串中的有效 Python 表达式，并返回一个对象
chr(x)	将整数 x 转换为一个字符
ord(x)	将一个字符 x 转换为它对应的整数值
hex(x)	将一个整数 x 转换为一个十六进制字符串
oct(x)	将一个整数 x 转换为一个八进制的字符串
bin(x)	将一个整数 x 转换为一个二进制的字符串

在 Python 中要获得某个数据的类型，可以利用函数 tape 获得。例如：

```
>>> type(15.6)
<class 'float'>                    #float 类型
>>> type("I'm strong!")
<class 'str'>                      #字符串类型
>>> type(2-5j)
<class 'complex'>                  #复数类型
```

2.1.2 数据的输入和格式化输出

1. 从键盘输入数据

程序运行中获取数据的方式有多种，如从键盘获取用户输入的数据、从网络获取通信数据、从磁盘文件中获取数据、从智能设备中读取数据等。在 Python 中从键盘输入数据需要使用 input 函数。input 函数的格式如下。

```
变量=input("输入提示信息")
```

【注意】

input 函数接收从键盘输入的数据，返回的是一个字符串，如果希望获取的数据是其他类型的，则需要进行类型转换。

【实例 2-1-5】通过 input 函数从键盘输入数据。

源代码

```
######################## s2. 2. py ###########################
price_str = input("请输入苹果价格:")           #输入苹果单价
weight_str = input("请输入苹果重量:")          #需要求苹果重量
#计算金额
price = float(price_str)                      #将苹果单价转换成小数
weight = float(weight_str)                    #将苹果重量转换成小数
money = price * weight                        #计算付款金额
print(money)
```

2. 数据输出的格式化

程序运行产生的数据，往往需要输出到屏幕或者文件中，且输出数据还需要控制数据的格式。这里主要介绍屏幕输出数据的格式控制。Python 输出数据的格式控制有两种方式：一种是 print 函数中用%开头的字符串控制输出格式；另一种是用字符串的 format 函数控制格式。

print 函数是 Python 用户向计算机屏幕输出信息的函数。print 函数支持如下几种输出方式。

（1）直接输出表达式的值

```
a=123
b=345
c=a+b/2-3
print(c)                     #直接输出变量的值
print(a-b-c)                 #直接输出表达式的值
```

（2）一次输出多个表达式，之间用逗号隔开

```
a=sin(5)
b=cos(5)
print(a,b)      #print 支持一次输出多个表达式的值,不同表达式之间用逗号隔开
```

print 一次输出多个表达式值时，格式中的逗号被替换为空格。

（3）输出后不换行，修改 end 参数值

```
print("白日依山尽",end='')
print("黄河入海流")
```

上面输出的结果为：白日依山尽 黄河入海流。

print 有一个 end 参数，默认是"\n"表示输出后换行，要改变换行方式，只需要改变 end 参数的值即可。

（4）输出格式控制，用%引入格式控制

print()函数支持更为复杂的格式化输出，print 用%作为格式和数据的分隔符，如下所示：

```
print("输出格式" %  （表达式列表））                    #中间的%叫格式分隔符
```

【说明】

上面的“输出格式”部分是由一些%开头的“格式控制符”和其他输出信息构成的输出内容，格式控制符只是一个占位符，它会被%分隔符后面的表达式代替，例如：

```
x=123
print("x=%d" % (x))         #如果右侧()里面只有一个表达式,括号可以不写
```

上面代码中，x=后面的%d 就表示以整数形式将%d 替换为后面括号中变量 x 的值。

表 2-3 列出了常见的格式控制符（也叫“转换说明符”）。

表 2-3　print 中常见的格式控制符

控　制　符	输出格式说明	控　制　符	输出格式说明
%d、%i	带符号的十进制整数	%E	科学计数法表示的浮点数
%o	带符号的八进制整数	%f、%F	十进制浮点数
%x、%X	带符号的十六进制整数	%g	自动选择使用 %f 或 %e 格式
%e、%E	科学计数法表示	%c	格式化字符及其 ASCII 码
%s	输出为字符串		

在 print()函数中，由引号包围的是格式化字符串，它相当于一个字符串模板，可以放置一些转换说明符（占位符）。中间的%是一个分隔符，它前面是格式化字符串，后面是要输出的表达式。当然，格式化字符串中也可以包含多个转换说明符，这个时候也得提供多个表达式，用以替换对应的转换说明符；多个表达式必须使用小括号()包围起来，并且之间用逗号分隔。

【实例 2-1-6】格式输出控制。

```
##########################  s2. 3. py  ############################
name = "小明"
age = 8
url = "http://xiaoming. biancheng. net/"
print("%s 已经%d 岁了,其网址是%s。" %(name, age, url))
```

源代码

输出结果为：小明已经 8 岁了，其网址是 http://xiaoming. biancheng. net/。

总之，有几个占位符，后面就得跟几个表达式。

当使用%转换说明符时，可以使用下面的格式指定最小输出宽度。

- %10d 表示输出的整数宽度至少为 10。
- %20s 表示输出的字符串宽度至少为 20。

【实例 2-1-7】格式输出中的宽度控制。

源代码

```
######################## s2. 4. py ############################
n = 1234567
print("n(10):%10d." % n)
print("n(5):%5d." % n)
url = "http://c. biancheng. net/python/"
print("url(35):%35s." % url)
print("url(20):%20s." % url)
```

运行结果:

```
n(10):    1234567.
n(5):1234567.
url(35):       http://c. biancheng. net/python/.
url(20):http://c. biancheng. net/python/.
```

从运行结果可以发现，对于整数和字符串，当数据的实际宽度小于指定宽度时，会在左侧以空格补齐；当数据的实际宽度大于指定宽度时，会按照数据的实际宽度输出。

对于小数（浮点数），print()还允许指定小数点后的数字位数，即指定小数的输出精度。精度值需要放在最小宽度之后，中间用点号“.”隔开；也可以不写最小宽度，只写精度。具体格式为：%m. nf 或%. nf（m 表示最小宽度，n 表示输出精度，“.”是必须存在的）。具体代码如下。

```
f = 3. 141592653
print("%8. 3f" % f)      #最小宽度为 8,小数点后保留 3 位
print("%. 2f" % f)       #小数点后保留 2 位
```

【实践指导】

微课 2-1
大数据比较

【实践 2-1-1 指导】

本实践主要是练习数学表达式的表示方法，以及数据类型之间的相互转换方法。根据要求，该任务的实施步骤如下。

① 新建一个 Python 程序，命名为 t2_1. 1. py。

② 分别列出 2021 的 2022 次方和 2022 的 2021 次方的计算表达式，并赋给两个变量，代码如下，这里的“**”代表乘方，str()表示将数值型转换为字符串型。

```
a = str (2021 ** 2022)
b = str (2022 ** 2021)
```

③ 根据实践项目要求，需要比较数值位数，可利用 len( ) 函数直接求出该字符串的长度即可。程序代码如下。

```
len_a = len (a)
len_b = len (b)
```

【实践 2-1-2 指导】

本实践是进一步练习数据类型的计算及输入、输出方法。

微课 2-2
体质健康指数计算

① 按照提示语句完成输入相关信息，使用 input( ) 函数。如果想转换为浮点型、字符型、整数型等，前面可加 float( )、str( )、int( ) 等来实现。本实践任务的实现代码如下。

```
names=input("请输入您的姓名:")                    #默认为字符串型
height=float(input("请输入您的身高(米):"))        #转换为浮点数据类型
weight=float(input("请输入您的体重(千克):"))
```

② 该实践项目在输出时还需要注意特殊符号的重复输出，如输出 30 个 * 符号，可以用以下代码表示：引号里的 * 代表输入的符号，后面的 * 30 代表重复输出该符号的数量为 30。

```
print ("*"*30)            #输出 30 个 *
```

③ 按照提示，需要将相关信息实现换行输出，需要使用换行符“\n”，具体代码如下。

```
print("姓名:%s\n 身高:%.2f\n 体重:%.2f\nBMI:%.2f"%(names,height,weight,
BMI))
```

完整代码如下。

源代码

```
        ######################## t2_1.2.py ########################
names=input("请输入您的姓名:")
height=float(input("请输入您的身高(米):"))
weight=float(input("请输入您的体重(千克):"))
BMI=weight/height**2
print("*"*30+"BMI 健康指数"+"*"*30)
print("姓名:%s\n 身高:%.2f\n 体重:%.2f\nBMI:%.2f"%(names,height,weight,
BMI))
print("*"*70)
```

【实践 2-1-3 指导】

微课 2-3
数据加密

本实践主要练习数据的灵活使用及转换，数据中各个位数数字的提取，以及数值互换等功能的实现。具体如下。

① 按照提示完成数据的输入，然后根据输入的数据实现某数字位的提取。例如，

笔记

三位数可用如下方法提取每个数位上的数字。

```
a=125
a1=a//100              #提取百位数的数字,也可表示为 a1=int(a/100)
a2=a//10%10            #提取十位数的数字,也可表示为 a2=int(a/10)%10
a3=a%10                #提取个位数的数字
```

② 按照加密要求进行公式计算，每一个数字加 6 后的和再除以 10 求余，即

```
a = (a+6)%10
```

③ 实现数字互换，一般有 3 种方法可实现。

方法 1：定义一个临时变量。

```
a=10
b=18
c=a      #定义一个临时变量 c
a=b
b=c
```

方法 2：采用数学的方法。

```
a=10
b=18
a=a + b      #采用数学的方法
b=a-b
a=a-b
```

方法 3：使用组包与拆包，这是 Python 特有的。

```
a=10
b=18
a,b = b,a          #使用组包和拆包
```

④ 完成数据的输出。由于这些数字中有可能会出现最高位数字为 0 的情况，因此输出数据类型不能为整数型而是字符串型。字符串的连接可以使用“+”。代码如下。

```
print(str1+str2)
```

该程序的完整代码如下。

源代码

```
        ########################## t2_1.3 #######################
number=input("请输入一个 4 位数:")
number1=int(number)
#数字分割为字符
bitint_1=number1%1000
bitint_2=int(number1/100)%10
```

```
bitint_3=int(number1/10)%10
bitint_4=number1%10
#数字加密计算
bit1=(bitint_1+6)%10
bit2=(bitint_2+6)%10
bit3=(bitint_3+6)%10
bit4=(bitint_4+6)%10
#数字互换位置
bit1,bit4 = bit4,bit1
bit2,bit3 = bit3,bit2
#输出字符串型
new_number=str(bit1)+str(bit2)+str(bit3)+str(bit4)
print("原 4 位数字为:",number)
print("加密后的数字为:%s"%new_number)
```

【实践 2-1-4 指导】

微课 2-4
数据解密

本实践任务是对实践 2-1-3 的加密数字进行解密，完整代码可参考源码文件 t2_1.4.py，具体步骤如下。

① 读取一个加密后的四位数字，并进行数字提取，可以参考实践 2-1-3 中的方法实现，也可以通过字符串切片的方式实现，代码如下。

笔 记

```
new_num=input("请输入加密后的四位数字:")
bit1=int(new_num[:1])                    #读取最高位数字
bit2=int(new_num[1:2])                   #读取百位数字
bit3=int(new_num[2:3])                   #读取十位数字
bit4=int(new_num[3:])                    #读取个位数字
```

因为各个数字要进行后续运算，需要转换为整数型，即加了 int()函数。

② 数字位数互换，与实践 2-1-3 方法相同。

③ 判断数字并进行解码，这里因为是 4 个数字，采用了一组数列的方式，进行循环判断，所以用到了项目 3 中的 for 循环语句和 if…else…语句的语法结构。具体代码如下。

```
bit = [bit1,bit2,bit3,bit4]
for i in range(len(bit)):
    if (bit[i]+10)>15:
        bit[i] = (bit[i]+10)%10-6
    else:
        bit[i] = bit[i]+10-6
```

④ 最后实现数字转换为字符串并合并输出，代码如下。

笔记

```
old_num   = ''.join(str(x) for x in bit)          #数字转换为字符串并合并
print(ole_num)
```

任务 2-2 处理数值型数据

【任务要求】

【实践 2-2-1】 知识水平提升估算。如果把自己的计算机知识基础水平看成 1，每天坚持学习，且每天比前一天提升 1‰，那么 1 年后，计算机知识水平将会是一年前的多少倍呢？如果每天比上一天退步 1‰，那么 1 年后，计算机知识水平又是一年前的几分之几呢？

【实践 2-2-2】 买房还款计算。假设银行利息计算方式采用单利计算方式：收益=本金×(1+利率×n)。如果某业主买房向银行贷款 54 万元，分 15 年还清，年利率是 5.0%，每个月还 1 次，采用等额本金方式贷款（等额本金是在还款期内把贷款数总额 n 等分，每月偿还同等数额的本金和剩余贷款在该月所产生的利息），请计算如下一些贷款相关的数据，并以月为期数，输出每月的还款总额、本金、每月利息，最后计算出总还款额及还款的利息。

【参考提示】

① 每月应还本金=贷款本金÷还款月数。

② 第 n 个月偿还利息部分=（贷款本金-每月还款本金×n)×月利率。

③ 第 n 个月的还款金额=每月应还本金+(贷款本金-每月还款本金×月数)×月利率。

④ 月利息=年利息/12。

⑤ 贷款相关计算公式各银行不尽相同。

【相关知识】

在进行数学运算或逻辑判断时，需要应用算术运算符、比较运算符，以及逻辑运算符等。Python 提供了丰富的运算符支持。另外，还提供了一个可以根据条件确定返回值的条件表达式。

运算符是一些特殊的符号，主要用于数学计算、比较大小和逻辑运算等。使用运算符将不同类型的数据按照一定的规则连接起来构成表达式。

2.2.1 算术运算符

1. 算术运算符概述

算术运算符是处理四则运算的符号，它们在数字的处理中应用最多，如加减乘除等。表 2-4 列出了 Python 支持的所有算术运算符。

表 2-4　基本算术运算符

运算符	说明	实例	结果
+	加	12.45 + 15	27.45
-	减	4.56 - 0.26	4.3
*	乘	5 * 3.6	18.0
/	除法	7 / 2	3.5
//	整除，即求商	7 // 2	3
%	求余	7 % 2	1
**	幂运算	2 ** 4	16

除法（/或//）运算符和求余运算符（%）的除数不能为 0，否则程序会出现异常。

【实例 2-2-1】算术运算符的应用。

```
######################## s2.5.py ##########################
a = 21
b = 10
c = 0
c = a + b                                    #加法运算
print("Line 1 - Value of c is ", c)
c = a- b                                     #减法运算
print("Line 2 - Value of c is ", c)
c = a * b                                    #乘法运算
print("Line 3 - Value of c is ", c)
c = a / b                                    #除法运算
print("Line 4 - Value of c is ", c)
c = a % b                                    #求余运算
print("Line 5 - Value of c is ", c)
a = 2
b = 3
c = a ** b                                   #幂运算
print("Line 6 - Value of c is ", c)
a = 10
b = 3
c = a // b                                   #整除运算
print("Line 7 - Value of c is ", c)
```

源代码

输出结果为：

```
Line 1 - Value of c is  31
Line 2 - Value of c is  11
Line 3 - Value of c is  210
Line 4 - Value of c is  2.1
Line 5 - Value of c is  1
Line 6 - Value of c is  8
Line 7 - Value of c is  3
```

2. 相关的数学函数

进行数值运算，除可以采用一些基本的算术运算符之外，有时候直接调用 Python 内置的函数进行数值运算会更方便。表 2-5 列出了常用的数值运算函数。

表 2-5 常用的数值运算函数

函数及使用	描　述
abs(x)	返回，x 的绝对值
divmod(x,y)	商余，(x//y,x%y) 同时输出商和余数
pow(x,y[,z])	幂余，(x**y)%z，[…]表示参数 z 可省略
round(x,[,d])	四舍五入，d 是保留小数位数，默认值为 0
max($x_1,x_2,\ldots,x_n$)	最大值，返回 $x_1,x_2,\cdots,x_n$ 中的最大值，n 不限
min($x_1,x_2,\ldots,x_n$)	最小值，返回 $x_1,x_2,\cdots,x_n$ 中的最小值，n 不限

例如，求 2021 的 6 次幂除以 65 的余数值，如下所示。

```
>>> pow(2021,6,65)
51 （计算结果）
```

求 2025 除以 18 的商及余数值，如下所示。

```
>>> divmod(2025,18)
(112, 9)
```

2.2.2 赋值运算符

赋值运算符用来把赋值表达式（类似 x=表达式）右侧的值传递给左侧的变量（或者常量）。Python 中最基本的赋值运算符是等号“=”；结合其他运算符，“=”还能扩展出更强大的赋值运算符。

【实例 2-2-2】赋值运算符应用。

```
#将字面量(直接量)赋值给变量
n1 = 100
f1 = 47.5
```

```
s1 = "http://c.biancheng.net/python/"
#将一个变量的值赋给另一个变量
n2 = n1
f2 = f1
#将某些运算的值赋给变量
sum1 = 25 + 46
sum2 = n1 % 6
s2 = str(1234)                          #将数字转换成字符串
s3 = str(100) + "abc"
```

【注意】

①“=”和“==”是两个不同的运算符，“=”用来赋值，而“==”用来判断两边的值是否相等，千万不要混淆。

②“=”还可与其他运算符（包括算术运算符、位运算符和逻辑运算符）相结合，扩展成为功能更加强大的赋值运算符。

表 2-6 列出了 Python 支持的赋值运算符。

表 2-6　扩展后的赋值运算符

运算符	说明	用法举例	等价形式
=	最基本的赋值运算	x = y	x = y
+=	加法赋值	x += y	x = x + y
-=	减法赋值	x -= y	x = x - y
*=	乘法赋值	x *= y	x = x * y
/=	除法赋值	x /= y	x = x / y
%=	取余数赋值	x %= y	x = x % y
**=	幂赋值	x **= y	x = x ** y
//=	取整除赋值	x //= y	x = x // y

【实例 2-2-3】更多赋值运算符的应用。

```
n1 = 200
f1 = 15.5
n1 -= 80                          #等价于 n1=n1-80
f1 *= n1 - 10                     #等价于 f1=f1*(n1 - 10)
print("n1=%d" % n1)
print("f1=%.2f" % f1)
```

通常情况下，只要能使用扩展后的赋值运算符，也可以使用这种赋值运算符。

2.2.3 关系运算符

关系运算符，用于对常量、变量或表达式的结果进行大小比较。如果这种比较是成立的，则返回 True（真）；反之，则返回 False（假）。True 和 False 都是 bool 类型，它们专门用来表示对某个表达式判断结果的真假。Python 支持的比较运算符见表 2-7。

表 2-7 比较运算符汇总

运 算 符	作 用	举 例	结 果
>	大于	'a' >'b'	False
<	小于	124<200	True
==	等于	'b'== 'b'	True
>=	大于或等于	158>=196	False
<=	小于或等于	158<=196	True
!=	不等于	'g'!='b'	True

【实例 2-2-4】比较运算符应用实例。

```
######################## s2. 6. py ###########################
huaxue=98                         #定义变量,存储化学成绩
yingyu=89                         #定义变量,存储英语成绩
gaoshu=96                         #定义变量,存储高数成绩
#输出成绩
print("huaxue="+str(huaxue)+";yingyu="+str(yingyu)+";gaoshu="+str
(gaoshu))
print("huaxue>yingyu 的结果:"+str(huaxue > yingyu))        #大于操作
print("yingyu!=gaoshu 的结果:"+str(yingyu!= gaoshu))       #不等于操作
print("gaoshu>=huaxue 的结果:"+str(gaoshu >= huaxue)) #大于或等于操作
```

输出结果如下。

```
huaxue=98;yingyu=89;gaoshu=96
huaxue>yingyu 的结果:True
yingyu!=gaoshu 的结果:True
gaoshu>=huaxue 的结果:False
```

2.2.4 逻辑运算符

逻辑运算符是对表达式进行“与”“或”“非”运算。所谓“与”运算就是两个表达式同时满足的时候返回 True，否则返回 False；“或”运算是两个表达式中只要有一个成立即返回 True，只有两个表达式都不成立的时候才返回 False；“非”运算符就是对表达式的结果取反，如果原来是 True，则返回 False，如果原来是 False，则返回 True。Python 中的“与”“或”“非”运算对应的运算符分别是“and”“or”和“not”。

【实例 2-2-5】逻辑运算符应用。


```
######################## s2.7.py ###########################
age = int(input("请输入年龄:"))                                    #输入年龄
height = int(input("请输入身高(厘米):"))                           #输入身高
if age>=18 and age<=30 and height >=170 and height <= 185 :  #逻辑运算/条件语句
    print("恭喜,你符合报考飞行员的条件")
else:
    print("抱歉,你不符合报考飞行员的条件")
```

可能的运行结果如下。

```
请输入年龄:25
请输入身高(厘米):175
恭喜,你符合报考飞行员的条件
```

2.2.5　位运算符

位运算符是按照数据在内存中的二进制位（bit）来进行运算，因此需要将要执行运算的数据转换为二进制，然后才能执行运算。在实际开发中也经常会遇到需要用到这些运算符的时候，所以了解这些运算符对程序员来说是十分必要的。它一般用于底层开发（算法设计、驱动、图像处理、单片机等）。

Python 位运算符只能用来操作整数类型，它按照整数在内存中的二进制形式进行计算。Python 支持的位运算符见表 2-8。

表 2-8　位运算符一览表

位运算符	说　明	使用形式	举　例
&	按位与	a &b	4 & 5
|	按位或	a | b	4 | 5
^	按位异或	a^ b	4^ 5
~	按位取反	~a	~4
<<	按位左移	a << b	4 << 2，表示整数 4 按位左移 2 位
>>	按位右移	a >> b	4 >> 2，表示整数 4 按位右移 2 位

1. 按位与运算（&）

（1）按位与运算规则

按位与运算符 & 的运算规则是：只有参与 & 运算的两个位都为 1 时，结果才为 1，否则为 0。例如，3&5 可以转换成如下的运算，运算结果为 1。

```
  0000 0000   0000 0000   0000 0000   0000 0011  (3 在内存中的二进制形式)
& 0000 0000   0000 0000   0000 0000   0000 0101  (5 在内存中的二进制形式)
```

笔 记

```
==========================================
 0000 0000   0000 0000   0000 0000   0000 0001  （1 在内存中的二进制形式）
```

（2）按位与运算的用途

整数中某些位清零。按位与运算通常用来对某些位清零，或者保留某些位。

例如，要把 n 的高 16 位清零，保留低 16 位，可以进行 n & 0XFFFF 运算（0XFFFF 在内存中的存储形式为 0000 0000　0000 0000　1111 1111　1111 1111）。对以上的分析进行验证，具体如下。

```
n = 0X8FA6002D
print("%X" % (3&5))
print("%X" % (-9&5))
print("%X" % (n&0XFFFF))
```

输出结果为：152D

提取数中指定的位。对一个整数数，如果要提取某些位上的 1 或 0，只要提供一个二进制数，将对应该数的对应位为 1，其余位为零，再与被操作数进行“按位与”运算，即可提前 X 中的指定位。例如，设 X = 10101110，取 X 的低 4 位，用 X & 0000 1111 = 0000 1110 即可得到；还可用来取 X 的 2、4、6 位。

2. 按位或运算（|）

按位或运算（|）的运算法则是，将两个数的对应二进制位进行或操作，只有对应位都为 0，结果位才为 0，否则为 1。例如，3 | 5 可以转换成如下的运算，运算结果为 7。

```
  0000 0000   0000 0000   0000 0000   0000 0011  （3 在内存中的二进制形式）
| 0000 0000   0000 0000   0000 0000   0000 0101  （5 在内存中的二进制形式）
==========================================
  0000 0000   0000 0000   0000 0000   0000 0111  （7 在内存中的二进制形式）
```

按位或运算常用来对一个数据的某些位置 1。要实现某些位置 1，只要创建一个二进制数，设置需要置 1 的位为 1，其余位为 0，并将这个数与被操作数进行按位或操作即可实现指定位的置位操作。例如，将 X = 10100000 的低 4 位置 1，用 X | 0000 1111 = 1010 1111 即可得到。

3. 按位异或运算（^）

按位异或运算的规则是，参加运算的两个对象，如果两个相应位的值不同，则该位结果为 1，否则为 0。例如，3^5 可以转换成如下的运算，运算结果为 6。

```
  0000 0000   0000 0000   0000 0000   0000 0011  （3 在内存中的存储）
^ 0000 0000   0000 0000   0000 0000   0000 0101  （5 在内存中的存储）
==========================================
  0000 0000   0000 0000   0000 0000   0000 0110  （6 在内存中的存储）
```

“异或运算”还有在实际应用中的特殊作用：

取反指定的二进制位。要翻转一个整数的某些二进制位，只要找一个数，设置对应要翻转的各位为 1，其余位为 0，此数与 X 对应位进行异或运算即可。例如，X=10101110，使 X 低 4 位翻转，用 X ^ 0000 1111 = 1010 0001 即可得到。

4. 按位取反运算（~）

按位取反运算就是将操作数对应的二进制数按位取反，即将 1 变为 0，0 变为 1。Python 中对负数按位取反规律如下：

① 所有正整数的按位取反是其本身+1 的负数。

② 所有负整数的按位取反是其本身+1 的绝对值。

③ 零的按位取反是 -1（0 在数学界既不是正数也不是负数）。

另外，利用按位取反运算还可以对一个数的某些位置 0，例如，使一个数的最低位为零，可以表示为 a&~1。~1 的值为 1111111111111110，再按“与”运算，最低位一定为 0。因为“~”运算符的优先级比算术运算符、关系运算符、逻辑运算符和其他运算符都高。

5. 左移位运算（<<）

左移位运算的规则是将一个二进制操作数向左移动指定的位数，左边（高位端）溢出的位被丢弃，右边（低位端）的空位用 0 补充。左移 n 位运算相当于乘以 2^n，即乘以 2 的 n 次方。

例如，整数型数据 32 对应的二进制数为 0010 0000，将其左移 1 位，根据左移位运算符的运算规则可以得出 0100 0000，所以转换为十进制数就是 64(32×2)。

6. 右移位运算（>>）

右移位运算的运算规则是将一个二进制操作数向右移动指定的位数，右边（低位端）溢出的位被丢弃，而当填充左边（高位端）的空位时，如果最高位是 0（正数），则左侧空位填入 0；如果最高位是 1（负数），则左侧空位填入 1。右移 n 位运算相当于除以 2^n，即除以 2 的 n 次方。例如，整数 32 右移 1 位即变为 16，再右移 1 位变成 8，以此类推。

移位运算经常用于数据加密解密中，例如：

在 PyCharm 中创建一个名为 s2. 8. py 文件，然后在该文件中定义两个变量：一个用于保存密码，另一个用于保存加密参数。然后应用左移位运算符实现加密，并输出结果。最后应用右移位运算符实现解密，并输出结果。

【实例 2-2-6】数据加密应用。

```
######################## s2. 8. py ##########################
password=654321                                  #密码
key=6                                            #加密参数
print("\n 原密码:",password)                      #输出原密码
password=password<<key                           #将原密码左移,生成新的数字
print("\n 加密后:",password)                      #输出加密后的密码
password=password>>key                           #将新密码右移,还原密码
print("\n 解密后:",password)                      #输出解密后的密码
```

源代码

运行上述代码，显示结果如下。

原密码：654321
加密后：41876544
解密后：654321

2.2.6 运算符优先级

在数学运算中有“先乘除后加减”的运算规则，在程序语言中一样有运算符的优先级问题来决定运算顺序，这就是运算符的优先级。运算符的运算规则是，优先级高的运算先执行，优先级低的运算后执行，同一优先级的操作按照从左到右的顺序进行。也可以像四则运算那样使用小括号，括号内的先执行。表 2-9 给出了 Python 语言中常见运算符的优先级顺序。

表 2-9 运算符优先级表

类　型	说　明	优 先 级
**	指数运算	高
~、+、-	取反、正号、负号	↑
*、/、%、//	算术运算符	
+、-	算术运算符	
>>、<<	位运算符中的右移、左移	
&	位运算符中的按位与	
^	位运算符中的按位异或	
		位运算符中的按位或	
<、<=、>、>=、!=、==	关系运算符	低

在编写程序中，尽量使用括号“()”来限定运算次序，以免运算次序发生错误。

【实践指导】

微课 2-5
知识提升和退步的进度计算

【实践 2-2-1 指导】

实践 2-2-1 中每天比上一天进步 1‰，实际上就是后一天的计算机知识水平是前一天的 1.001 倍，一年后，就是计算 1.001 的 365 次方是多少。每天退步 1‰，即计算 0.999 的 365 次方。平方的表示方法为“**2”，那么 365 次方只需要改成“**365”即可。此外，还有另外一种方法，使用 pow()函数，程序代码如下。

源代码

```
######################## t2_2.1.py ##########################
dayup=pow(1.001,365)          #1.001 的 365 次方
daydown=pow(0.999,365)        #0.999 的 365 次方
print('向上:%.2f,'%dayup,'向下:%.2f'%daydown)
```

大家想要知道一年进步了多少吗？自己动手算一算吧，相信结果会让你大吃一惊。这就是天天向上的力量。

【实践 2-2-2 指导】

本实践是生活中常见的贷款还款额度的计算问题，通过练习可以扩充比较及计算哪种贷款方式更合算。为了便于查看每月的还款额度，建议采用表格输出方式。

① 创建一个编程文件，文件名为 t2_2.2.py。根据提示，分别输入贷款额度、贷款时间及当前银行的贷款利率。具体代码如下。

```
money=int(input("请输入贷款金额(万元):"))
months=int(input("请输入贷款时间(年):"))
months=months * 12       #将年换算为月
year_rate=input("请输入贷款利率:(%)")
```

② 变量赋值及单位换算。

```
year_rate=float(year_rate)/100          #年利率换算为小数
month_rate=year_rate/12                 #计算月利率
mb=money/months                         #每月还款本金
mz=0                                    #每月还款金额
zm=0                                    #总还款额
zr=0                                    #总还款利息
```

③ 输出数据表格的标题行，使用“\t”制表符完成，有时会出现数据与标题无法对齐的问题，可使用规定字符的输出方式，如下所示。

```
print("%-10s\t%-12s\t%-15s%-20s\t"%("期数","还款金额","本金","利息"))
```

④ 利用 for 循环语句，计算每个月的还款总额、还款本金、还款利息及总还款额和总还款利息。

```
mb=money/months                              #每月还款本金
for i in range(1,(months+1)):
    rates=(money-mb * i) * month_rate        #每月还款利息
    mz=mb+rates                              #每月还款总额
    zr=zr+rates                              #总还款利息
    zm=zm+mz                                 #总还款额
```

完整程序可参考源代码文件 t2_2.2.py。

笔记

【实践总结】

总结实践过程中遇到的问题及解决思路，以及经验技巧等内容

学习反思

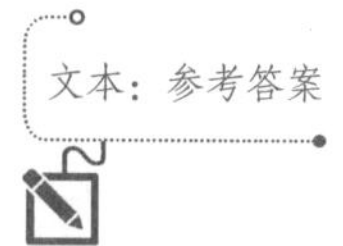

1. 变量如何赋值？
2. 常见的数据类型有哪些，如何输出不同类型的数据？
3. 字符型、整数型、浮点型如何定义输出格式？
4. “=”和“==”有何不同？
5. 运算符的优先顺序是怎么样的？
6. 逻辑运算符有哪些？各有何含义？
7. 试举一个条件表达式的事例，并按照条件表达式的格式编写出来。
8. 二进制的左移有什么规律，右移有什么规律？
9. 二进制和八进制、十六进制相互转换有什么规律，请参阅相关资料学习。

项目 3 控制程序执行流程

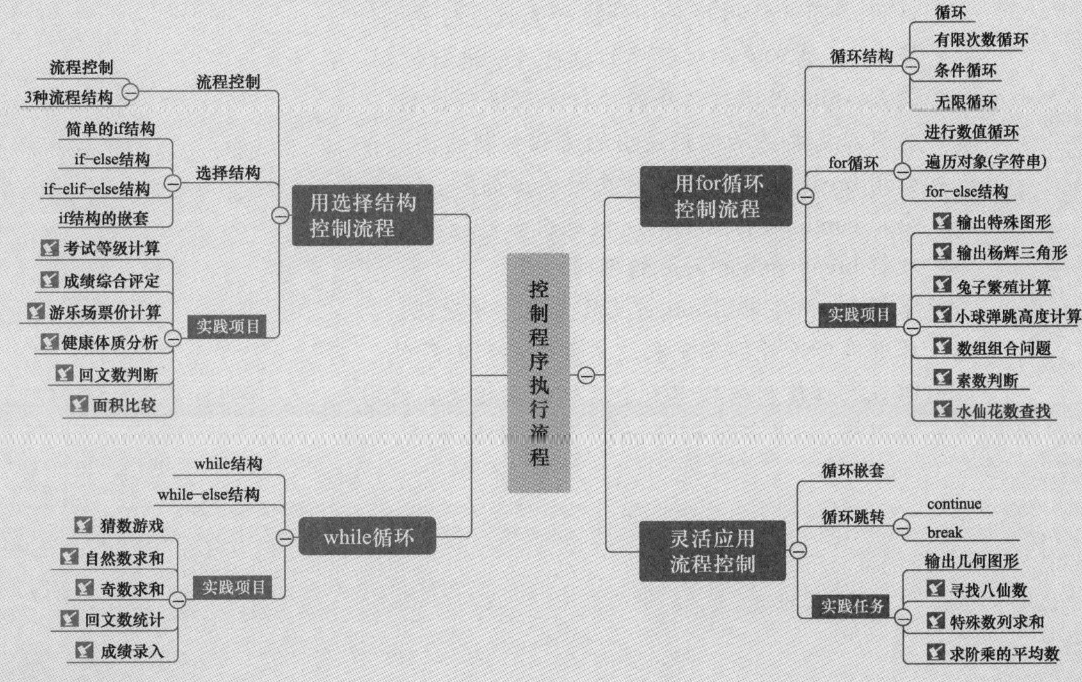

知识技能树

做任何事情都是按照一定的规则来进行的，例如，去银行取钱，需要带上身份证和银行卡，否则不能在柜台办理业务。同样，在一个程序执行的过程中，各条语句的执行顺序对程序的结果也有直接影响。所以，必须清楚每条语句的执行流程。而且，很多时候要通过控制语句的执行顺序来实现要完成的功能。Python 和其他语言一样，提供了方便灵活的程序执行流程控制功能，包括顺序结构、选择结构和循环结构。掌握程序流程控制，是一个编程人员必须掌握的技能。

PPT：项目 3 控制程序执行流程

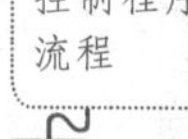

本项目主要通过大量的实践任务，结合具体的语法规范，采用循序渐进、由简单到复杂的方式，帮助读者学习 Python 语言中流程控制的几种方法，掌握流程控制的基本结构并解决一些实际问题。

【学习目标】

- 理解流程控制在程序开发中的作用。
- 掌握编程语言中 3 种基本的流程控制结构。
- 能用 if-else 结构对程序的执行流程进行控制。
- 能用 for 循环结构对程序的执行流程进行控制。
- 能用 while 循环对程序的执行流程进行控制。
- 能根据需要灵活运用适当的流程控制结构。
- 会用 break 在需要的时候及时跳出循环。
- 会用 continue 在需要的时候跳出当前循环。
- 理解 break 和 continue 的不同之处。
- 掌握 for 循环中用 range 函数生成批量数据。
- 理解循环条件控制中表达式真假的判断条件。
- 掌握流程控制结构中多个流程的互相嵌套使用。
- 能理解 for 循环和 while 循环的异同之处。

任务 3-1　根据条件做不同处理

【任务要求】

【实践 3-1-1】 输出考试成绩等级。利用 if 语句编写一个程序，首先提示输入课程成绩（百分制），判断该成绩如果大于或等于 90 分，输出结果为“成绩优秀”；小于 90 分大于或等于 60 分，输出结果为“成绩合格”；小于 60 分为“成绩不合格”。

【实践 3-1-2】 考试成绩综合评级。课程的成绩都是百分制，现在需要将课程成绩调整为某种等级制，请按照表 3-1 的对应关系，根据随机输入百分制课程成绩，输出正确的对应等级成绩。

表 3-1　百分制与等级制转换表

百分制范围	等级制 1	等级制 2	等级制 3
95≤x≤100	优	A	合格
85≤x<95	良	B	
75≤x<85	中	C	
60≤x<75	及格	D	
x<60	不及格	E	不合格

要求编写程序，从键盘分别输入，姓名：张慧，专业课程考试成绩分别是，人工智能：95，高等数学：96，量子力学：92，图像处理：93 等几门课程的成绩，然后对成绩进行转换，并按如下格式输出。

笔记

```
************************ 考试成绩单 ************************
   姓    名：张慧
   课程名称    百分制分数   等级制 1   等级制 2   等级制 3
   人工智能：      95          优         A         合格
   ……
************************************************************
```

【实践 3-1-3】 游乐场票价计算。一个根据年龄段收费的游乐场：4 岁以下免费；4~18 岁收费 25 元；18 岁（含）以上收费 40 元；65（含）岁以上半价。请编写程序，从键盘输入购票人的年龄、购票数，并输出如下信息。

```
************************ 购票提醒 ************************
   年 龄 段：XXX
   票面单价：XXX
   购买数量：XXX
   应付金额：XXX
************************************************************
```

笔记

【实践 3-1-4】体质健康分析。大学生体测中，对身高、体重的评分标准具体为：男生 BMI（体质指数）在 17.9~23.9 的为正常，小于或等于 17.8 的为低体重，在 24.0~27.9 的为超重，大于或等于 28.0 的为肥胖；女生 BMI 在 17.2~23.9 的为正常，小于或等于 17.1 的为低体重，在 24.0~27.9 的为超重，大于或等于 28.0 的为肥胖。请编写程序，输入姓名、性别、身高、体重等数据，然后计算 BMI，并输出类似如下信息。

```
========================BMI========================
姓    名：王某某
性    别：女
身    高：160 cm
体    重：80 kg
BMI 指数：28.3
健康状况：超重
===================================================
```

【实践 3-1-5】回文数判断。回文数就是一个数字从左侧读和从右侧读，其结果是一样的。要求编写程序，从键盘输入一个五位数，判断其是否为回文数。输出类似如下：

```
14556 不是回文数
12321 是回文数
```

【实践 3-1-6】面积比较。对同一根 100 米长的绳子，将其分别围成一个圆圈、一个正方形和一个等边三角形，编程计算它们的面积并尝试用 if-else 结构语法进行比较，按从大到小的顺序输出（提示，PI=3.14，计算结果保留两位小数）。

【相关知识】

3.1.1 流程控制

流程控制是指在程序运行时，根据不同的运行状态执行不同的代码。例如，出门坐火车，需要带上身份证，并且是本人的有效身份证，这两个条件缺一不可。程序设计也是如此，需要利用流程控制实现与用户的交流，并根据用户的需求决定程序“做什么”“怎么做”。

流程控制分为 3 种，即顺序结构、选择结构和循环结构。如图 3-1（a）所示是顺序结构，程序按照代码的上下顺序逐条执行，顺序结构没有特殊的语法，就是代码在自然顺序下执行；图 3-1（b）是选择结构，选择结构是程序在执行的过程中，会根据条件判断（图中的表达式）选择执行不同的代码，编程语言中一般用 if-else 结构实现选择结构；图 3-1（c）是循环结构，它是程序在执行的过程中对某段代码进行反复多次的执行，主要用于批量数据的处理，编程语言中一般用 for 结构、while 结构等实现循环结构。

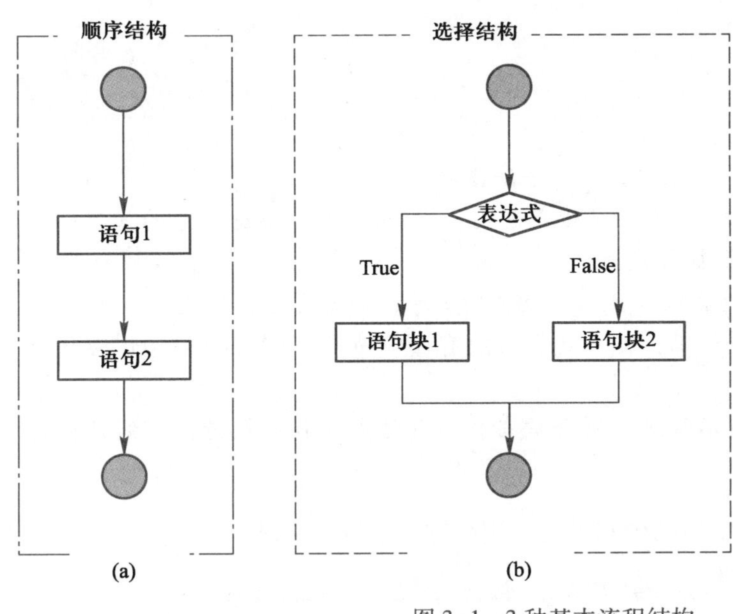

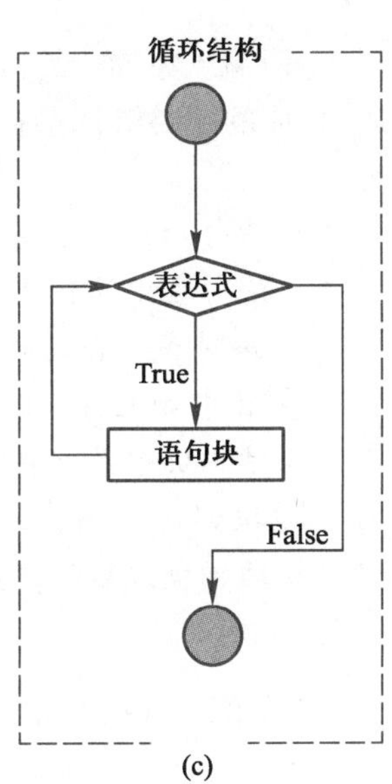

图 3-1　3 种基本流程结构

3.1.2　选择结构

在开发项目时，经常要根据程序的执行状态选择执行不同的功能。例如，登录网站平台，如果用户提交的登录账号和密码错误，则要执行提示用户“登录失败”的代码部分，如果用户输入正确，则要执行“登录成功”的代码部分，并转入用户页面；Python 中的选择结构通过 if-else 结构实现。if-else 结构可以有不同的形式，下面结合实例分别介绍。

笔记

1. if 语句

Python 中使用 if 保留字构成选择结构，代码如下。

```
if 表达式:                        #后面的冒号不能省略
    if 语句块                      #这里至少要有一句代码,而且要缩进
其他语句
```

其中，表达式可以是单纯的布尔值或变量，也可以是关系表达式或逻辑表达式，甚至是普通的变量。只要表达的值为真（或非零）就执行“if 语句块”，表达式的值为假（或为零或为""或为 Null），则跳过“if 语句块”，继续执行 if 结构后面的语句。

【实例 3-1-1】判断是否具备选车牌照资格。

```
age=int(input("请输入你的年龄:"))
if age>=18:
    print("你的年龄够选车牌照的资格了!")
```

运行程序如下。如果输入小于 18 的数，则程序没有任何输出。

```
请输入你的年龄:19
你的年龄够选票资格了!
```

【注意】

- if 语句后面必须要加“:”，否则会出现语法错误。
- if 语句块中的代码必须相对上面的“if 表达式:”缩进，而且缩进部分的代码必须严格对齐，否则会出现语法错误。
- 在 if 中如果再次遇到 if 结构或其他语法结构的冒号，则需要再次缩进。
- if 结构块中至少要有一句代码，如果 if 暂时没有任何功能，可以用 pass 作为 if 语句块部分。
- if 结构块最后的语句如果不缩进，则会被当作非 if 语句块代码执行，可能产生逻辑错误。

【实例 3-1-2】if 语句块最后的语句没有使用缩进产生逻辑错误。

源代码

```
########################## s3. 1. py ############################
score=16
if score>=60:
    print("您的成绩是:",score)
print("恭喜,您的成绩合格!")                    #本句代码应该缩进但未缩进

#执行结果属性逻辑性错误
您的成绩是:16
恭喜,您的成绩合格!
```

所以，if 结构中，属于 if 语句块的代码，必须缩进，而且必须严格保持对齐。

2. if…else 语句

if 语句是当满足条件的时候执行某段代码，但不满足的时候没有任何处理。在实际编程中，往往是对 if 判断中的满足条件和不满足条件都要进行处理，这就是 if-else 结构。Python 中的 if…else 语法结构如下。

```
if 表达式:
    if 语句块
else:
    else 语句块
```

使用 if…else 语句时，如果表达式的计算结果为真（或非零），则执行 if 语句块，否则执行 else 语句块。其流程图如图 3-2 所示。

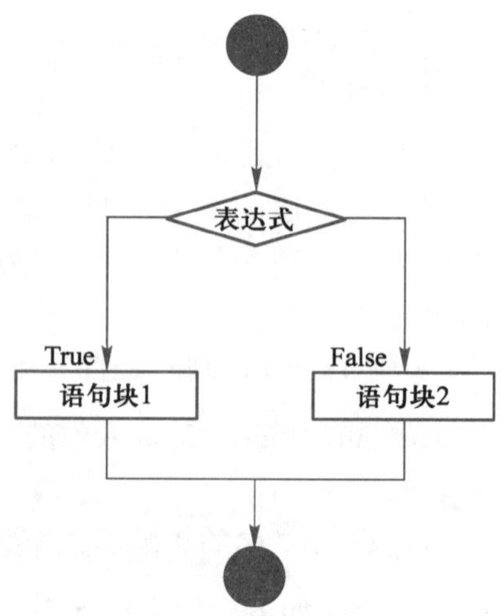

图 3-2 if…else 语句流程

【实例 3-1-3】判断课程成绩是否合格。

```
########################## s3. 2. py ##############################
score=int(input("请输入你的课程成绩:"))
if score>=60:
    print("你很棒,该门课程合格了!")
else:
    print("你的课程成绩不合格,需要继续努力!")
```

源代码

运行程序，当输入 78 时，结果如下。

```
请输入你的课程成绩:78
你很棒,该门课程合格了!
```

当输入 48 时，结果如下。

```
请输入你的课程成绩:48
你的课程成绩不合格,需要继续努力!
```

【注意】

- else 语句不能单独使用，必须和 if 一起使用。
- else 语句块中的语句也必须缩进，而且要严格对齐。
- else 后面也必须有个冒号。

笔 记

3. if…elif…else 语句

很多情况下，程序在执行过程中遇到的选择执行部分，往往有多个结果需要选择，这就是所谓的多分支结果。例如现实中，人们要去距离稍远些的地方，可以选择坐火车、长途客车、飞机或者自己开车等方式出行。在 Python 程序开发中，这种多分支结构使用 if…elif…else 语句实现，语法格式如下。

```
if 表达式 1:
    代码块 1
elif 表达式 2:
    代码块 2
elif 表达式 3:
    代码块 3
…#其他 elif 语句
else:
    代码块 n
```

使用 if…elif…else 语句时，表达式可以是一个单纯的布尔值或变量，也可以是比较表达式或逻辑表达式。如果表达式为真，则执行语句；如果表达式为假，则跳过该语句，进行下一个 elif 判断：只有在所有表达式都为假的情况下，才会执行 else 中的语句。该语句流程图如图 3-3 所示。

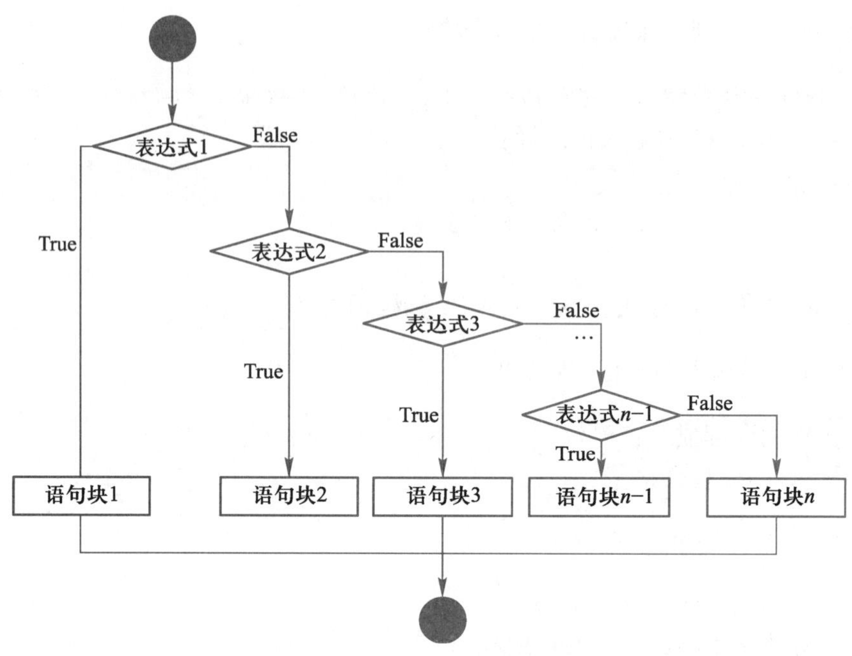

图 3-3　if…elif…else 结构

【实例 3-1-4】根据 BMI 判断一个人的身材是否合理。

```
######################## s3. 3. py ###########################
height = float(input("输入身高(米):"))
weight = float(input("输入体重(千克):"))
bmi = weight / (height **2)                          #计算 BMI
if bmi<18.5:
    print("BMI 为:"+str(bmi))
    print("体重过轻")
elif bmi>=18.5 and bmi<24.9:
    print("BMI 为:"+str(bmi))
    print("正常范围,注意保持")
elif bmi>=24.9 and bmi<29.9:
    print("BMI 为:"+str(bmi))
    print("体重过重")
else:
    print("BMI 为:"+str(bmi))
    print("肥胖")
```

运行结果如下。

```
输入身高(米):1.7
输入体重(千克):78
```

```
BMI 为:26.989619377162633
体重过重
```

使用 if 选择结构时，需要遵循以下原则。

- if、elif 和 else 语句的末尾一定要跟上冒号。
- if、elif 和 else 语句的语句块部分一定要缩进，而且同一个代码块的所有语句缩进量必须相同。
- if、elif 和 else 语句的语句块部分至少要有一行代码，可以用 pass 表示空。

使用布尔型变量作为判断条件时（假设布尔型变量为 flag），以下是较为规范的书写。

```
if flag:          #表示为真
if not flag:      #表示为假
```

以下是不符合规范的写法。

```
if flag==True:
if flag==False:
```

为便于区分“=”和“==”，使用“if 1==a”这样的书写格式可以防止错写成“if a=1:”，从而避免出现逻辑上的错误。

Python 程序在执行时，根据缩进关系确定 if-else 之间的层次关系。

【实例 3-1-5】根据缩进关系判断 if-else 的对应关系。

```
01 score=int(input("请输入你的课程成绩:"))
02 if score>=60:
03     if score>=95:
04         print("成绩优秀")
05     else:
06         print("成绩合格")
```

以上代码运行时，如果输入小于 60 的数，将不输出任何结果，这是因为 else 语句属于第 3 行的 if 语句，所以当输入的成绩小于 60 时，else 语句不执行。如果输入大于或等于 60 而小于 95 时，则输出为“成绩合格”。

【实例 3-1-6】如果将【实例 3-1-5】改成下面的代码，当输入小于 60 的成绩，将会输出“成绩不合格”。

```
######################### s3.4.py ############################
score=int(input("请输入你的课程成绩:"))
if score>=60:
    if score>=95:
        print("成绩优秀")
```

笔 记

```
else:
    print("成绩不合格")
```

if…else 语句可以使用条件表达式进行简化，如以下代码。

```
a=6
if a>0:
    b=-a
else:
    b=a
print(b)
```

可以简化为如下形式。

```
a=6
b=-a if a>0 else a            #如果 a>0,b=-a;否则 b=a
print(b)
```

4. if 嵌套语句

以上介绍了 Python 支持的 3 种 if-else 结构的语句语法，即 if、if…else 和 if…elif…else。其实这 3 种选择结构之间是可以互相嵌套的。嵌套的原理很简单，某个结构中只要全部包括另一种结构即可，而且可以多层次嵌套。例如，在最简单的 if 语句中嵌套 if…else 语句，形式如下。

```
if 表达式 1:
    if 表达式 2:
        代码块 1
    else:
        代码块 2
```

再如，在 if…else 语句中嵌套 if…else 语句，形式如下。

```
if 表示式 1:
    if 表达式 2:
        代码块 1
    else:
        代码块 2
else:
    if 表达式 3:
        代码块 3
    else:
        代码块 4
```

【实例 3-1-7】判断是否酒驾。

规定，车辆驾驶员的血液酒精含量小于 20 mg/100 ml 不构成酒驾；酒精含量大于或等于 20 mg/100 ml 为酒驾；酒精含量大于或等于 80 mg/100 ml 为醉驾。要求编写 Python 程序判断是否酒后驾车。通过梳理思路，是否构成酒驾的界限值为 20 mg/100 ml；而在已确定为酒驾的范围（大于 20 mg/100 ml）中，是否构成醉驾的界限值为 80 mg/100 ml，整个代码执行流程如图 3-4 所示。

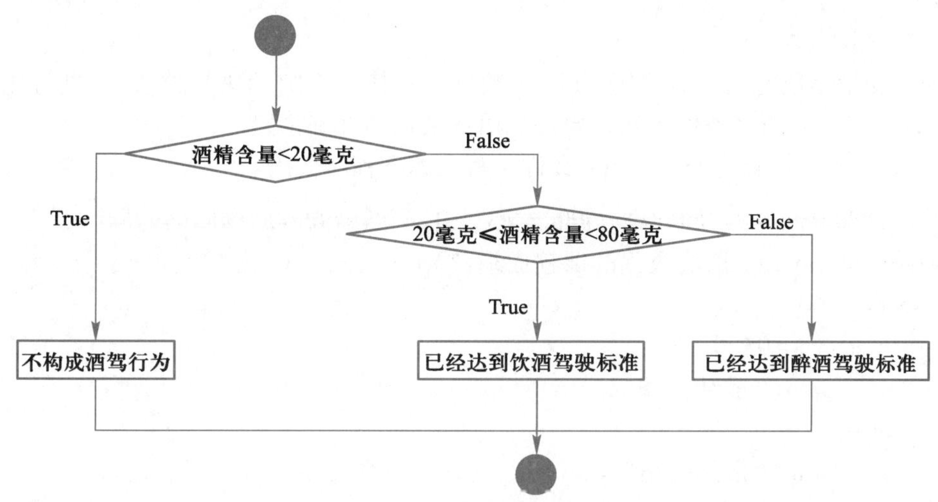

图 3-4　代码执行流程图

【实例 3-1-8】使用两个 if else 语句嵌套来实现是否酒驾的判断。

```
######################### s3. 5. py #############################
proof = int(input("输入驾驶员每 100ml 血液酒精的含量:"))
if proof < 20:
    print("驾驶员不构成酒驾")
else:
    if proof < 80:
        print("驾驶员已构成酒驾")
    else:
        print("驾驶员已构成醉驾")
```

源代码

运行结果如下。

```
输入驾驶员每 100ml 血液酒精的含量:10
驾驶员不构成酒驾
```

当然，本例单独使用 if...elif...else 也可以实现。除此之外，if 分支结构中还可以嵌套循环结构，同样，循环结构中也可以嵌套分支结构，这些内容将在后续内容中学习。

【实践指导】

【实践 3-1-1 指导】

本实践是学习利用条件语句 if...else 程序结构。程序结构如下。

```
score=int(input("请输入成绩"))        #输入百分制成绩
if 条件表达式:
    语句块 1
else:
    语句块 2
```

score 变量是数值型，需要用 int() 函数进行转换，否则无法与数值 60 进行比较判断。该程序采用了两个条件语句，要注意语法结构的准确位置。

【实例 3-1-9】新建 t3_1.1.py 文件，写入如下程序代码。

源代码

```
###########################t3_1.1.py######################
score=int(input("请输入你的课程成绩:"))
if score>=60:
    if score>=95:
        print("成绩优秀")
    else:
        print("成绩合格")
else:
    print("成绩不合格")
```

运行结果如下。

```
请输入你的课程成绩:45
成绩不合格
```

【实践 3-1-2 指导】

微课 3-1
考试成绩综合评级

本实践是在前面基础上对 if 语句进行嵌套。程序结构如下。

```
if 判断条件 1:
    执行语句 1……
elif 判断条件 2:
    执行语句 2……
elif 判断条件 3:
    执行语句 3……
else:
    执行语句 4……
```

例如，大于 95 分为“优”；大于 85 小于或等于 95 分为良；小于或等于 85 分为合格。

```
if score>95:
    print("优")
elif score>85:
```

```
    print("良")
else:
    print("合格")
```

具体步骤如下。

① 先按照提示完成姓名、4 门课程成绩的输入。这里需要注意，因为成绩在后续编程中要涉及数值的判断，因此输入的成绩要先转换为数值型，即使用 int()函数。

```
name=input("姓名:")
course_score1=int(input("输入人工智能的课程成绩:"))
course_score2=int(input("输入高数的课程成绩:"))
course_score3=int(input("输入量子力学的课程成绩:"))
course_score4=int(input("输入图像处理的课程成绩:"))
```

② 本项目的输出格式有一些特殊要求，需要先输出标题信息。表格对齐方式可以使用\t，也可以使用空格键进行微调。当然，格式输出的方法有很多，读者可以多尝试。

```
print("*"*30+"考试成绩单 "+"*"*30)
print("姓名:%s"%name)
print("课程名称\t 百分制分数\t 等级制 1\t     等级 2 \t 等级制 3")
```

③ 为了循环打印出 4 门课程成绩的不同赋分方式，将成绩及课程组成列表方式，方便循环（有关列表的内容可参考项目 4）。

笔 记

```
course_score=[course_score1,course_score2,course_score3,course_score4]
course=["人工智能","高等数学","量子力学","图像处理"]
for i in range(len(course_score)):
    if  course_score[i]>=60:
        dj_3="合格"
        if  course_score[i]>=95 and course_score[i]<=100:
            dj_1="优  "
            dj_2="A"
        elif course_score[i]>=85:
            dj_1="良  "
            dj_2="B"
        elif course_score[i]>=75:
            dj_1="中  "
            dj_2="C"
        else:
            dj_1="及格"
            dj_2="D"
```

笔记

```
        else:
            dj_1="不及格"
            dj_2="E"
            dj_3="不合格"

        print("%s\t\t%d\t\t%s\t\t%s\t\t%s"%(course[i],course_score[i],dj_1,dj_
2,dj_3))
print("*"*70)
```

结果显示如下。

```
***********************考试成绩单***********************
姓名:张慧
课程名称  百分制分数  等级制1  等级2  等级制3
人工智能      95        优       A      合格
高等数学      96        优       A      合格
量子力学      92        良       B      合格
图像处理      93        良       B      合格
*******************************************************
```

【实践 3-1-3 指导】

源代码

本实践是典型的多条件判断语句，在前两个实践任务中已经进行了相关练习。首先新建一个 Python 文件 t3_1. 3. py，再用 if 结构实现，具体代码见电子资源。

【实践 3-1-4 指导】

源代码

本实践在项目 2 的实践中有涉及 BMI=体重/身高的平方，但本实践比之前的复杂了许多，需要灵活掌握条件语句的正确使用方式，格式对齐方式不同，结果将产生很大的差别。由于性别不同，BMI 的判断范围不同，因此首先要从性别进行判断，然后再进行 BMI 的判断，如图 3-5 所示。具体代码见电子资源。

【实践 3-1-5 指导】

回文数就是一组左右对称的数字组合。要对一组数字进行判断，首先需要将其转换为字符串类型，这样方便数字进行比较。另外，本实践涉及后续课程中的列表下标问题，列表下标从左向右依次为 0，1，2，…，从右向左位置开始第 1 位为-1，如五位数最左边第 1 位按左边计数位置为［0］，最右边数字按从右向左计位未［-1］。依此类推，具体代码如下。

源代码

```
########################## t3-1. 5. py ##############################
a=int(input("输入一个五位数:"))
```

```
s=str(a)                                    #将数字转换为字符串类型
if s[0]==s[-1] and s[1]==s[-2]:             #取每一位数字判断是否对称
    print("%d 是一个回文数"%a)
else:
    print("%d 不是一个回文数"%a)
```

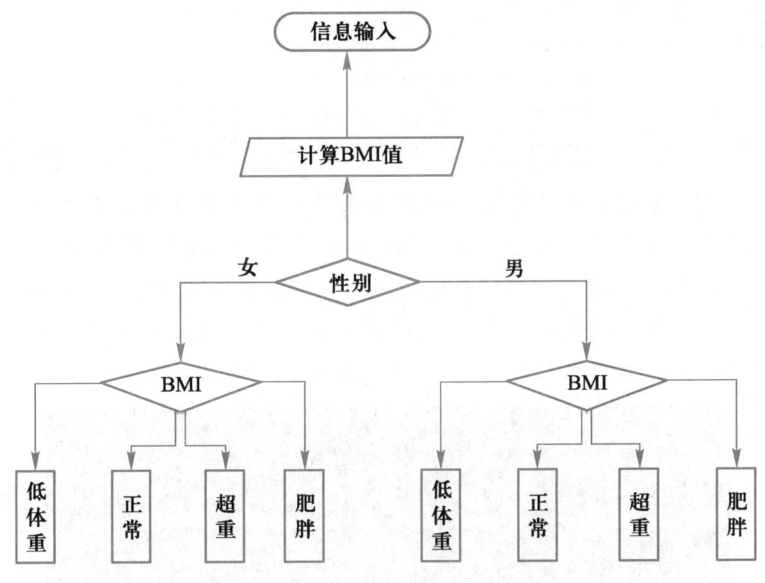

图 3-5 健康状态编程思维图

【实践 3-1-6 指导】

本实践主要是训练使用计算公式，以及清楚计算的先后顺序，清楚如何用判断语句判断值的大小。可参考电子资源。

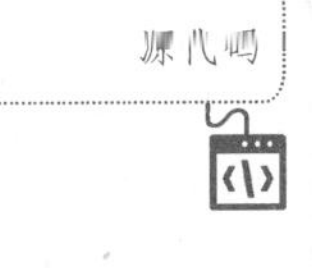

运行结果如下。

```
圆形的面积为:796.18
正方形的面积为: 625.00
三角形的面积为:481.13
```

任务 3-2 利用 for 循环处理多项数据

【任务要求】

【实践 3-2-1】特殊图形输出。利用 for 语句，用星号（*）打印一个等腰直角三角形。

笔记

【实践3-2-2】输出九九乘法表。九九乘法表是数学中的乘法口诀，也叫九九歌，产生于我国的春秋战国时期。要求：编写程序输出九九乘法表，输出格式如下。

```
1*1=1
1*2=2   2*2=4
1*3=3   2*3=6   3*3=9
1*4=4   2*4=8   3*4=12  4*4=16
1*5=5   2*5=10  3*5=15  4*5=20  5*5=25
1*6=6   2*6=12  3*6=18  4*6=24  5*6=30  6*6=36
1*7=7   2*7=14  3*7=21  4*7=28  5*7=35  6*7=42  7*7=49
1*8=8   2*8=16  3*8=24  4*8=32  5*8=40  6*8=48  7*8=56  8*8=64
1*9=9   2*9=18  3*9=27  4*9=36  5*9=45  6*9=54  7*9=63  8*9=72  9*9=81
```

【实践3-2-3】杨辉三角形问题。杨辉三角是二项式展开系数在三角形中的一种几何排列，由我国南宋数学家杨辉在公元1261年所著的《详解九章算法》一书给出。在欧洲，帕斯卡（1623—1662）在1654年发现这一规律，所以这个表又叫作帕斯卡三角形。帕斯卡的发现比杨辉要迟393年，比贾宪迟600年。要求：编写程序从键盘输入一个整数 n（$n \leqslant 20$），并在屏幕输出 n 层杨辉三角形，类似如下的格式。

```
                              1
                           1     1
                        1     2     1
                     1     3     3     1
                  1     4     6     4     1
               1     5    10    10     5     1
            1     6    15    20    15     6     1
         1     7    21    35    35    21     7     1
      1     8    28    56    70    56    28     8     1
   1     9    36    84   126   126    84    36     9     1
 1    10    45   120   210   252   210   120    45    10     1
1   11    55   165   330   462   462   330   165    55    11     1
```

【实践3-2-4】兔子繁殖计算。有一对兔子，从出生后第3个月起每个月都生一对兔子，小兔子长到第3个月后每个月又生一对兔子。可以分析得出，兔子对数的增长规律为数列1，1，2，3，5，8，13，21，…。该数列也叫斐波那契数列（Fibonacci Sequence），又称黄金分割数列，因数学家莱昂纳多·斐波那契（Leonardo Fibonacci）以兔子繁殖为例子而引入，故又称为“兔子数列”。请编写程序，从键盘输入整数月份 n，并计算到第 n 个月时，总共有多少对兔子？

【实践3-2-5】小球弹跳计算。一球从100米高度自由落下，每次落地后反跳回原高度的一半又再落下，编程计算小球在第10次落地时，共经过多少米？第10次反弹高度是多少？提示：弹跳高度是等比数列，经过距离是等比数列前 n 项的和。

【实践3-2-6】数字组合问题。有1、2、3、4、5共5个数字，编程统计能组成多少个互不相同且无重复数字的三位数？这些数字分别是多少？提示：这是一个排列组合问题。

【实践3-2-7】素数计算。素数是只能被1和它本身整除的整数，如2、5、7、11等。编写程序输出1000以内所有素数的和。

【实践3-2-8】水仙花数输出。水仙花数（Narcissistic Number），也被称为超完全数、字不变数（PluPerfect Digital Invariant，PPDI）、自恋数、自幂数、阿姆斯壮数或阿姆斯特朗数（Armstrong Number）。水仙花数是指一个3位数，它的每个位上的数字的3次幂之和等于它本身。例如 $1^3+5^3+3^3=153$。要求编程序求100~1000的所有水仙花数并输出。

【相关知识】

3.2.1　循环结构

在程序开发中，经常要处理许多类似的问题或数据，这时候往往需要用到一个名叫循环的处理方式。循环现象在现实生活中也很多，如太阳每天东升西落，时间每天 24 小时循环；学生每天在教室、食堂、宿舍之间往返。类似这样反复做同一件事的情况，称为循环。循环主要有以下几种类型。

- 有限循环。重复一定次数的循环，称为有限循环，如 for 循环。像求 1~100 的所有数字的平方和，就是 100 次循环，每次循环计算一个数字的平方，并进行累积求和。
- 条件循环。条件循环就是满足循环条件时一直在执行循环。这种循环一般在编程语言中用 while 循环实现。例如，从键盘输入数据，直到用户输入字母“Q”就退出输入过程。
- 无限循环。程序执行到该循环后就一直处于循环状态，直到循环体中执行了某个退出循环的语句才结束。其实一般的程序启动后都是死循环，只有用户选择了“退出”才会退出循环。手机上的各种 App，当启动它后，它就一直处于循环状态，等待用户的操作，一旦用户选择了“退出”，App 才会退出。也有可能被其他高级程序“杀死”。无限循环一般用 for 或 while 都可以实现。

Python 语言为循环结构提供了很好的支持，同时又去掉了 C 语言等中的 do 循环。因为 do 循环完全可以用 while 循环代替。

3.2.2　for 循环

for 循环往往是一个有限循环，一般应用于循环次数已知的情况。通常适用于枚举或遍历序列，以及迭代对象中的元素。其语法格式如下。

```
for 迭代变量 in 对象(包括 range 对象|字符串|列表|元组|字典|集合):
    循环体
```

- “迭代变量”是从“循环对象”中读取出当前要循环的元素。
- “循环体”是每次循环中要执行的功能。
- “对象”是要循环的一个数据集合体，可以是 range 对象、列表、字典、字符串、元组、集合等。
- for 循环语句的最右侧必须有个冒号。
- for 循环体至少应该有一句代码。
- for 循环体部分必须缩进，而且多行代码严格对齐。

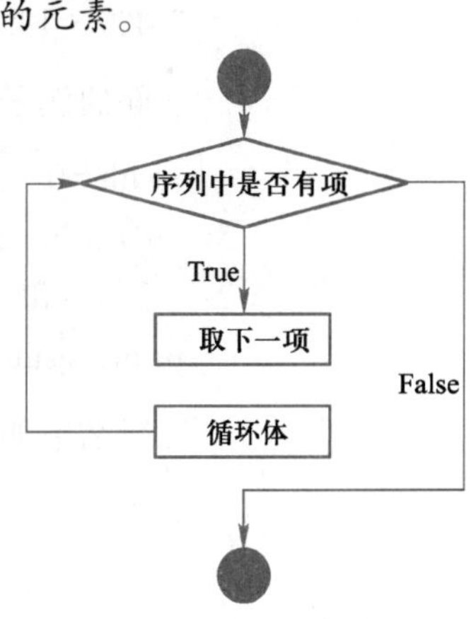

图 3-6　for 循环语句流程图

for 循环语句的执行流程图如图 3-6 所示。

1. 进行数值循环

for 循环经常用于数值循环。例如，要实现 1~100 的累加，可以执行如下代码。

源代码

【实例 3-2-1】计算 1~100 的数字和。

```
####################### s3. 6. py ##########################
print("计算 1+2+...+100 的结果为:")
result = 0                              #保存累加结果的变量
for i in range(101):                    #逐个获取从 1 到 100 这些值,并做累加操作
    result += i
print(result)
```

运行结果如下。

```
计算 1+2+...+100 的结果为:
5050
```

以上代码中使用了 range()函数，此函数是 Python 内置函数，用于生成一系列连续整数，多用于 for 循环中。其语法格式如下。

```
range(start,end,step)
```

【说明】

- start 用于指定计数的起始值，如果省略，则从 0 开始。
- end 用于指定计数的结束值，但不包括该值，如 range(6)循环范围为 0~5，end 的值不能省略。当 range()函数只有一个参数时，则表示指定计数的结束值。
- step 用于指定循环中的步长，即两次循环之间的间隔，如果省略表示步长为 1。例如，range(1,6)将得到 1，2，3，4，5。
- 在使用 range()函数时，如果只有一个参数，那么表示指定的是 end；如果有两个参数，则表示指定的是 start 和 end；只有在 3 个参数都存在时，最后一个参数 step 才表示步长。

【实例 3-2-2】下列 for 循环语句，将输出 100 以内的所有偶数。

```
for a in range(2,101,2):
    print(a,end='')
```

运行结果如下。

```
2 4 6 8 10...
```

下面的例子是求 100 以内的所有偶数之和。

```
result=0
for i in range(0,101,2):
    result += i
print(result)
```

运行结果如下。

```
2550
```

2. 遍历字符串

使用 for 循环语句除了可以循环数值，还可以逐个遍历字符串，每次处理一个字符。

【实例 3-2-3】将横向显示的字符串转换为纵向显示。

源代码

```
########################## s3.7.py ############################
tmp = "我爱学习!"
print(tmp)
#for 循环,遍历 tmp 字符串
for ch in tmp :
    print(ch)
```

运行结果如下。

```
我爱学习!
我
爱
学
习
!
```

可以看到，在使用 for 循环遍历 tmp 字符串的过程中，迭代变量 ch 会先后被赋值为 tmp 字符串中的每个字符，并代入循环体中使用。只不过本例中的循环体比较简单，只有一行输出语句。for 循环语句还可以用于迭代列表、元组等，具体方法将在项目 4 中介绍。

3. for 循环中的 else 语句

Python 中允许 for 循环后面跟一个 else 代码块，其作用是当循环条件为 False 跳出循环时，程序会最先执行 else 代码块中的代码。

笔 记

```
for i in range(5):
    if i > 3:
        print(i)
else:                               #注意,这里的 else 和 for 是对应的,不是里面 if 的对应
    print('Hello world')
```

输出如下。

```
4
Hello world
```

可以看出，以上 for 循环完成之后，会执行下面的 else 语句。下面稍微改变一下。

```
for i in range(5):
    if i > 3:
        print(i)
        break                        #break 语句的作用是跳出循环体,详见任务 3-4
else:
    print('Hello world')
```

输出如下。

```
4
```

【实践指导】

【实践 3-2-1 指导】

本实践主要是熟悉 for 语句的应用。for 语句一般与 range( )函数结合使用。例如：

```
for 迭代变量 in 对象：
    循环体
```

读取行数，利用 for 循环确定循环次数，具体代码如下。

```
row=6                              #确定行数
for i in range(1,row+1):           #行数循环
    print("  * " * row)
```

【实例 3-2-4】打印实心等腰直角三角形。

源代码

```
    ######################## t3_2.1.py ###########################
rows = int(input('输入列数：'))
print ("等腰直角三角形")              #等腰直角三角形
for i in range(0, rows):             #声明变量,i 用于控制外层循环(图形行数)
    print (' * '*(rows-i))
```

运行结果如下。

```
输入列数：4
等腰直角三角形
 *    *    *    *
 *    *    *
 *    *
 *
```

【实践 3-2-2 指导】

本实践用到了 for 循环语句的二次嵌套，注意格式，先执行小范围的 for 循环语句，循环执行完毕后，再执行大范围的 for 循环语句。语法格式如下。

```
for 迭代变量 in 对象 1：
    for 迭代变量 in 对象 2：
        循环体 2
循环体 1
```

注意这里格式中的缩进，如果缩进位置不对，可能程序运行结果会不一样，或者提示错误。

当对某一个范围或步长进行设定，来进行数据循环时，还会调用 Python 中的内置函数 range( )，格式如下。

```
for i in range(start,end,step)
```

其中，start 为开始值，end 为结束值（不包括该值），step 表示步长。

如循环读取 1~100 之间的奇数，相邻奇数的步长为 2，因此可以用 for 语句表示如下。

```
for i in range(1,100,2)
```

具体程序代码如下。

源代码

```
        ######################## t3_2.2.py ###########################
for i in range(1,10):
    for kk in range(1,i+1):
        print('%d * %d=%d'  % (kk,i,i * kk),end='\t')
    print()
```

【实践 3-2-3 指导】

本实践中杨辉三角是二项式系数在三角形中的一种几何排列。在杨辉三角形中，有一个很大的规律：就是每一行的第一个和最后一个数都是 1，那么中间的数据是怎么生成的呢？中间的数据其实就是一个公式：list1[n][m] = list1[n-1][m-1] + list1[n-1][m]（假设 n 表示行，m 表示列），即第 n 行的第 m 个数等于第 n-1 行的第 m-1 个数和第 m 个数之和，这也是组合数的性质之一。具体可参考源码练习 t3-2.3.py 文件。

笔 记

① 定义一个函数 createL()，根据规律，写出杨辉三角形每行的数组。

```
def createL(n):
    L=[1]                #第 1 个元素为 1
    for x in range(1,len(n)):
        L.append(n[x]+n[x-1])
    L.append((1))        #行的最后一个元素为 1
    return L
```

② 定义一个打印的函数 printL()，能按照项目要求方式实现输出。

```
def printL(L,W):
    s=""
    for x in L:
        s+=str(x)+" "
    print(s.center(W))
```

③ 调用函数，完成功能。

```
L=[1]
row=int(input("输入行数:"))
width=row * 5
for x in range(row):
```

```
    printL(L,width)
    L=createL(L)
```

【实践 3-2-4 指导】

根据【实践 3-2-4】的描述可以推出，第 1 个月是 1 对幼兔，第 2 个月是 1 对成兔，第 3 个月是 1 对幼兔和 1 对成兔，第 4 个月为 1 对成兔+1 对幼兔+1 对成兔，依此类推，有如下规律 1，1，2，3，5，8，13，…可以看出，后一个数是前两个数之和，即 $f(n)=f(n-1)+f(n-2)$，称为斐波那契数列。它可以使用递归函数的方法来求解。具体代码如下。

源代码

```
    ######################## t3_2. 4. py ##########################
def fibo(n):                                          #创建一个递归函数
    if n==0:
        return 0
    if n==1:
        return 1
    return fibo(n-1)+fibo(n-2)

m=int(input("查询第几个月?:"))                        #提示输入查询的月份
print("第%d 个月,有%d 对兔子"%(m,fibo(m)))            #调用函数输出查询的数值
```

【实践 3-2-5 指导】

本实践主要练习 for 循环语句，以达到灵活使用。需要注意的是，小球只有在第 1 次落地时的总距离是 1 倍的高度，后面循环都需要按照 1/2 高度来计算累加。具体代码如下。

源代码

```
    ######################## t3_2. 5. py ##########################
times=10
height_sum=100
height_list=[100]
for i in range(1,times):
    height_list. append(height_list[i-1]/2)
    height_sum += height_list[i] * 2

print("第 10 次落地时,共经过了%f 米"%height_sum)
print("第 10 次反弹%. 6f 米"%(height_list [times-1]/2))
```

【实践 3-2-6 指导】

【实践 3-2-6】的练习中需要设置 3 个变量分别代表 3 个位数的数字，使用 for 循

环嵌套，分别控制个位、十位、百位的切换，遇到符合条件的数便输出，定义变量 count 用于计数，每输出一个数便加 1。具体代码如下。

微课 3-2
数字组合问题

源代码

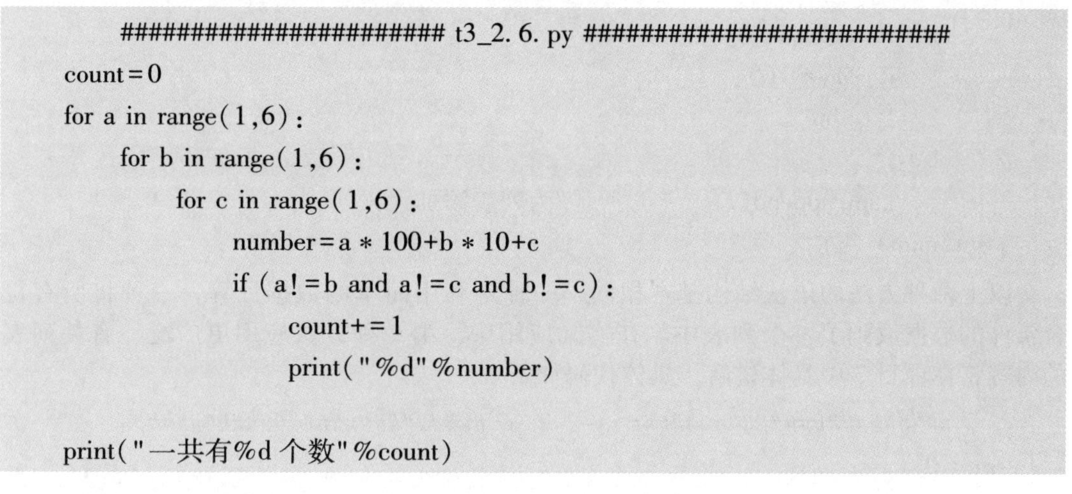

```
        ######################### t3_2.6.py ##############################
count=0
for a in range(1,6):
    for b in range(1,6):
        for c in range(1,6):
            number=a*100+b*10+c
            if (a!=b and a!=c and b!=c):
                count+=1
                print("%d"%number)

print("一共有%d 个数"%count)
```

【实践 3-2-7 指导】

要想求出素数之和，首先要判断哪些是素数，然后再利用循环 for 语句进行求和即可。素数定义为在大于 1 的自然数中，除了 1 和它本身以外不再有其他因数的数，称为素数，如 2、3、5、7、11、13、17、19。该程序使用的语法结构如下。

```
for 迭代变量 in range():
    for 迭代变量 in range():
        if 条件表达式
            语句块
    else:
        语句块
```

笔 记

循环体获取素数的方法如下。

方法 1：

```
i=2
j=2
for i in range(2,100):
    for j in range(2,i):
        if(i%j==0):                    #判断是否素数
            break
    else:
     print(i)                          #满足素数要求,则打印出来
```

方法 2：

```
num=[];                                #定义一个空列表
i=2
```

```
for i in range(2,100):
    j=2
    for j in range(2,i):
        if(i%j==0):
            break
    else:
        num.append(i)                    #为列表添加元素
print(num)
```

以上两种方法的语法结构基本相同，一种是利用简单的数据计算，一种将所有符合条件的数据放到了一个列表中。在实际应用中，第 2 种方法应用更广泛。有关列表的内容将在项目 3 中具体讲解。具体代码如下。

源代码

```
########################## t3-2.7.py ############################
sum=0
for num in range(2,100):                 #迭代 2 到 100 之间的数字
    for i in range(2,num):               #根据因子迭代
        if num%i == 0:
            break                        #跳出当前循环
    else:                                #循环的 else 部分
        print ('%d 是一个素数' % num)
        sum+=num
print("100 以内素数之和为:",sum)
```

【实践 3-2-8 指导】

本实践是一个经典的编程练习题，首先它是对一定范围的数字进行筛选，满足条件的数字才输出；其次，在循环中要注意掌握各个位数字的提取方法及条件的满足情况。

首先，找一个三位数，如该数为 $abc=a^3+b^3+c^3$，该程序涉及如何从某个数中提取各位的数字问题。例如 23，如何计算得出十位数的数字是 2，个位数的数字是 3。通过科学记数法可以知道，一个三位数可以表示为 $a\times100+d\times10+c$，因此可以利用求商取整，求余取整的方法，依次计算出各位的数字。如某个三位数是 x，求每位的数字，具体代码如下。

```
x=int(input('输入一个三位数:'))
a=x//100                    #求百位上的数字
b=x//10 % 10                #求十位上的数字
c= x%10                     #求个位上的数字
print('a=',a,end=' ')
print('b=',b,end=' ')
print('c=',c,'\n')
```

运行结果为：

```
输入一个三位数:259
a= 2 b= 5 c= 9
```

这个问题解决了，只需要利用 for 循环语句和 if 条件语句即可完成上面的程序，具体思路如下：

① 用 for 循环控制 1000 以内的三位数。

② 依次求出该三位数中的个、十、百位，判断是否是水仙花数。

③ 如果是，则打印出该数；如果不是，则返回继续查找。具体代码如下。

源代码

```
        ######################## t3_2.8.py ############################
for i in range(100,1000):
    a=i//100
    b=i//10%10
    c=i%10
    if (i == a ** 3 + b ** 3 + c ** 3):
        print('水仙花数为:', i)
```

还可以利用另外一种思路，依次从百位、十位、个位来找合适的数字，满足条件，则为水仙花数。具体代码如下。

笔 记

```
for x in range(1, 10):
    a = x * x * x
    for y in range(0, 10):
        b = y * y * y
        for z in range(0, 10):
            c = z * z * z
            d = a + b + c
            w = '%d' % x + '%d' % y + '%d' % z        #x、y、z 组成的一个三位数
            if d == int(w):
                print('水仙花数:' + w + '\n')
```

任务 3-3 利用 while 处理多项数据

【任务要求】

【实践 3-3-1】 猜数字游戏。编写程序生成一个 1~10000 的随机整数，并输出提示用户猜测该数字，用户每次输入数字后，再次提醒用户猜测的数字是偏大还是偏小，直到用户猜测准确为止。记录猜测次数，并分析如何提高猜测速度。

【实践3-3-2】 循环求和。用 while 语句编写程序，计算 100 以内的自然数之和，并输出结果。

【实践3-3-3】 奇数求和。用 while 语句编写程序，计算 1~100 的所有奇数之和，并输出结果。

【实践3-3-4】 成绩录入。用 while 语句编写一个循环，提示用户循环输入一系列课程成绩，并在用户输入"0"时结束循环，如果成绩小于0，则重新输入。最后计算出输入课程成绩的次数及平均成绩，并打印输出。

【实践3-3-5】 回文数统计。回文数就是一个数字从左到右和从右到左读是一样的。编程输出 10000 以内的所有回文数，并统计总个数。

【相关知识】

3.3.1 while 循环

while 循环语句在条件为真的情况下，执行相应的代码块，while 循环语句的执行流程图如图 3-7 所示。while 循环的基本语法结构如下。

```
while 表达式：
    循环体……
```

【说明】

- 表达式可表示任意表达式，其计算结果为非零或 True 即表示条件满足，循环体内的语句被执行。
- 循环体是每次循环要执行的代码。
- 循环语句右侧有个冒号。
- 循环体语句必须缩进，而且必须严格对齐，除非遇到新的冒号。
- 循环体至少要包含一句代码，可以用 pass 表示空语句。
- 当循环条件始终不能满足时，循环将变成死循环，死循环的退出请参考任务 3-4 中部分内容。

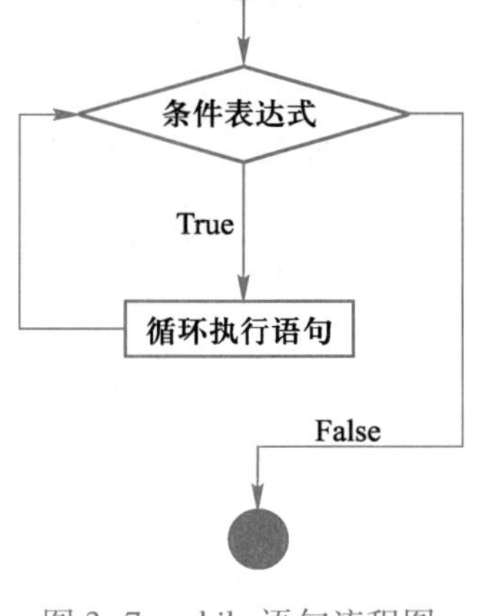

图 3-7 while 语句流程图

【实例 3-3-1】利用 while 循环计算 100 以内的奇数之和。

```
sum = 0
n = 99
while n > 0:               #条件表达式
    sum = sum + n          #循环执行语句
    n -=2                  #循环执行语句
print(sum)
```

运行程序会发现，程序只输出 1~99 的所有奇数。不在此范围将不执行循环语句中的内容。输出结果为：2500。

【实例 3-3-2】找出一个整数，它能被 2 整除但不能被 3 整除、能被 13 整除但不能被 7 整除的最小数。

```
######################## s3. 8. py ############################
none=True
number=0
while none:
    number+=1
    if number%2==0 and number%3!=0 and number%13==0 and number%7!=0:
        print(number)
        none=False
```

运行结果为：26。

3. 3. 2　while 循环中的 else 语句

Python 中 while 循环支持在循环退出后加上 else 语句部分，表示当循环体不满足而跳出的时候，执行 else 部分的代码。

【实例 3-3-3】一个 while…else 的例子。

```
######################## s3. 9. py ############################
count = 0
while count < 4:
    print (count, "小于 4")
    count = count + 1
else:
    print (count, "不小于 4")
```

运行结果如下。

```
0  小于 4
1  小于 4
2  小于 4
3  小于 4
4  不小于 4
```

【实践指导】

【实践 3-3-1 指导】

微课 3-3
猜数字游戏

本实践中随机取数字需要在 Python 中使用用于生成随机数的模块 random，在使用前需要导入此模块，同时在判断循环终止条件时，需要使用 while…if 嵌套语句。其基本程序结构如下。

```
while 判断条件表达式:               #条件为真，循环执行
    if 条件表达式 1:                #输入的数不为空，继续提示输入
        语句块 1
```

```
    elif 条件表达式 2:                #输入字母 q，中止循环
        语句块 2
    else:
        语句块 3
        break                          #中止循环
```

具体代码如下。

源代码

```
    ######################## t3-3. 1. py ###########################
import random                                          #导入模块
target=random. randint(1,10000)                        #自动生成 10000 以内的数
count=0
while True:                                            #循环判断语句
    count +=1
    guess=int(input("请输入一个整数(1~10000):"))
    if guess> target:
        print("猜大了")
    elif guess<target:
        print("猜小了")
    else:
        print("猜对了")
        break                                  #循环语句终止
print("本轮的猜测次数是:%d" %count)
```

【实践 3-3-2 指导】

本实践可使用 while 语句实现循环，其语法结构如下。

```
while 条件表达式:
    循环体
```

为了避免死循环，必须注意条件表达式的合理性。具体代码如下。

源代码

```
    ######################## t3-3. 2. py ###########################
n=0                               #赋值初始化
sum=0                             #赋值求和初始化
while n<=100:                     #循环条件表达式
    sum+=n                        #数字求和
    n+=1                          #避免死循环的条件
print('数字之和为:',sum)
```

【实践 3-3-3 指导】

完成了实践 3-3-2，本任务也就迎刃而解了。不同之处只是自然数变成了奇数。下面计算 100 以内的偶数之和，程序如下（计算 100 以内的奇数之和相信读者已经能够解决）。

源代码

```
######################### t3-3.3.py ############################
n=2                              #100 以内的最小偶数为 2
sum=0                            #赋值求和初始化
while n<=100:                    #循环条件表达
    sum+=n
    n+=2                         #偶数递增,差值为 2
print('数字之和为:%' %sum)
```

【实践 3-3-4 指导】

微课 3-4
成绩录入

本实践主要练习如何用 while 循环语句来完成一个完整的循环输入功能，并对输入的数值进行条件判断，从而确保输入正确的数值。具体步骤如下。

① 要想实现重复输入，首先要用到 while 循环语句，格式如下。

```
while True:
        score=int(input("输入课程成绩:"))
```

② 对输入的课程成绩进行判断，分 3 种情况：大于 0，计算课程成绩总和及统计次数；小于 0 提示重新输入；等于 0 退出循环。根据这 3 种情况，使用 if 嵌套的条件判断语句完成。

```
if score<0:
    print("请重新输入课程成绩!")
    continue
elif score>0:
    sum +=score
    count +=1
else:
    break
```

在上面的程序中要注意 continue 和 break 的用法。最后完成课程平均成绩的计算和输出即可。完成程序代码可参考源码练习文件 t3_3.4.py。

【实践 3-3-5 指导】

源代码

在实践 3-1-5 中，已经对回文数做了简单的编程练习。回文数就是左右两边的数字是对称的一个数。还是采用转换为字符串的形式来判断较容易些。因为不知道具体数字位数，因此需要引入变量，循环判断。具体代码见电子资源。

笔记

任务 3-4 灵活控制程序流程

【任务要求】

【实践 3-4-1】 输出几何图形。编程序输出由星号（*）阵列打印的一个空心等腰三角形，三角形的输出行数自定义。

【实践 3-4-2】 寻找五角星数。所谓五角星数，是自幂数的一种，就是一个五位数，每个位的 5 次方的和与这个数字本身是相等的。编程序求出所有的五角星数。

【实践 3-4-3】 特殊数列求和。有一分数序列 2/1，3/2，5/3，8/5，13/8，21/13，…，编程序求出这个数列的前 20 项之和，并保留两位小数。

【实践 3-4-4】 求平均数。编程序计算 1!、2!、3! ……10! 的平均值。

【实践 3-4-5】 小学生算术能力测试。设计一个程序，帮助小学生练习 10 以内的加法。具体要求：

① 随机生成加法题目。

② 学生查看题目并输入答案。

③ 判别学生答题是否正确。

④ 输入“q”时退出，并统计学生答题总数、正确数量及正确率（保留两位小数）。

【相关知识】

3.4.1 循环嵌套结构

Python 支持 while 和 for 循环结构嵌套。所谓嵌套（Nest），就是一个语句块中还有另一个语句块。例如，for 中还有 for，while 中还有 while，甚至 while 中有 for 或者 for 中有 while 也都是允许的。

当 2 个（甚至多个）循环结构相互嵌套时，位于外层的循环结构常简称为外层循环或外循环，位于内层的循环结构常简称为内层循环或内循环。循环嵌套结构的执行流程图如图 3-8 所示，执行的流程如下。

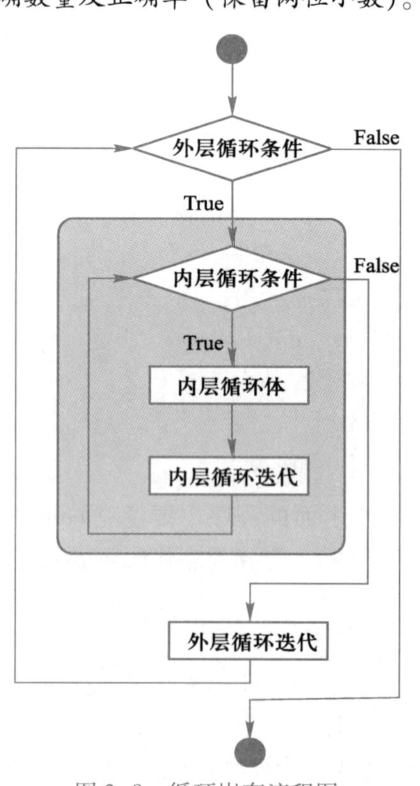

图 3-8 循环嵌套流程图

① 当外层循环条件为 True 时，则执行外层循环结构中的循环体。

② 外层循环体中包含了普通程序和内循环，当内层循环的循环条件为 True 时，会执行此循环中的循环体，直到内层循环条件为 False，跳出内循环。

③ 如果此时外层循环的条件仍为 True，则返回

第②步，继续执行外层循环体，直到外层循环的循环条件为 False。

④ 当内层循环的循环条件为 False，且外层循环的循环条件也为 False，则整个嵌套循环才算执行完毕。

例如，在 while 循环中套用 for 循环的格式如下。

```
while 条件表达式 1:
    for 迭代变量 in 对象:
        循环体 2
    循环体 1
```

【实例 3-4-1】演示 while-for 嵌套结构。

源代码

```
    ######################## s3.10.py ##########################
i = 0
while i<10:
    for j in range(10):
        print("i=",i," j=",j)
    i=i+1
```

可以看到，此程序中运用了嵌套循环结构，其中外循环使用的是 while 语句，而内循环使用的是 for 语句。程序执行的流程如下。

事实上，if 语句和循环（while、for）结构之间，也可以相互嵌套。例如：

源代码

```
    ######################## s3.11.py ##########################
i = 0
if i<10:
    for j in range(5):
        print("i=",i," j=",j)
```

程序执行结果如下。

```
i= 0  j= 0
i= 0  j= 1
i= 0  j= 2
i= 0  j= 3
i= 0  j= 4
```

【实例 3-4-2】找整数，满足除以 3 余 2、除以 5 余 3、除以 7 余 5 的小于 100 的整数。

源代码

```
    ######################## s3.12.py ##########################
print("找整数,满足除以 3 余 2、除以 5 余 3、除以 7 余 5 的小于 100 的整数。\n")
for number in range(100):
    if number%3==2 and number%5==3 and number%7==5:
        print("这个数为:",number)
```

运行结果为：68。

当然，还有其他的循环嵌套结构，如在 while 循环中套用 while 循环的格式如下。

```
while 条件表达式 1：
    while 条件表达式 2：
        循环体 2
    循环体 1
```

在 for 循环中套用 for 循环的格式如下。

```
for 迭代变量 1 in 对象 1：
    for 迭代变量 2 in 对象 2：
        循环体 2
    循环体 1
```

【实例 3-4-3】打印九九乘法口诀。

源代码

```
    ######################## s3.13.py ############################
for i in range(1,10):
    for j in range(1,10):
        if j<i:
            print("%s × %s=%s"%(j,i,i*j),end='|') #%s 表示转换为字符型输出
        if j==i:
            print("%s × %s=%s"%(j,i,i*j))
```

运行结果如下。

```
1×1=1
1×2=2|2×2=4
1×3=3|2×3=6|3×3=9
1×4=4|2×4=8|3×4=12|4×4=16
1×5=5|2×5=10|3×5=15|4×5=20|5×5=25
1×6=6|2×6=12|3×6=18|4×6=24|5×6=30|6×6=36
1×7=7|2×7=14|3×7=21|4×7=28|5×7=35|6×7=42|7×7=49
1×8=8|2×8=16|3×8=24|4×8=32|5×8=40|6×8=48|7×8=56|8×8=64
1×9=9|2×9=18|3×9=27|4×9=36|5×9=45|6×9=54|7×9=63|8×9=72|9×9=81
```

这是两个 for 语句的嵌套，变量 i 代表大循环，j 代表小循环。如 i=1 时，j=1 时换行输出 1×1 的乘法算式；如 i=7 时，j 在 1~7（包括 7）范围内循环输出与 i 的乘法算式，依此类推，完成九九乘法口诀的输出。这里使用“end='|'”，也可以将其设置为自己喜欢的字符格式或者为空，如 end = ''。

【实例 3-4-4】一个猜拳的小游戏。程序代码如下。

源代码

```
    ######################## s3.14.py ############################
import random
while 1:
```

```
    s = int(random.randint(1, 3))
    if s == 1:
        ind = "石头"
    elif s == 2:
        ind = "剪子"
    elif s == 3:
        ind = "布"
    m = input('输入　石头、剪子、布,输入"end"结束游戏:')
    blist = ["石头", "剪子", "布"]
    if (m not in blist) and (m != 'end'):
        print("输入错误,请重新输入!")
    elif (m not in blist) and (m == 'end'):
        print( "\n 游戏退出中......")
        break
    elif m == ind :
        print ("电脑出了: " + ind + ",平局!")
    elif (m == '石头' and ind =='剪子') or \
            (m == '剪子' and ind =='布') or \
            (m == '布' and ind =='石头'):
        print ("电脑出了: " + ind +",你赢了!")
    elif (m == '石头' and ind =='布') or (m == '剪子' and ind =='石头')\
            or (m == '布' and ind =='剪子'):
        print ("电脑出了: " + ind +",你输了!")
```

笔记

3.4.2　跳转语句

在执行 while 循环或者 for 循环时，只要循环条件满足，程序将会一直执行循环体，不停地循环。但在某些场景，可能希望在循环结束前就强制结束循环，Python 提供了以下两种强制离开当前循环体的办法。

① 使用 continue 语句，可以跳过执行本次循环体中剩余的代码，转而执行下一次的循环。

② 只用 break 语句，可以完全终止当前循环。

另外，在 Python 中还有一个用于保持程序结构完整性的 pass 语句。以下分别介绍 break、continue 和 pass 语句。

1. break 语句

break 语句可以立即终止当前循环的执行，跳出当前所在的循环结构。无论是 while 循环还是 for 循环，只要执行 break 语句，就会直接结束当前正在执行的循环体。这就好比在操场上跑步，原计划跑 10 圈，可是当跑到第 2 圈的时候，突然想起有急事要办，于是果断停止跑步并离开操场，这就相当于使用了 break 语句提前终止了循环。

笔 记

break 语句的语法比较简单，只需要在相应的 while 或 for 语句中加入即可。

在 while 语句中使用 break 语句的形式如下。

```
while 条件表达式 1:
    执行代码
    if 条件表达式 2:
        break
```

其中，条件表达式 2 用于判断何时调用 break 语句跳出循环。在 while 语句中使用 break 语句的流程图如图 3-9（a）所示。

在 for 语句中使用 break 语句的形式如下。

```
for 迭代变量 in 对象:
    if 条件表达式:
        break
```

其中，条件表达式用于判断何时调用 break 语句跳出循环。在 for 语句中使用 break 语句的流程图如图 3-9（b）所示。

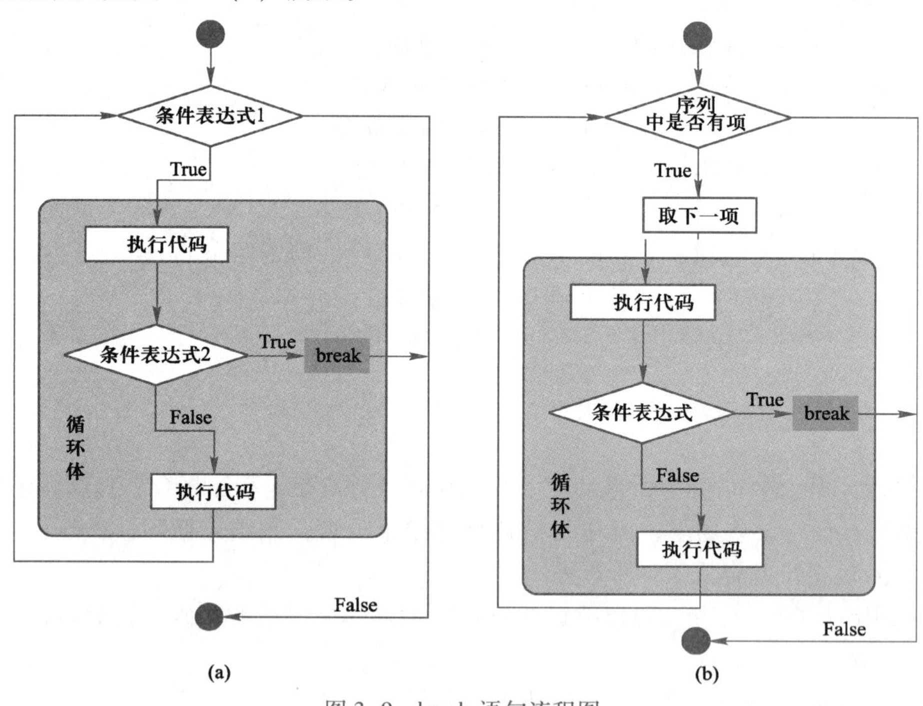

图 3-9 break 语句流程图

在 for 语句中可以直接加入 break。例如：

源代码

```
    ####################### s3.15.py ###########################
add = "我喜欢编程,我喜欢编程语言 Python!"
for i in add:                          #一个简单的 for 循环
    if i == ',' :
        break                          #终止循环
```

```
    print(i,end="")
print("\n 执行循环体外的代码")
```

运行结果如下。

```
我喜欢编程
执行循环体外的代码
```

2. continue 语句

continue 语句的作用则没有 break 语句那么强大，它只能终止执行本次循环中剩下的代码，直接从下一次循环继续执行。仍然以在操场跑步为例，原计划跑 10 圈，但当跑到 2 圈半的时候突然接到一个电话，此时停止了跑步，当挂断电话后，并没有继续跑剩下的半圈，而是直接从第 3 圈开始跑。

continue 语句的语法比较简单，只需要在相应的 while 或 for 语句中加入即可。

在 while 语句中使用 continue 语句的形式如下。

```
while 条件表达 1:
    执行代码
if 条件表达式 2:
    continue
```

其中，条件表达式 2 用于判断何时调用 continue 语句终止当前循环。在 while 语句中使用 continue 语句的流程图如图 3-10（a）所示。

在 for 语句中使用 continue 语句的形式如下。

```
for 迭代变量 in 对象:
    if 条件表达式:
        continue
```

其中，条件表达式用于判断何时调用 continue 语句终止当前循环。在 for 语句中使用 continue 语句的流程图如图 3-10（b）所示。

例如，通过 for 循环中使用 continue 语句的代码如下。

源代码

```
    ######################## s3. 16. py ###########################
add = "我喜欢编程,我喜欢编程语言 Python!"
for i in add:                    #一个简单的 for 循环
    if i == ',' :
        print('\n')
        continue                 #终止循环
    print(i,end="")
print("\n 执行循环体外的代码")
```

运行结果如下。

```
我喜欢编程
我喜欢编程语言 Python!
执行循环体外的代码
```

笔 记

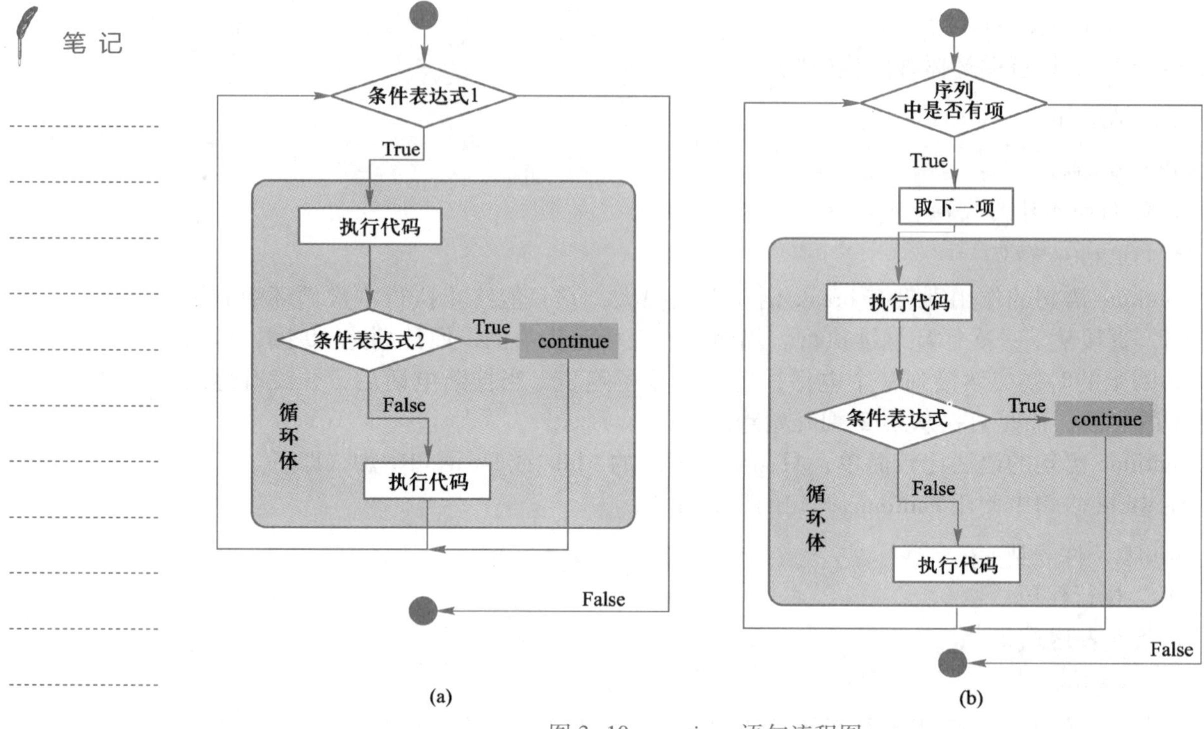

图 3-10 continue 语句流程图

3. pass 语句

在 Python 中有一个 pass 语句，表示空语句。它不做任何事情，一般起到占位作用。例如，当应用 for 循环输出 1~10 的偶数时，如果不是偶数，则应用 pass 语句占个位置，以方便以后对不是偶数的数进行处理。代码如下。

源代码

```
        ######################## s3.17.py ###########################
for i in range(1,10):
    if i%2==0:
        print(i,end='')
    else:
        pass
```

再如：

源代码

```
        ######################## s3.18.py ###########################
for letter in 'Pyt':
    if letter == 'y':
        pass
        print("这是 pass 块!")
    print('当前字母 :', letter)
print("Good bye!")
```

输出结果如下。

```
当前字母 : P
这是 pass 块!
当前字母 : y
当前字母 : t
Good bye!
```

【实践指导】

【实践 3-4-1 指导】

微课 3-5
输出几何图形

本实践要求打印一个空心的等腰三角形，首先思考用星号（*）如何表示一个等腰三角形，并找出它的规律。如图 3-11 所示，这个三角形有 5 层，每层打印的星号有 2i-1 个（其中 i 代表当前的层数）；控制每层第一个星号的空格，从最后一层往上数分别是 0、2、4、6…，因为三角形越大，第一层空格反而越多，想起这个应该跟 i 有关，而且肯定是被减的那个数，发现刚好是 2n-2i，左侧首个星号开始位置从下向上分别为 0、2、4、6，即 2(n-i)（其中 n 为总层数，i 为当前层数）。

```
        *
      * * *
    * * * * *
  * * * * * * *
* * * * * * * * *
```

图 3-11 实心等腰三角形

以下先完成一个层高为 5 层的实心等腰三角形程序。在 PyCharm 中新建一个 Python 文件，名称为 trangle1. py。程序代码如下。

```
######################## trangle1. py ##########################
n = 5
for i in range(1, n+1):              #控制三角形的高,也就是层数
    for k in range(2 * (n-i)):       #控制每层空格个数,0,2,4,...,(2n-2i)
        print("",end=" ")
    for j in range(1, 2 * i):        #控制每层 * 的个数,由于是 1,3,5,...,(2i-1)
        print(" * ",end='')
    print()
```

【注意】

为保证循环结束前不换行。在输出打印时，注意添加 end=""。另 range(start,end,step)的用法，数字范围不包括 end，因此在设定 j 的取值范围时，end 值为(2 * i)。

如果想打印任意层数的实心等腰三角形，则可以将 n=5 改成以下代码。

```
n=int(input('输入打印三角形的层数:'))
```

掌握了实心等腰三角形的编程方法，再解决空心等腰三角形的编程方法就比较容易。思考空心和实心的区别，空心的除了第一行和最后一行，其余行都是只有两个“ * ”，其他都是空格，因此最主要的是找到空格的个数。对空格的个数，会发现它和消失的星号有关（跟实心相比），第 2 行消失 1 个，第 3 行消失 3 个，依此类推，刚好是 1、3、5、7、9，即 2(i-1)-1。因为从第 1 行开始如果是 1、3、5、7、9 的话，就

是 2i-1，那么从第 2 行开始肯定就是 2(i-1)-1，如果消失的星号个数知道了，那么空格和星号是什么关系呢？可以验证，当空格数量是 2＊(2＊(i-1))时，输出的三角形比较正。程序代码见电子资源。

【实践 3-4-2 指导】

本实践主要练习自幂数的相关编程方法。之前已经了解了水仙花数的编程方法，五角星数是找一个五位数，如该数为 $abcde=a^5+b^5+c^5+d^5+e^5$，可参考【实践 3-2-8】，程序代码如下。

```
######################## t3_4. 2. py ########################
for n in range(10000,100000):
    a=n//10000
    b=n//1000%10
    c=n//100%10
    d=n//10%10
    e=n%10
    sum=pow(a,5)+pow(b,5)+pow(c,5)+pow(d,5)+pow(e,5)
    if sum==n:
        print("%d 是五角星数"%sum)
```

运行结果如下。

```
54748 是五角星数
92727 是五角星数
93084 是五角星数
```

【实践 3-4-3 指导】

本实践是数列求和问题。解决这类问题的关键点是找到每组数列的数字之间的规律。经观察发现，此数列第 2 项的分母是第 1 项的分子，第 2 项的分子为第 1 项的分子与分母之和，第 3 项的分母是第 2 项的分子，第 3 项的分子是第 2 项的分子与分母之和，以此类推……，用一个互换公式即可求出第 $n-1$ 项与第 n 项分母、分子的关系式，即 a，$b=b$，$a+b$（其中 a 为第 $n-1$ 项的分母，b 为第 $n-1$ 项的分子）。具体代码如下。

```
######################## t3_4. 3. py ########################
a=1
b=2
sum=0
n=0
while n<20:
    sum=sum+b/a          #数列求和
    a,b=b,a+b            #循环求出下一项的值
    n +=1                #计算数列的项数
print("%.2f"%sum)
```

【实践 3-4-4 指导】

本实践主要解决求数的阶乘的计算方法，求数的阶乘可用 for 循环语句来实现，但是还需要对阶乘数求和，因此需要使用 for 循环的嵌套方式，具体代码如下。

源代码

```
######################## t3_4. 4. py ########################
sum=0
n=10
for i in range(1,n+1):                #求阶乘数的和
    s = 1
    for j in range(1,i+1):            #求数的阶乘
        s=s*j
    sum=sum+s
print("1!+2!+3!+4!+5!+6!+7!+8!+9!+10!=",sum)
```

【实践 3-4-5 指导】

本实践主要是对 while 语句、if…else 语句和 break 的综合使用。程序开发步骤如下：首先调用 random 库，自动生成 2 个小于 10 的自然数，为了能循环生成题目，需要使用 while 语句，在需要退出时使用 break 语句即可。这里需要注意，不要出现 while 死循环。循环体中计算结果的判断则需要使用 if…else 语句来实现。具体代码见电子资源。

源代码

学习反思

1. 什么是流程控制？
2. 常见的流程控制有哪些形式？
3. for 循环和 while 循环的异同是什么？
4. for 循环的基本格式是什么？
5. 使用 while 循环需要注意什么问题？
6. 常见的循环表达式有哪些？
7. continue、break、pass 在程序中的使用有何作用？
8. 多条件语句怎么编写？
9. 循环条件语句有何语法格式要求？

项目 4 批量数据处理

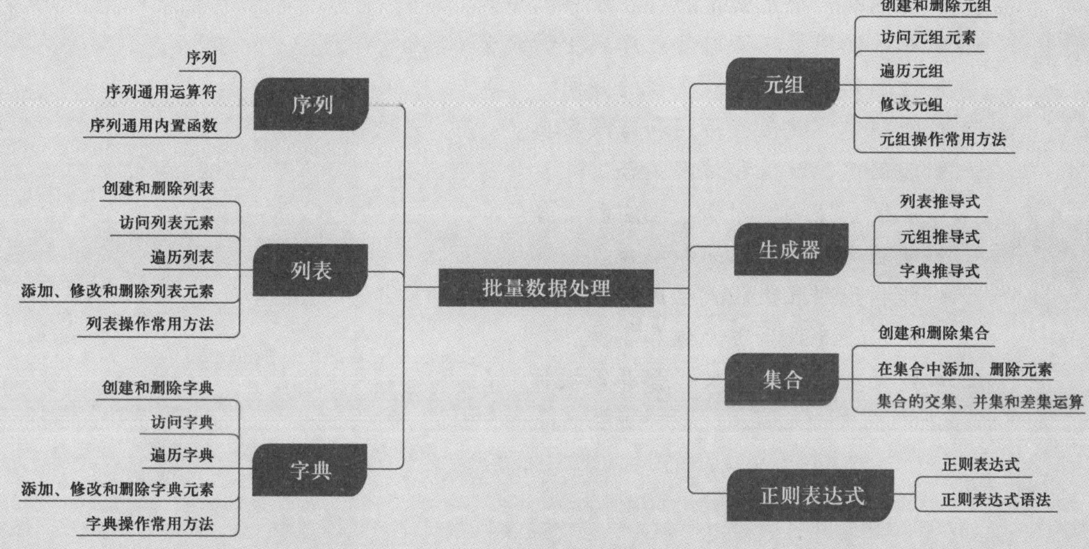

知识技能树

Python是现在最受欢迎的动态编程语言之一，拥有着强大的数据处理功能，尤其是在大数据、人工智能领域的应用非常广泛。本项目中，读者将学习到当需要处理的数据结构复杂、数量巨大时，Python的快捷处理功能。包括Python中最基本的数据结构——序列（字符串、列表、元组、字典、集合）。通过本项目的学习，读者将能全面掌握Python中数据的处理方式，会使用Python进行批量的数据处理。

【学习目标】

PPT：项目4 批量数据处理

- 认识Python中的序列及序列类型。
- 熟悉序列常见的操作。
- 了解切片操作的基本方法。
- 能对列表进行创建、赋值、访问、合并、删除等操作。
- 能对元组进行创建、访问、遍历、修改等操作。
- 能统计列表、集合、元组等对象中元素的个数。
- 会判断一个元素是否存在于序列中。
- 熟练使用循环语句处理序列中的元素。
- 理解列表和元组、集合的异同。
- 能创建、赋值、访问和修改字典。
- 能创建、赋值和访问集合。
- 能区分字典、列表、元组和集合。
- 能遍历列表、元组和集合。
- 能利用列表生成式生成列表。
- 能用推导式生成元组和字典。
- 能处理集合的交叉、合并等操作。

任务 4-1 理解什么是序列

【任务要求】

【实践 4-1-1】 字符串拆分。印度诗人泰戈尔的诗 *Stray Birds* 中有句“Let life be beautiful like summer flowers end death like autumn leaves”，编写程序按空格将这句英文诗句拆分为一个个单词构成的列表。

【实践 4-1-2】 修正文本内容。已知字符串中 and 误写为 end，要求编写程序将其改正（文本见附件 a4-1. txt）。

【实践 4-1-3】 统计字符频率。编写程序求出字符串中 a 出现的次数（文本见附件 a4-2. txt）。

【实践 4-1-4】 大小写转换。编写程序将字符串中的大小写字母反转（文本见附件 a4-3. txt）。

【实践 4-1-5】 逆序打印。编写程序实现字符串以倒序的形式打印出来（文本见附件 a4-4. txt）。

【实践 4-1-6】 挑选子序列。给定字符串 s 和 t，编写程序判断 s 是否为 t 的子序列。字符串的子序列是原始字符串删除一些（也可以不删除）字符而不改变剩余字符相对位置形成的新字符串（例如，"ace"是 "abcde"的子序列，而"aec"则不是）。

【相关知识】

4.1.1 序列

在 Python 中，序列是最基本的数据结构。它是一块用于存储多个值的连续内存空间，其中的每个元素都按照一定顺序排列，并且都分配一个数字，称为索引或者位置。

序列包括字符串、列表、元组、集合和字典，用来表示一组数据。序列可以进行的操作包括索引、切片、加、乘和检查成员等。

1. 索引

序列中的每一个元素都有一个编号，称为索引（index）。索引值是从 0 开始的，也就是说，第 1 个元素的索引值为 0，第 2 个元素的索引值为 1，第 3 个元素的索引值为 2，从左往右以此类推；另外，Python 语言中索引值也可以是负数，顺序变为从右往左类推，也就是说，最后一个元素的索引值为-1，倒数第 2 个元素的索引值为-2，倒数第 3 个元素的索引值为-3 等。

【注意】

如果采用负数作为索引值，索引值是从-1 开始的，而不是从 0 开始的，这是为了防止与第 1 个元素混淆。

笔 记

通过索引可以访问序列中的任何元素。例如，定义一个包含4个元素的列表，访问其中的第2元素以及最后一个元素，具体如下。

```
color = ['red', 'orange', 'yellow', 'green', 'blue', 'purple']
print(color[1])
print(color[-1])
```

输出结果如下。

```
orange
purple
```

其中：

① color[1]表示列表color中的第2个元素。

② color[-1]表示列表color中的最后一个元素。

2. 切片

与索引不同的是，切片用来访问一定范围内的元素，通过切片操作可以生成一个新的序列，语法格式如下。

```
seq_name[start:end:step]
```

其中：

① seq_name表示序列的名称。

② start表示切片的开始位置（包含该位置），如果不指定，默认为0。

③ end表示切片的截至位置（不包含该位置），如果不指定，默认为序列的长度。

④ step表示切片的步长，如果省略，默认为1，此时最后一个冒号也可省略。

【实例4-1-1】通过切片获取列表中的某一段元素。

```
color = ['red', 'orange', 'yellow', 'green', 'blue', 'purple']
print(color[1:4])
```

输出结果如下。

```
['orange', 'yellow', 'green']
```

其中，color[1:4]表示列表color中第2个~第4个元素，包含第2个元素，不包含第4个元素，切片中step省略，默认为1，也就是步长为1。

【实例4-1-2】通过切片获取列表中的某几个元素。

```
color = ['red', 'orange', 'yellow', 'green', 'blue', 'purple']
print(color[1:4:2])
```

输出结果如下。

```
['orange', 'green']
```

其中，color[1:4:2]表示列表color中，第2个~第4个元素中步长为2的元素，也就是第2个元素和第4个元素。

【实例 4-1-3】通过切片获得序列的逆置序列。

```
color = ['red', 'orange', 'yellow', 'green', 'blue', 'purple']
print(color[::-1])
```

输出结果如下。

```
['purple', 'blue', 'green', 'yellow', 'orange', 'red']
```

其中，color[::-1]表示将序列 color 中所有的元素进行倒序，生成原序列的逆置序列。

4.1.2 序列基本运算

1. 序列相加

在 Python 中，符合同种类型的序列可以进行相加，也就是两个序列进行连接，其中相同的元素不会去除。序列相加使用“+”运算符，例如：

```
color = ['red', 'orange', 'yellow', 'green', 'blue', 'purple']
num = [1,2,3,4,5,6]
sum = ['red',1]
print(color+num+sum)
```

输出结果如下。

```
['red', 'orange', 'yellow', 'green', 'blue', 'purple', 1, 2, 3, 4, 5, 6, 'red', 1]
```

其中，color+num+sum 表示 3 个列表进行相加。

2. 序列乘法

在 Python 中，序列可以进行乘法操作，生成一个新序列。即 n * 序列或者序列 * n 表示序列被重复 n 次的结果。例如：

```
color = ['red', 'orange', 'yellow', 'green', 'blue', 'purple']
print(3 * color)
```

输出结果如下。

```
['red', 'orange', 'yellow', 'green', 'blue', 'purple', 'red', 'orange', 'yellow', 'green',
'blue', 'purple', 'red', 'orange', 'yellow', 'green', 'blue', 'purple']
```

其中，3 * color 表示序列 color 中的元素被重复 3 次生成一个新的序列。

序列的乘法运算还可以初始化指定长度的列表。例如：

```
emptylist = [None] * 5
print(emptylist)
```

输出结果如下。

```
[None, None, None, None, None]
```

笔 记

笔 记

其中，列表 emptylist 中的元素为 None，表示什么都没有。

3. 序列的关系运算

在 Python 中，序列可以使用的关系运算符包括<、<=、>、>=、==、!=。例如：

```
color = ['red', 'orange', 'yellow', 'green', 'blue', 'purple']
num = [1,2,3,4,5,6]
if color == num:
    print(color,'等于',num)
else:
    print(color,'不等于',num)
```

输出结果如下。

```
['red', 'orange', 'yellow', 'green', 'blue', 'purple']不等于 [1, 2, 3, 4, 5, 6]
```

其中，双等号“==”表示判断两个序列是否等于。

4.1.3 检查元素是否存在

1. 判断是否包含某个元素

在 Python 中，检查某个元素是否为序列中的成员可以使用关键字 in，也就是检查某个元素是否包含在该序列中。语法格式如下。

```
value in seq
```

其中：

① value 表示要检查的元素。

② seq 表示指定的序列。

```
color = ['red', 'orange', 'yellow', 'green', 'blue', 'purple']
print('yellow' in color)
```

运行结果如下。

```
True
```

其中，'yellow' in color 表示检查'yellow' 这个元素是否包含在列表 color 中，若包含，则输出 True，否则输出 False。

2. 判断是否不包含某个元素

在 Python 中，检查某个元素是否为序列中的成员也可以使用关键字 not in。语法格式如下。

```
value not in seq
```

其中：

① value 表示要检查的元素。

② seq 表示指定的序列。

```
color = ['red', 'orange', 'yellow', 'green', 'blue', 'purple']
print('yellow' not in color)
```

运行结果如下。

```
False
```

其中，'yellow' not in color 表示检查'yellow'这个元素是否不包含在列表 color 中，若包含，则输出 False，否则输出 True。

4.1.4 序列统计运算

1. 计算序列的长度

在 Python 中，序列的长度可以使用内置函数 len()进行计算，返回结果为序列中包含元素的个数。例如：

```
color = ['red', 'orange', 'yellow', 'green', 'blue', 'purple']
print('序列 color 的长度为',len(color))
```

输出结果如下。

```
序列 color 的长度为 6
```

其中，len(color)表示序列 color 中包含有多少个元素。

2. 计算序列的最值

在 Python 中，序列的最值可以使用内置函数 max()与 min()进行计算，其中 max()返回序列中的最大元素，min()返回序列中的最小元素。例如：

```
num = [1, -5,9, -18, 49, 0]
print('序列 num 中最大值为',max(num))
print('序列 num 中最小值为',min(num))
```

输出结果如下。

```
序列 num 中最大值为 49
序列 num 中最小值为 -18
```

其中：

① max(num)表示返回序列 num 中的最大元素。

② min(num)表示返回序列 num 中的最小元素。

若序列中的元素为字符串，例如：

```
color = ['red', 'orange', 'yellow', 'green', 'blue', 'purple']
print('序列 color 中最大值为',max(color))
print('序列 color 中最小值为',min(color))
```

输出结果如下。

笔记

笔 记

```
序列 color 中最大值为 yellow
序列 color 中最小值为 blue
```

3. 计算序列中的元素和

在 Python 中，计算序列中的元素和使用内置函数 sum( )进行计算，返回结果为序列中的所有元素的求和值。例如：

```
num = [1, -5,9, -18, 49, 0]
print('序列 num 求和为',sum(num))
```

输出结果如下。

```
序列 num 求和为 36
```

其中，sum(num)表示对序列 num 中所有的元素进行求和。

4.1.5 类型转换

在 Python 中，各种序列类型之间进行转换可以使用内置函数 list( )、str( )、tuple( )，其中 list( )函数用来将序列转换成列表，str( )函数用来将序列转换成字符串，tuple( )函数用来将序列转换成元组。但是实际上并没有进行任何的转换，这些转换实际上是工厂函数，将对象看作参数，并将其内容浅拷贝到新生成的对象中。例如：

```
num1 = [1, -5, [9, -18] , 49, 0]
num2 = tuple(num1)
print(num1)
print(num2)
```

输出结果如下。

```
[1, -5, [9, -18], 49, 0]
(1, -5, [9, -18], 49, 0)
```

由于单一的一个 Python 对象被建立之后，就不可以更改其身份或者类型了，所以不能简单地把一个对象转换成另一个对象。例如，如果将一个列表对象传给 list( )函数，结果会创建这个对象的一个浅拷贝，然后将其插入新的列表中。浅拷贝是只拷贝了对象的索引，而不是重新建立一个对象。例如：

```
num1 = [1, -5, [9, -18] , 49, 0]
num2 = tuple(num1)
num1[2][1]=7
print(num1)
print(num2)
```

输出结果如下。

```
[1, -5, [9, 7], 49, 0]
(1, -5, [9, 7], 49, 0)
```

更改列表 num1 中的数据，例如：

```
num1 = [1, -5, [9, -18], 49, 0]
num2 = tuple(num1)          #num2 中的第 2 个元素是指向列表[9,8]的
num1[0]=8
print(num1)
print(num2)
```

输出结果如下。

```
[8, -5, [9, -18], 49, 0]
(1, -5, [9, -18], 49, 0)
```

元组是不可变序列，关于元组的详细介绍请参见 4.4.1 节。

4.1.6　序列相关运算符及内置函数

表 4-1 列出了序列可用的运算符，以及其对应的运算规则和适用对象。表 4-2 列出了序列可用的内置函数，以及其对应的说明和适用对象。

表 4-1　序列可用的运算符

名称	符　号	运 算 规 则	适 用 对 象
加	+	将相同类型的序列连接为一个新的序列	字符串、列表、元组
乘	*	将序列重复 *n* 次生成一个新的序列	字符串、列表、元组
索引	[ ]	获得序列中元素的下标	字符串、列表、元组
切片	[: :]	获得序列中一定范围内元素组成的子序列	字符串、列表、元组
关系	>=等	包括<、<=、>、>=、==、!=	字符串、列表、元组、集合、字典
成员	in、not in	判断元素是否在序列中	字符串、列表、元组、集合、字典

其中：

① 相加操作、乘法操作、切片操作都将创建一个新序列。

② 索引操作中索引值如果不在序列长度范围内，将出现 IndexError（索引错误）。

③ 切片操作中，若省略开始位置、终止位置、步长值，将得到序列的全部元素。

表 4-2　序列可用的内置函数

函　　数	说　　明	适 用 对 象
all( )	判断序列中是否存在元素为真	字符串、列表、元组、集合、字典
any( )	判断序列中是否所有元素都为真	字符串、列表、元组、集合、字典
len( )	计算序列的长度	字符串、列表、元组、集合、字典
sum( )	计算元素和	列表、元组、集合、字典
max( )	计算元素的最大值	字符串、列表、元组、集合、字典
min( )	计算元素的最小值	字符串、列表、元组、集合、字典

续表

函　　数	说　　明	适 用 对 象
str()	将序列转换为字符串	字符串、列表、元组、集合、字典
list()	将序列转换为列表	字符串、列表、元组、集合、字典
filter()	过滤序列中的元素	字符串、列表、元组、集合
reversed()	反向序列中的元素	字符串、列表、元组
sorted()	对元素进行排序	字符串、列表、元组
zip()	将对象中对应的元素打包成一个个元组，返回由这些元组组成的列表	字符串、列表、元组、集合、字典
enumerate()	将序列组合为一个索引序列，多用在 for 循环中	字符串、列表、元组、集合、字典

【实践指导】

微课 4-1
字符串拆分

【实践 4-1-1 指导】

本实践主要是熟悉字符串拆分的两种方法。

（1）使用循环语句进行字符串拆分

将字符串进行拆分可以借助 for 循环来实现，for 循环语句格式如下。

```
for 迭代变量 in 对象:
    循环体
```

关于列表的部分请查阅任务 4-2 的相关知识。

由于字符串是以空格进行拆分的，所以循环时，遇到空格就给列表添加串，遇到非空字符就连接串。需注意的是：由于字符串是以字符结尾的，末尾应该加上空格。具体代码如下。

源代码

```
    ######################## t4_1.1.py ###########################
string = 'Let life be beautiful like summer flowers end death like autumn leaves'
#利用循环语句进行字符串拆分
string1 = string+' '
list1 = []
a = ''
for i in string1:
    if i != ' ':
        a += i
    else:
        list1.append(a)
        a = ''
print(list1)
```

（2）使用函数进行字符串拆分

split()函数用于字符串拆分，具体格式如下。

```
字符串 . split(分隔符,分割次数)
```

其中，分隔符默认为所有的空字符，包括空格、换行（\n）、制表符（\t）；分割次数默认为-1，即分隔所有；函数返回分割后的字符串列表。例如：

```
str = 'Line1-abcdef \nLine2-abc \nLine4-abcd'
print(str. split( ))              #以空格为分隔符,包含 \n
print(str. split(' ', 1 ))        #以空格为分隔符,分隔成两个
```

输出结果如下。

```
['Line1-abcdef', 'Line2-abc', 'Line4-abcd']
['Line1-abcdef', '\nLine2-abc \nLine4-abcd']
```

具体程序如下。

```
    ######################### t4_1. 1. py ############################
string = 'Let life be beautiful like summer flowers end death like autumn leaves'
#利用函数进行字符串拆分
list2 = string. split(' ')
print(list2)
```

源代码

【实践 4-1-2 指导】

本实践主要是熟悉修正文本内容的两种方法。

（1）使用循环语句进行文本内容修正

字符串中 and 误写为 end，由于字符串是以空格分隔，可以首先将字符串以空格进行字符串拆分，遍历拆分后的列表，将 end 修正为 and，可以用函数的方法将修正后的列表输出为以空格分隔的字符串，具体格式如下。

```
字符 . join(序列)
```

使用 join( ) 函数返回通过指定字符连接序列中元素后生成的新字符串。例如：

```
str = '-'
seq = ('a', 'b', 'c')   #字符串序列
print(str. join( seq ))
```

输出结果如下。

```
a-b-c
```

具体程序代码如下。

```
    ######################### t4_1. 2. py ############################
string = 'The Python interpreter end t…'      #忽略部分内容见配套答案
#利用循环语句进行文本内容的修正
string0 = string. split(' ')
lens = len(string0)
```

源代码

笔记

```
for i in range(lens):
    if string0[i] == 'end':
        string0[i] = 'and'
print(''.join(string0))
```

(2) 使用函数进行文本内容修正

replace()函数用于文本内容修正，具体格式如下。

```
字符串.replace(旧子字符串,新子字符串,替换次数)
```

其中，替换次数默认指定旧子字符串在字符串中出现的总次数；返回把字符串中旧子字符串替换成新子字符串后生成的新字符串。例如：

```
S = "www.cccschool.cc"
print("梦想教程新地址:", S)
print("梦想教程新地址:", S.replace("cccschool.cc", "running man.com"))
S = 'this is string example....wow!!!'
print(S.replace("is", "was", 3))
```

输出结果如下。

```
梦想教程新地址：www.cccschool.cc
梦想教程新地址：www.running man.com
thwas was string example...wow!!!
```

具体程序代码如下。

源代码

```
######################## t4_1.2.py ###########################
string = 'The Python….'        #忽略部分内容见配套答案
#利用函数进行文本内容的修正
string0 = string.replace('end','and')
print(string0)
```

【实践 4-1-3 指导】

本实践主要是熟悉统计字符频率的两种方法。

(1) 使用循环语句进行字符频率的统计

想要统计字符“a”在字符串中出现的次数，可以使用 for 循环实现。具体程序代码如下。

源代码

```
######################## t4_1.3.py ###########################
string = 'This tutorial….'        #忽略部分内容见配套答案
#利用循环语句进行字符频率的统计
num = 0
for i in string:
```

```
        if i == 'a':
            num += 1
print(num)
```

（2）使用函数进行字符频率的统计

count( )函数用于字符频率的统计，具体格式如下。

```
字符串.count(子字符串,开始位置,结束位置)
```

使用 count( )函数返回子字符串在字符串中出现的次数。例如：

```
str="www.running man.com"
sub='n'
print ("str.count('n') : ", str.count(sub))
sub='run'
print ("str.count('run', 0, 10) : ", str.count(sub,0,10))
```

输出结果如下。

```
str.count('n') :  4
str.count('run', 0, 10) :  1
```

具体程序如下。

```
    ######################## t4_1.3.py ##########################
string = 'This tutorial does not....'      #忽略部分内容见配套答案
#利用循环语句进行字符频率的统计
num = 0
for i in string:
    if i == 'a':
        num += 1
print(num)
#利用函数进行字符频率的统计
num = string.count('a')
print(num)
```

源代码

【实践 4-1-4 指导】

本实践主要是熟悉字母的大小写转换的两种方法。

（1）使用循环语句进行字母的大小写转换

想要转换字母的大小写，可以使用 for 循环遍历字符串，借助 ASCII 码实现，其中，小写字母 a~z 的 ASCII 码为 97~122，大写字母 A~Z 的 ASCII 码为 65~90，并且每对大小写字母的 ASCII 码之间相差 32。字符与 ASCII 码相互转换可以使用以下函数。

```
ord(字符)
chr(ASCII 码)
```

例如，将输入的字符转换成 ASCII 码以及将输入的 ASCII 码转换成字符，代码如下。

```
#用户输入字符
c = input('请输入一个字符：')
#用户输入 ASCII 码,并将输入的数字转为整型
a = int(input('请输入一个 ASCII 码：'))
print(c + '的 ASCII 码为', ord(c))
print(a, '对应的字符为', chr(a))
```

输出结果如下。

```
请输入一个字符：d
请输入一个 ASCII 码：111
d 的 ASCII 码为 100
111  对应的字符为 o
```

具体程序代码如下。

源代码

```
          ######################## t4_1.4.py ############################
string = 'The Python interpreter is…'          #忽略部分内容见配套答案
#利用循环语句进行字母的大小写转换
for num in string:
    if 97 <= ord(num) <= 122:                  #小写字母
        upper_num = ord(num)-32                #大小写字母之间差了 32
#chr()函数可以将编码数值转为字符
        print (chr(upper_num),end='')
    elif 65 <= ord(num) <= 90:                 #大写字母
        upper_num = ord(num) + 32              #大小写字母之间差了 32
        print(chr(upper_num), end='')
    else:
        print(num,end='')                      #不是大小写字符,原样输出
print()
```

运行结果如下。

```
…这里忽略输出结果
```

（2）使用函数进行字母的大小写转换

用于字符串大小写转换的函数具体如下。

- str.swapcase()　　#大小写转换
- str.upper()　　#所有字母大写
- str.lower()　　#所有字母小写
- str.capitalize()　　#首字母大写，其他字母小写

- str. title( )　　　　　#每个单次首字母大写，其他小写

使用 swapcase( ) 函数返回大小写字母转换后生成的新字符串。例如：

```
str = 'RUNNING'
print(str.swapcase())
str = 'running'
print(str.swapcase())
str = 'abCDE--RuNning'
print(str.swapcase())
```

输出结果如下。

```
running
RUNNING
ABcde--rUnNING
```

具体程序代码如下。

```
    ######################## t4_1.4.py ###########################
string = 'The Python interpreter is…'#忽略部分内容见配套答案
#利用函数进行字母的大小写转换
print(string.swapcase())
```

【实践 4-1-5 指导】

本实践主要是熟悉逆序打印的 3 种方法。

（1）使用循环语句进行字符串逆序打印

想要逆序打印字符串，可以借助 while 循环实现，while 循环语句格式如下。

```
while 条件():
    循环体
```

具体程序如下。

```
    ######################## t4_1.5.py ###########################
string = '本教程并不试图全面涵盖每一个功能,…' #忽略部分内容见配套答案
#利用循环语句进行字符串逆序输出
string1 = ''
length = len(string)-1
while length >= 0:
    string1 += string[length]
    length = length - 1
print(string1)
```

源代码

（2）使用字符串切片进行字符串逆序打印

切片是序列中用到的重要工具，它可以访问序列中的任何元素，其语法格式如下。

```
序列[开始位置:结束位置:步长]
```

其中，步长默认为1，而步长为-1表示逆序打印。

具体程序代码如下：

源代码

```
######################## t4_1.5.py ###########################
string = '本教程并不试图全面涵盖每一个功能…'#忽略部分内容见配套答案
print(string[::-1])
```

（3）使用函数进行逆序打印

reversed()函数用于反向字符串中的元素，具体格式如下。

```
reversed(字符串)
```

其中，reversed()函数可以逆序列表、元组、字符串以及range()生成的区间列表，例如：

```
#将列表进行逆序
print([x for x in reversed([1,2,3,4,5])])
#将元组进行逆序
print([x for x in reversed((1,2,3,4,5))])
#将字符串进行逆序
print([x for x in reversed("abcdefg")])
#将range()生成的区间列表进行逆序
print([x for x in reversed(range(10))])
```

输出结果如下。

```
[5, 4, 3, 2, 1]
[5, 4, 3, 2, 1]
['g', 'f', 'e', 'd', 'c', 'b', 'a']
[9, 8, 7, 6, 5, 4, 3, 2, 1, 0]
```

另外，使用reversed()函数输出结果格式为列表，所以需要借助join()函数进行列表和字符串之间的转换。具体程序代码如下。

源代码

```
######################## t4_1.5.py ###########################
string = '本教程并不试图全面涵盖每一个功能,…'#忽略部分内容见配套答案
print(''.join(reversed(string)))
```

【实践4-1-6指导】

微课4-2
挑选子序列

本实践主要是熟悉序列切片，尤其是字符串切片操作。其中，字符串的子序列指的是原始字符串删除一些（也可以不删除）字符而不改变剩余字符相对位置而形成的新字符串。例如：

```
string0 = 'abcdefg'
string1 = 'cde'
```

```
string2 = 'gfe'
string3 = 'afg'
string4 = 'aeb'
string5 = 'agh'
```

string1、string3 是 string0 的子序列，而 string2、string4、string5 不是 string0 的子序列。

源代码

可以采用 while 循环结构遍历字符串，逐个字符从左至右进行判断。具体程序代码见电子资源。

任务 4-2 列表数据处理

【任务要求】

【实践 4-2-1】列表元素分类。用户输入指定月份，打印出该月份所属的季度与季节。

【提示】

- 季度（第一季度：月份 1，2，3；第二季度：月份 4，5，6；第三季度：月份 7，8，9；第四季度：月份 10，11，12）。
- 季节（春季：月份 3，4，5；夏季：月份 6，7，8；秋季：月份 9，10，11；冬季：月份 12，1，2）。

【实践 4-2-2】列表元素求和。给定一个整数列表 list1 = [0,1,3,5,7,6,9]，一个目标值 target = 10。

① 在 list1 中找出和为目标值的两个元素，并将其数组下标值打印出来。

② 若让用户自己录入 list1 和 target 值，在 list1 中找出和为目标值的两个元素，并将其数组下标值打印出来。

【实践 4-2-3】提取列表数据。如果有一个列表，其中占比超过一半以上的元素称为主要元素，那么如何获取一个列表的主要元素呢？给定的列表为[3,3,4,3,2,6,3]。

① 对列表进行排序操作，判断列表中是否有超过一半的元素与中间元素相同即可。

② 采用摩尔投票法编程解决。摩尔投票法也被称为“多数投票法”，主要解决如何在任意多的参选人中，找到获得票数最多的那个，其中选票是无序的。下面介绍摩尔投票法的两个阶段。

- 对抗阶段：分属两个参选人的票数进行两两对抗抵消。
- 计数阶段：计算对抗结果中最后留下的参选人票数是否有效。

【提示】

摩尔投票法类似于诸侯争霸，在数组中的每一个不相同的数即为一个诸侯，所以诸侯的兵力取决于这个数的数量。假设开战中所有兵力的战斗力相同，即一一对消的关系，所以战役的成功率也取决于兵力的数量。故如果某诸侯人口数量超过所有国家总人口的一半，最终赢家肯定是它。

笔 记

【实践 4-2-4】 列表元素操作。在学校学生信息管理系统中，每名辅导员拥有一个账号，用户名为 admin，密码为 admin。当账号信息登录成功后，可以管理学生信息。对学生信息的操作包括添加学生信息、删除学生信息、查看学生信息、退出。请编写程序实现上述操作。

【相关知识】

列表是 Python 内置的一种数据类型，它是由一系列按特定顺序排列的元素组成。在形式上，可以包括任意数量元素、任意类型的 Python 对象。使用列表可以处理更多数据，解决更复杂的实际问题，特别是需要修改数据的实际问题。

4.2.1 创建和删除列表

在 Python 中创建列表有多种方式，常用方法有直接创建以及借助内置函数 list()进行创建。

1. 直接创建列表

通过将一组由逗号分隔的元素用方括号括起来创建列表，也就是使用赋值运算符直接创建列表。具体的语法格式如下。

```
list_name = [element0,element1,element2,...,elementN]
```

其中：

- list_name 表示列表的名称。
- elementi(i=0,1,2,...,N)是列表元素，可以是任意类型。

列表名称可以是任何符合 Python 命名规则的标识符，列表元素个数没有限制，可以是任意 Python 支持的数据类型。例如：

```
color = ['red', 'orange', 'yellow', 'green', 'blue', 'purple']
num = [1, -5, 9, -18, 49, 0]
num1 = [1, -5, [9, -18], 49, 0]
mix = ['red', 1,'orange',-5, '爬虫', 0.5]
```

【说明】

虽然列表中的元素可以是任意类型，但是通常情况下，为了提高程序的可读性，一般一个列表中只放入一种类型的数据。

2. 创建数值列表

在 Python 中，数值列表很常用。可以借助内置函数 list()，也可以用可迭代对象作为元素创建列表，具体的语法格式如下。

```
list_name = list(iterable)
```

其中，iterable 表示可以转换为列表的可迭代对象，如字符串、元组、range 对象或者其他可迭代类型的数据。例如：

```
list_1 = list(range(0,10,2))
print(list_1)
```

输出结果如下。

```
[0, 2, 4, 6, 8]
```

其中，range(0,10,2)表示 0~10（不包括 10）的所有偶数。

3. 创建空列表

在 Python 中，创建空列表既可以直接创建，也可以使用 list( ) 函数进行创建。例如：

```
list_2 = [ ]
list_3 = list( )
print(list_2)
print(list_3)
```

输出结果如下。

```
[ ]
[ ]
```

其中，直接创建的 list_2 和通过 list( ) 函数创建的 list_3 都是空列表。

4. 删除列表

在 Python 中，删除列表可以使用 del 语句，具体的语法格式如下。

```
del list_name
```

其中，list_name 表示要删除的列表名称。

在删除列表时，列表名称需要已经存在，否则会出现报错。例如：

```
color = ['red', 'orange', 'yellow', 'green', 'blue', 'purple']
num = [1, -5, 9, -18, 49, 0]
num1 = [1, -5, [9, -18], 49, 0]
del list_2
```

输出结果如图 4-1 所示。

```
Traceback (most recent call last):
  File "D:/python/Python教材/任务3-2/3-2.py", line 4, in <module>
    del list_2
NameError: name 'list_2' is not defined

Process finished with exit code 1
```

图 4-1 NameError 报错

另外，del 语句在实际开发中并不常用，因为 Python 自带的回收机制会自动销毁不用的列表，所以即使不手动删除，Python 也会自动将其回收。

4.2.2 访问列表元素

在 Python 中，输出列表中的元素可以直接使用 print( ) 函数。例如：

笔记

笔记

```
color =['red', 'orange', 'yellow', 'green', 'blue', 'purple']
num = [1, -5, 9, -18, 49, 0]
num1 = [1, -5, [9, -18], 49, 0]
print(color)
print(num)
print(num1)
```

输出结果如下。

```
['red', 'orange', 'yellow', 'green', 'blue', 'purple']
[1, -5, 9, -18, 49, 0]
[1, -5, [9, -18], 49, 0]
```

其中，print(color)表示输出列表 color 中的所有元素。想要获取指定元素可以借助列表的索引，若想获取一定范围内的元素可以借助列表的切片。例如：

```
color = ['red', 'orange', 'yellow', 'green', 'blue', 'purple']
print(color)
print(color[4])
print(color[0:4])
```

输出结果如下。

```
['red', 'orange', 'yellow', 'green', 'blue', 'purple']
blue
['red', 'orange', 'yellow', 'green']
```

其中：

- print(color[4])表示输出列表 color 中索引值为 4 的元素，也就是第 5 个元素。
- print(color[0:4])表示输出列表 color 中索引值从 0 到 4 的元素，也就是第 1 个~第 5 个元素，输出结果为列表。

另外，若想获取列表的逆置列表可以借助列表的切片。例如：

```
color = ['red', 'orange', 'yellow', 'green', 'blue', 'purple']
print(color[::-1])
```

输出结果如下。

```
['purple', 'blue', 'green', 'yellow', 'orange', 'red']
```

4.2.3 遍历列表

在 Python 中，遍历列表中的所有元素是一种常用操作，遍历列表的过程中可以完成处理、查询等功能。遍历列表有以下两种常用方法。

1. 使用 for 循环

使用 for 循环遍历列表，输出结果为元素的值，具体的语法格式如下。

```
for i in list_name:
    print(i)
```

其中:

- i 用来保存获取到的元素值。
- list_name 表示列表的名称。

使用 for 循环遍历列表。例如:

```
color = ['red', 'orange', 'yellow', 'green', 'blue', 'purple']
for i in color:
    print(i)
```

输出结果如下。

```
red
orange
yellow
green
blue
purple
```

其中，print(i)表示将列表 color 中的所有元素值输出。

2. 使用 for 循环和 enumerate()函数

在 Python 中，可以使用 for 循环和 enumerate()函数遍历列表，输出内容既有元素值又有相对应的索引值。具体的语法格式如下。

笔 记

```
for index, i in enumerate(list_name):
    print(index,i)
```

其中:

- index 用来保存元素的索引值。
- i 用来保存获取到的元素值。
- list_name 表示列表的名称。
- enumerate()函数用于将一个可遍历的数据对象组合成一个索引序列，同时列出数据和数据下标，一般在 for 循环中使用。

使用 for 循环和 enumerate()函数遍历列表。例如:

```
color = ['red', 'orange', 'yellow', 'green', 'blue', 'purple']
for index, i in enumerate(color):
    print(index,i)
```

输出结果如下。

```
0 red
1 orange
```

笔 记

```
2 yellow
3 green
4 blue
5 purple
```

若想要输出的结果在一行显示，还可使用 print(,end =''), 例如:

```
color = ['red', 'orange', 'yellow', 'green', 'blue', 'purple']
for index, i in enumerate(color):
    print(index,i,end = ' ')
```

输出结果如下。

```
0 red 1 orange 2 yellow 3 green 4 blue 5 purple
```

其中，print(index,i,end = ' ')表示将列表 color 中的索引值与其对应的元素值输出，且不换行输出，以空格作为分隔符。

4.2.4 添加、修改和删除列表元素

由于列表中的元素是可变的，可以对列表中的元素进行基本的更新，如添加、修改及删除。

1. 添加列表元素

从 4.1.2 节可以知道，序列相加可以向序列中添加元素，但是由于这种方法执行速度比直接使用列表对象的 append()方法慢，所以一般建议使用 append()方法添加列表元素。具体的语法格式如下。

```
list_name.append(x)
```

其中:

- list_name 表示列表名称。
- x 表示要添加到列表末尾的元素。

使用 append()方法向列表中添加元素用于在列表的末尾添加元素。例如:

```
color = ['red', 'orange', 'yellow', 'green', 'blue', 'purple']
color.append('pink')
print(color)
```

输出结果如下。

```
['red', 'orange', 'yellow', 'green', 'blue', 'purple', 'pink']
```

其中，color.append('pink')表示在列表 color 末尾添加元素'pink'。

若想在列表中指定位置插入元素，可以使用列表对象的 insert()方法，具体的语法格式如下。

```
list_name.insert(i,x)
```

其中：

- list_name 表示列表名称。
- x 表示要添加到列表的元素。
- i 表示要添加到列表的索引值。

使用列表对象的 insert( )方法向列表的指定位置插入元素，例如：

```
color = ['red', 'orange', 'yellow', 'green', 'blue', 'purple']
color. insert(1,'pink')
print(color)
```

输出结果如下。

```
['red', 'pink', 'orange', 'yellow', 'green', 'blue', 'purple']
```

其中，color. insert(1,'pink')表示在列表 color 第 2 个位置插入元素'pink'。

于是，list_name. insert(0,x)代表将 x 元素插入到列表 list_name 的开头。例如：

```
color = ['red', 'orange', 'yellow', 'green', 'blue', 'purple']
color. insert(0,'pink')
print(color)
```

输出结果如下。

```
['pink', 'red', 'orange', 'yellow', 'green', 'blue', 'purple']
```

笔 记

其中，color. insert(0,'pink')表示将元素'pink'插入到列表 color 的开头。

而 list_name. insert(len(list_name),x)代表将 x 元素插入到列表 list_name 的末尾，等同于 list_name. append(x)。例如：

```
color = ['red', 'orange', 'yellow', 'green', 'blue', 'purple']
color. insert(len(color),'pink')
print(color)
```

输出结果如下。

```
['red', 'orange', 'yellow', 'green', 'blue', 'purple', 'pink']
```

其中，color. insert(len(color),'pink')表示在列表 color 末尾添加元素'pink'。

若想将一个列表中的全部元素添加到另一个列表中，可以使用列表对象的 extend( )方法，具体的语法格式如下。

```
list_name0. extend(list_name1)
```

其中：

- list_name0 表示原列表的名称。
- list_name1 表示要添加列表的名称。

在 Python 中，使用列表对象的 extend( )方法添加列表元素，添加的列表元素会追加到原列表元素的后面，例如：

笔记

```
color =['red', 'orange', 'yellow', 'green', 'blue', 'purple']
num = [1, -5, 9, -18, 49, 0]
color.extend(num)
print(color)
```

输出结果如下。

```
['red', 'orange', 'yellow', 'green', 'blue', 'purple', 1, -5, 9, -18, 49, 0]
```

其中，color.extend(num)表示将列表num中的元素追加到列表color中。

2. 修改元素

修改列表中元素可以借助索引来实现，只需要通过索引值获取到该元素，然后重新将其赋值即可。例如：

```
color = ['red', 'orange', 'yellow', 'green', 'blue', 'purple']
color[1] = 'pink'
print(color)
```

输出结果如下。

```
['red', 'pink', 'yellow', 'green', 'blue', 'purple']
```

其中，color[1] = 'pink'表示将列表color中第2个元素修改为'pink'。

若索引值超出列表的索引范围，程序会报错，例如：

```
color = ['red', 'orange', 'yellow', 'green', 'blue', 'purple']
color[6] = 'pink'
print(color)
```

输出结果如图4-2所示。

```
Traceback (most recent call last):
  File "D:/python/Python素材/代码3-2/3-2.py", line 2, in <module>
    color[6] = 'pink'
IndexError: list assignment index out of range

Process finished with exit code 1
```

图4-2 IndexError报错

其中，列表color的索引值范围为0~5，所以color[6] = 'pink'超出了列表的索引值范围，于是程序会抛出IndexError异常。

3. 删除列表元素

删除列表元素一般有两种方法，一种是根据索引进行删除，另一种是根据元素值进行删除。

（1）根据索引删除列表元素

根据索引删除列表元素可以借助del语句实现。例如：

```
color = ['red', 'orange', 'yellow', 'green', 'blue', 'purple']
del(color[-1])
print(color)
```

输出结果如下。

```
['red', 'orange', 'yellow', 'green', 'blue']
```

其中，del(color[-1])表示删除列表color中最后一个元素。

另外，删除列表元素也可以借助列表对象的 clear( )方法删除。例如：

```
color = ['red', 'orange', 'yellow', 'green', 'blue', 'purple']
color.clear()
print(color)
```

输出结果如下。

```
[]
```

其中，color. clear( )表示删除列表 color 中的所有元素，相当于 del color[:]。

根据索引删除列表元素也可以借助列表对象的 pop( )方法。例如：

```
color = ['red', 'orange', 'yellow', 'green', 'blue', 'purple']
color.pop(1)
print(color)
```

输出结果如下。

```
['red', 'orange', 'yellow', 'green', 'blue']
```

其中，color. pop(1)表示删除列表 color 中第 2 个元素。若不指定元素的索引值，则会删除列表中的最后一个元素。例如：

```
color = ['red', 'orange', 'yellow', 'green', 'blue', 'purple']
color.pop()
print(color)
```

输出结果如下。

```
['red', 'orange', 'yellow', 'green', 'blue']
```

其中，color. pop( )表示删除列表 color 中最后一个元素。

（2）根据元素值删除列表元素

如果不清楚需要删除的列表元素的索引值，可以根据元素值进行删除，借助列表对象的 remove( )方法实现。例如：

```
color = ['red', 'orange', 'yellow', 'green', 'blue', 'purple']
color.remove('orange')
print(color)
```

输出结果如下。

```
['red', 'yellow', 'green', 'blue','purple']
```

其中，color. remove('orange')表示删除列表 color 中的元素'orange'。

使用列表对象的 remove( )方法删除列表元素时，若该元素重复出现在列表中，则所删除的元素是列表中的第一个该元素。例如：

```
color = ['red', 'orange', 'yellow', 'green', 'blue', 'purple', 'red', 'orange', 'yellow']
color.remove('orange')
print(color)
```

笔记

笔 记

输出结果如下。

```
['red', 'yellow', 'green', 'blue','purple', 'red', 'orange', 'yellow']
```

其中，color. remove('orange')表示删除列表 color 中第一次出现的元素'orange'。

使用列表对象的 remove( )方法删除元素时，如果元素不存在列表中，程序会抛出 ValueError 异常。例如：

```
color = ['red', 'orange', 'yellow', 'green', 'blue', 'purple']
color. remove('pink')
print(color)
```

输出结果如图 4-3 所示。

```
Traceback (most recent call last):
  File "[illegible]", line 2, in <module>
    color.remove('pink')
ValueError: list.remove(x): x not in list

Process finished with exit code 1
```

图 4-3 ValueError 报错

所以使用列表对象的 remove( )方法删除元素时，最好先判断该元素是否存在。

4. 2. 5 列表操作常用方法

Python 提供了列表的常用方法对列表进行操作，具体见表 4-3。

表 4-3 列表操作常用方法

方 法	说 明
list_name. append(x)	列表的末尾添加元素
list_name. extend(iterable)	列表的末尾添加可迭代对象中的每个元素
list_name. insert(i, x)	将元素插入到列表中的指定位置
list_name. remove(x)	删除列表中第一个 x 元素
list_name. pop(i)	删除列表中第 i 个元素,并将其返回
list_name. clear( )	删除列表中的所有元素
list_name. index(x[, start[, end]])	返回 x 元素位于列表的索引值
list_name. count(x)	返回 x 元素在列表中出现的次数
list_name. sort(key=None, reverse=False)	对列表中的元素进行原地排序
list_name. reverse( )	原地反转列表中的元素
list_name. copy( )	返回列表的一个浅拷贝

【实践指导】

微课 4-3
列表元素分类

【实践 4-2-1 指导】

本实践主要是熟悉列表的创建与使用。创建列表的方法主要有两种，直接创建和使用函数进行创建，任选一种即可。需要打印出用户输入月份所属的季度和季节，可分开编程。具体程序代码见电子资源。

【实践 4-2-2 指导】

本实践主要是熟悉访问列表元素和遍历列表。其中第 1 项要求可以借助 for 循环来实现，使用两层嵌套循环，即外层循环获取一个被加数，然后与内层循环获取的每一个加数相加，判断它们的和是否等于 target 变量的值。具体程序代码如下。

```
######################## t4_2.2.1.py ############################
nums = [0,1,3,5,7,6,9]
target = 10

n = len(nums)
for i in range(n):
    for j in range(i+1, n):
        if nums[i] + nums[j] == target:
            print([i, j])
```

执行后，结果显示如下。

```
[1, 6]
[2, 4]
```

第 2 项要求需要用户自己录入列表和目标值，此时就需要考虑用户是否在录入整数，可以设置一个变量用来标识用户是否还在录入整数，默认将其赋值为 True，当检测到用户输入“STOP”时，就将其修改为 False。具体程序代码见电子资源。

【实践 4-2-3 指导】

本实践主要是熟悉访问列表元素和遍历列表。第 1 项要求的解题思路为：根据主要元素的定义，对列表进行排序操作后，主要元素必然会出现在列表长度一半之后的一个位置上。所以，只需要判断列表中是否有超过一半的元素与中间元素相同即可。具体程序代码见电子资源。

第 2 项要求采用摩尔投票法找出主要元素，主要分为两个阶段：对抗阶段和计数阶段，其中计数阶段是为了验证最后剩下的元素是否超过总数的二分之一。具体程序代码见电子资源。

【实践 4-2-4 指导】

本实践主要是熟悉添加、修改和删除列表元素。具体程序代码见电子资源。

任务 4-3 字典数据处理

【任务要求】

【实践 4-3-1】创建字典。用尽可能少的代码生成一个包含 100 个 key（key 为整

笔记

数）的字典，而且每个key对应的value（value是整数）不一样。

① 将字典中key大于10的value打印出来。

② 将字典中value是偶数的统一改成-1。

③ 将字典中的元素按照key进行升序输出。

④ 将字典中的元素清空。

【实践4-3-2】数字重复统计。随机生成1000个整数，数字范围在［12，50］，将这些整数降序输出所有不同数字，并输出每个数字的重复次数。输出格式如下。

```
****************** 数字信息统计 ******************
10 出现的次数为：20
11 出现的次数为：18
12 出现的次数为：31
13 出现的次数为：14
14 出现的次数为：19
15 出现的次数为：20
```

【实践4-3-3】字典查询。利用字典类型，编写一个电影查询小程序。字典中需要存放的数据格式为电影名称、上映时间、导演、主演、电影评分。输出格式如下。

```
*************** 欢迎进入影评小程序 ****************
1. 数据录入
2. 查询数据
3. 退出程序
请输入想要的功能(1/2/3):1
请输入电影名称:泰坦尼克号
请输入上映日期:1997-12-19
请输入导演名字(多人请用 / 分隔):詹姆斯·卡梅隆
请输入演员名字(多人请用 / 分隔):莱昂纳多·迪卡普里奥/凯特·温斯莱特
请问是否继续录入(Y/N):N

请输入想要的功能(1/2/3):2
请输入电影名称:泰坦尼克号
电影名称:泰坦尼克号
上映日期:1997-12-19
导演名单:['詹姆斯·卡梅隆']
演员名单:['莱昂纳多·迪卡普里奥','凯特·温斯莱特']

请输入想要的功能(1/2/3):3
```

【相关知识】

在Python语言中，字典是一种存储数据的容器，它是无序、可变的。字典是“键-值对”的集合。字典中的每个元素都包括“键”和“值”两部分，其中，键是不可变类型，值可以是任意类型。字典具有极快的查找速度。

字典的主要特征如下。

① 通过键读取元素，而不是通过索引。

② 字典是任意对象的无序集合。

③ 字典是可变对象，并且可以任意嵌套。

④ 字典中的键必须是唯一的。

⑤ 字典中的键必须不可变。所以字典中的键可以是数字、字符串、元组，但不可以是列表。

4.3.1　创建和删除字典

字典是由一对大括号括起来的键值对的集合，创建字典时，每个元素都包括“键”和“值”两个部分，两部分之间采用冒号“:”分隔，相邻元素之间采用逗号“,”分隔。具体的语法格式如下。

```
dict_name = {key1:value1,key2:value2,...,keyN:valueN}
```

其中：

- dict_name 是所创建的字典名称。
- key1、key2…keyN 表示字典的键，必须是唯一的，并且不可变。
- value1、value2…valueN 表示字典的键对应的值，可以是任何数据类型，不是必须唯一。

Python 中，创建字典主要包括以下几种形式。

1. 通过映射函数创建字典

具体的语法格式如下。

```
dict_name = dict(zip(list1,list2))
```

其中：

- dict_name 表示所创建的字典名称。
- zip()用于将多个列表或元组对应位置的元素组合为元组，并返回包含这些内容的 zip 对象。
- list1 表示一个列表，用于指定要生成字典的键。
- list2 表示一个列表，用于指定要生成字典的值。

【说明】

如果 list1 和 list2 的长度不同，则与最短的列表长度相同。例如：

```
information = ['name', 'age', 'gender', 'weight', 'health', 'hobbies', 'place']
data = ['zhangsan', 25, 'male', 62, 'excellent']
dict_1 = dict(zip(information,data))
print(dict_1)
```

输出结果如下。

```
{'name': 'zhangsan', 'age': 25, 'gender': 'male', 'weight': 62, 'health': 'excellent'}
```

其中，dict(zip(information,data))表示将列表 information 中的元素生成字典的键，将列表 data 中对应位置的元素生成字典的值。

笔 记

2. 通过给定的“键-值对”创建字典

具体的语法格式如下。

```
dict_name = dict(key1=value1,key2=value2,……,keyN=valueN)
```

其中：

- dict_name 表示所创建的字典名称。
- key1、key2…keyN 表示元素的键，必须是唯一的，并且不可变。
- value1、value2…valueN 表示元素的值，可以是任意数据类型，不是必须唯一。

例如：

```
dict_1 = {'name'='zhangsan', 'age'=25, 'gender'='male', 'weight'=62, 'health'='ex-
cellent'}
print(dict_1)
```

输出结果如下。

```
{'name': 'zhangsan', 'age': 25, 'gender': 'male', 'weight': 62, 'health': 'excellent'}
```

3. 通过已经存在的元组和列表创建字典

例如：

```
information = ('name', 'age', 'gender', 'weight', 'health')
data = ['zhangsan', 25, 'male', 62, 'excellent']
dict_1 = {information:data}
print(dict_1)
```

输出结果如下。

```
{('name', 'age', 'gender', 'weight', 'health'): ['zhangsan', 25, 'male', 62, 'excellent']}
```

其中，字典的键必须是不可变的对象，如果将作为键的元组换成列表，创建字典时会出现异常报错。例如：

```
information = ['name', 'age', 'gender', 'weight', 'health']
data = ['zhangsan', 25, 'male', 62, 'excellent']
dict_1 = {information:data}
print(dict_1)
```

输出结果如图 4-4 所示。

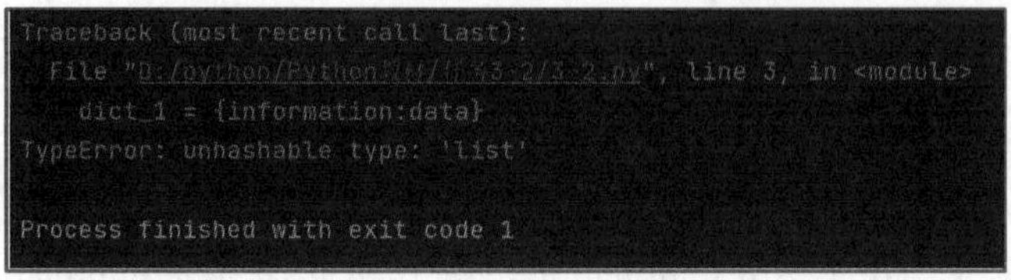

```
Traceback (most recent call last):
  File "D:/python/Python[illegible]/[illegible]3-2/3-2.py", line 3, in <module>
    dict_1 = {information:data}
TypeError: unhashable type: 'list'

Process finished with exit code 1
```

图 4-4　TypeError 报错

其中，字典的键必须是唯一的不可变的对象，不能是列表。

4. 创建值为空的字典

在 Python 中，还可以使用 dict( )的 fromkeys( )方法创建值为空的字典，具体的语法格式如下。

```
dict_name = dict. fromkeys(list1)
```

其中：

- dict_name 表示所创建的字典名称。
- list1 作为字典的键的列表。

创建一个仅包含键的字典，例如：

```
information = ['name', 'age', 'gender', 'weight', 'health']
dict_2 = dict. fromkeys(information)
print(dict_2)
```

输出结果如下。

```
{'name': None, 'age': None, 'gender': None, 'weight': None, 'health': None}
```

其中，dict. fromkeys(information)表示创建键为列表 information 中的元素，值为空的字典。

5. 创建空字典

在 Python 中，创建空字典可以采用以下方式。

(1) 借助大括号创建空字典

```
dict_3 = {}
print(dict_3)
```

输出结果如下。

```
{}
```

(2) 借助 dict( )创建空字典

```
dict_3 = dict()
print(dict_3)
```

输出结果如下。

```
{}
```

6. 删除字典

删除字典一般有下列 3 种方式。

(1) 使用 del 语句删除字典

```
information = ['name', 'age', 'gender', 'weight', 'health', 'hobbies', 'place']
data = ['zhangsan', 25, 'male', 62, 'excellent']
dict_1 = dict(zip(information,data))
del dict_1
```

笔记

笔 记

(2) 使用字典对象的 clear( )方法删除字典

```
information = ['name', 'age', 'gender', 'weight', 'health', 'hobbies', 'place']
data = ['zhangsan', 25, 'male', 62, 'excellent']
dict_1 = dict(zip(information,data))
dict_1.clear()
print(dict_1)
```

输出结果如下。

```
{}
```

其中，dict_2. clear( )表示将字典 dict_2 变为空字典。

(3) 使用字典对象的 pop( )方法删除字典中指定键的键值对

```
information = ['name', 'age', 'gender', 'weight', 'health', 'hobbies', 'place']
data = ['zhangsan', 25, 'male', 62, 'excellent']
dict_1 = dict(zip(information,data))
dict_1.pop('name')
print(dict_1)
```

输出结果如下。

```
{'age': 25, 'gender': 'male', 'weight': 62, 'health': 'excellent'}
```

其中，dict_1. pop('name')表示删除字典 dict_1 中键为'name'的键值对。

(4) 使用字典对象的 popitem( )方法删除字典中末尾的键值对

```
information = ['name', 'age', 'gender', 'weight', 'health', 'hobbies', 'place']
data = ['zhangsan', 25, 'male', 62, 'excellent']
dict_1 = dict(zip(information,data))
dict_1.popitem()
print(dict_1)
```

输出结果如下。

```
{'name': 'zhangsan', 'age': 25, 'gender': 'male', 'weight': 62}
```

其中，dict_1. popitem( )表示删除字典 dict_1 中末尾的键值对。

如果字典本身就是空字典，使用字典对象的 popitem( )方法会报错，例如：

```
dict_3 = {}
dict_3.popitem()
```

输出结果如图 4-5 所示。

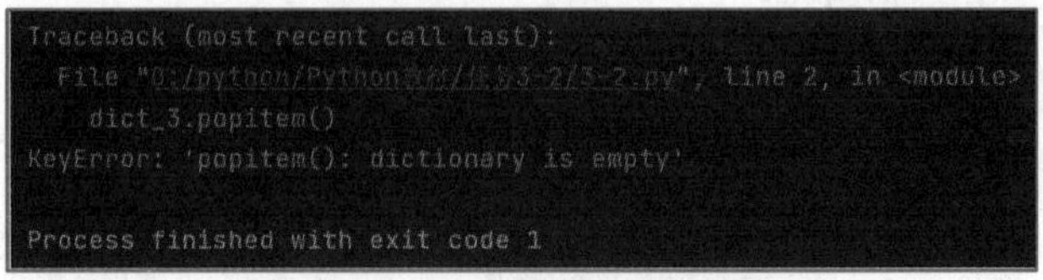

```
Traceback (most recent call last):
  File "D:/python/Python教材/任务3-2/3-2.py", line 2, in <module>
    dict_3.popitem()
KeyError: 'popitem(): dictionary is empty'

Process finished with exit code 1
```

图 4-5 KeyError 报错

4.3.2　访问字典

在 Python 中，可以直接借助 print( )输出字典中的元素，例如：

```
information = ['name', 'age', 'gender', 'weight', 'health', 'hobbies', 'place']
data = ['zhangsan', 25, 'male', 62, 'excellent']
dict_1 = dict(zip(information,data))
print(dict_1)
```

输出结果如下。

```
{'name': 'zhangsan', 'age': 25, 'gender': 'male', 'weight': 62, 'health': 'excellent'}
```

其中，dict(zip(information,data))表示将列表 information 中的元素生成字典的键，将列表 data 中对应位置的元素生成字典的值。

但是，在使用字典时，一般需要根据指定的键得到相应的键值对，而不是获取字典的内容，所以在 Python 中，访问字典的元素通过键来获取，例如：

```
information = ['name', 'age', 'gender', 'weight', 'health', 'hobbies', 'place']
data = ['zhangsan', 25, 'male', 62, 'excellent']
dict_1 = dict(zip(information,data))
print(dict_1['gender'])
```

输出结果如下。

```
male
```

笔记

其中，dict_1['gender']表示获取字典 dict_1 中键为'gender'的元素。

如果所指定的键不存在，程序会抛出异常，例如：

```
information = ['name', 'age', 'gender', 'weight', 'health', 'hobbies', 'place']
data = ['zhangsan', 25, 'male', 62, 'excellent']
dict_1 = dict(zip(information,data))
print(dict_1['place'])
```

输出结果如图 4-6 所示。

```
Traceback (most recent call last):
  File "D:/python/Python实例/任务3-2/3-2.py", line 4, in <module>
    print(dict_1['place'])
KeyError: 'place'

Process finished with exit code 1
```

图 4-6　KeyError 报错

其中，dict_1['place']表示获取字典 dict_1 中键为'place'的元素。

另外，为了解决这一问题，可以使用字典对象的 get( )方法获取指定键的值。具体的语法格式如下。

```
dict_name.get(key[.default])
```

笔 记

其中：

- dict_name 表示字典的名称。
- key 表示指定的键。
- default 表示可选项，用于当指定的键不存在时，返回一个默认值，如果省略，则返回 None。例如：

```
information = ['name', 'age', 'gender', 'weight', 'health', 'hobbies', 'place']
data = ['zhangsan', 25, 'male', 62, 'excellent']
dict_1 = dict(zip(information,data))
print(dict_1.get('gender'))
print(dict_1.get('place'))
```

输出结果如下。

```
male
None
```

4.3.3 遍历字典

遍历字典也就是获取字典中的全部的“键值对”。在 Python 中，通过使用字典对象的 items()方法获取字典的“键值对”列表，具体的语法格式如下。

```
dict_name.items()
```

其中：

- dict_name 表示字典的名称。
- items()返回值为可遍历的“键值对”元组列表。

想要获取具体的“键值对”，可以通过 for 循环遍历该元组列表。例如：

```
information = ['name', 'age', 'gender', 'weight', 'health', 'hobbies', 'place']
data = ['zhangsan', 25, 'male', 62, 'excellent']
dict_1 = dict(zip(information,data))
for item in dict_1.items():
    print(item)
```

输出结果如下。

```
('name', 'zhangsan')
('age', 25)
('gender', 'male')
('weight', 62)
('health', 'excellent')
```

如果想要获取具体的每个键和值，可以使用下列方法，例如：

```
information = ['name', 'age', 'gender', 'weight', 'health', 'hobbies', 'place']
data = ['zhangsan', 25, 'male', 62, 'excellent']
dict_1 = dict(zip(information,data))
for key,value in dict_1.items():
    print(key,value)
```

输出结果如下。

```
name zhangsan
age 25
gender male
weight 62
health excellent
```

4.3.4 添加、修改和删除字典元素

1. 添加字典元素

字典是可变序列，可以在其中添加"键值对"，具体的语法格式如下。

```
dict_name[key]=value
```

其中：

- dict_name 表示字典的名称。
- key 表示添加元素的键，必须是唯一且不可变的。
- value 表示添加元素的值，可以是任意数据类型。

添加字典元素，例如：

```
information = ['name', 'age', 'gender', 'weight', 'health', 'hobbies', 'place']
data = ['zhangsan', 25, 'male', 62, 'excellent']
dict_1 = dict(zip(information,data))
dict_1['place'] = 'Xingtai'
print(dict_1)
```

输出结果如下。

```
{'name': 'zhangsan', 'age': 25, 'gender': 'male', 'weight': 62, 'health': 'excellent',
'place': 'Xingtai'}
```

2. 修改字典元素

在字典中，如果新添加元素的键与已经存在的键重复，那么将使用新的值替换原来该键的值，这一过程也被称为修改字典元素。例如：

```
information = ['name', 'age', 'gender', 'weight', 'health', 'hobbies', 'place']
data = ['zhangsan', 25, 'male', 62, 'excellent']
dict_1 = dict(zip(information,data))
```

笔记

```
dict_1['age'] = 29
print(dict_1)
```

输出结果如下。

```
{'name': 'zhangsan', 'age': 29, 'gender': 'male', 'weight': 62, 'health': 'excellent'}
```

3. 删除字典元素

当不需要字典中的某个元素时，可以借助 del 语句将其删除。例如：

```
information = ['name', 'age', 'gender', 'weight', 'health', 'hobbies', 'place']
data = ['zhangsan', 25, 'male', 62, 'excellent']
dict_1 = dict(zip(information,data))
del dict_1['gender']
print(dict_1)
```

输出结果如下。

```
{'name': 'zhangsan', 'age': 25, 'weight': 62, 'health': 'excellent'}
```

4.3.5 字典操作常用方法

Python 中提供了字典的常用方法对字典进行操作，具体见表 4-4。

表 4-4 字典操作常用方法

方 法	说 明
dict_name.clear()	删除字典中的所有元素
dict_name.copy()	返回字典的一个浅拷贝
dict_name.get(key[, default])	如果 key 存在于字典中，则返回其对应的“值”，否则返回 None（如果设置了 default 参数，则返回该参数的值）
dict_name.items()	返回一个由字典中每个项的键值对构成的字典视图对象
dict_name.keys()	返回一个由字典中每个项的“键”构成的字典视图对象
dict_name.pop(key[, default])	如果字典中存在 key 参数的“键”，则移除它并返回其对应的“值”，否则返回 default 参数指定的内容；如果没有指定 default 参数，则抛出 KeyError 异常
dict_name.popitem()	从字典中移除并返回一个键值对，按 LIFO（Last In First Out，后进先出）的操作顺序，popitem()方法常用于对字典进行消耗性地迭代，这在集合算法中经常被使用。如果字典为空时，将抛出 KeyError 异常
dict_name.setdefault(key[, default])	如果字典中存在 key 参数指定的“键”，则返回它的“值”；如果不存在，插入一个 key：default 的键值对，并返回 default 参数（如果没有指定 default 参数，则默认为 None）
dict_name.update([other])	使用 other 参数指定的键值对更新字典，覆盖原有的“键”，返回值为 None 可以传入键值对（一个或多个键值对，不过“键”必须是合法的 Python 标识符），或者另外一个字典，或者一个包含键值对的可迭代对象
dict_name.values()	返回一个由字典中每个项的“值”构成的字典视图对象
dict_name.fromkeys(iterable[,value])	使用 iterable 参数指定的可迭代对象创建一个新字典，并将所有的“值”均初始化为 value 参数指定的值（默认为 None）

【注意】

- 由 dict_name. keys( )、dict_name. values( )和 dict_name. items( ) 返回的对象均是字典视图对象。该对象提供字典的一个视图，当字典内容改变时，视图对象的内容也会相应改变。
- fromkeys( )其实是一个返回新字典的类方法，所有“值”都只引用一个单独的实例，因此将 value 参数指定为一个可变对象（如空列表）通常是没有意义的。如果要初始化为不同的“值”，则使用字典推导式（字典推导式请查阅 4.4.7 节内容）。

【实践指导】

微课 4-4
创建字典

【实践 4-3-1 指导】

本实践主要是熟悉创建字典、访问字典和遍历字典、修改和删除字典元素操作。具体程序代码见电子资源。

源代码

【实践 4-3-2 指导】

本实践主要是熟悉创建空字典、访问字典和遍历字典、添加字典元素操作。可以借助循环和列表实现，具体程序代码如下。

源代码

```
######################## t4_3. 2. py ###########################
import random
count = {}
number = []
for i in range(1000):
    a = random. randint(10,50)
    number. append(a)
number = sorted(number)
for j in number:
    count[j] = number. count(j)
print('数字信息统计'. center(40,'*'))
for k in count:
    print(k,'出现的次数为:',count[k])
```

执行后，部分结果显示如下。

```
…这里忽略输出结果
```

【实践 4-3-3 指导】

源代码

本实践主要是熟悉创建空字典、访问字典和遍历字典、添加字典元素操作。可以借助 while 循环实现，具体程序代码见电子资源。

笔 记

任务 4-4 数据的综合性处理

【任务要求】

【实践 4-4-1】 汇总组合。学校分发校服总共提供了 4 种颜色（BLACK、WHITE、YELLOW、BLUE）和 10 个码数（WS、WM、WL、S、M、L、XL、2XL、3XL、4XL）。

① 使用列表推导式生成所有颜色和尺码的组合。

② 使用元组推导式生成所有颜色和尺码的组合。

③ 使用字典推导式生成所有颜色和尺码的组合。

【实践 4-4-2】 数据去重。编写程序，实现：用户输入数字 N，程序会生成 N 个 1～1000 之间不重复的随机整数。

【实践 4-4-3】 统计数据。编写程序，统计出不重复的人员名单。程序输出格式如下。

```
****************录入快递人员姓名****************
请输入收到快递人员的名单：张三
请输入收到快递人员的名单：李四
请输入收到快递人员的名单：王五
请输入收到快递人员的名单：张三
取快递人员已存在！
请输入收到快递人员的名单：0
需要通知取快递的人员名单：
王五
李四
张三
```

【实践 4-4-4】 成绩处理。编写程序使用字典及列表存储 10 名学生信息，信息内容包括姓名以及各科成绩，待统计的字符串见附件 a4-6. txt。

① 编写程序实现，管理员输入学生姓名可以查询学生的各科成绩。

② 编写程序实现，将学生的语文成绩与英语成绩对调。

③ 编写程序实现，升序输出学生姓名和总成绩。

【相关知识】

4. 4. 1 元组

元组是 Python 中重要的序列类型，它是由一系列元素组成的不可变序列。形式上，元组是用一对小括号“( )”将元素存放起来，其中的元素为任意类型，相邻元素之间使用逗号“,”分隔。使用元组可以解决复杂的不需要修改数据的实际问题。

元组与列表的不同之处如下。

- 列表属于可变序列，其中的元素可以任意修改；而元组是不可变序列，所以元组中的元素不可以单独修改。
- 列表可以使用 append( )、extend( )、insert( )、remove( )和 pop( )等方法实现添加和修改元素，而元组不具备。
- 列表可以使用切片修改列表中的元素，元组不可以。
- 元组比列表的访问和处理速度快。
- 列表不能作为字典的键，而元组可以。

4.4.2 创建和删除元组

在 Python 中创建元组有多种方式，常用方法有直接创建、借助内置函数 tuple( )进行创建。

1. 直接创建元组

通过将一组由逗号分隔的元素用小括号括起来创建列表，也就是使用赋值运算符直接创建元组。具体的语法格式如下。

```
tuple_name = (element0,element1,element2,…,elementN)
```

其中：

- tuple_name 表示元组的名称。
- elementi(i=0,1,2,…,N)是元组元素，可以是任意类型。

笔记

元组名称可以是任何符合 Python 命名规则的标识符，元组元素的个数没有限制，可以是任意 Python 支持的数据类型。例如：

```
color = ('red', 'orange', 'yellow', 'green', 'blue', 'purple')
num = (1, -5, 9, -18, 49, 0)
num1 = (1, -5, [9, -18], 49, 0)
mix = ('red', 1,'orange',-5, '爬虫', 0.5)
```

在 Python 中，虽然元组的形式是将一组由逗号分隔的元素用小括号括起来，但是在元组中小括号并不是必需的，只要将一组值用逗号分隔开，Python 就会认为它是元组。例如：

```
number = 'one', 'two', 'three', 'four', 'five', 'six', 'seven', 'eight', 'nine', 'zero'
print(type(number))
```

输出结果如下。

```
<class 'tuple'>
```

其中，type(number)表示测试变量 number 的数据类型。在 Python 中，type( )函数用来测试变量的类型。例如：

```
color_1 = ['red', 'orange', 'yellow', 'green', 'blue', 'purple']
color_2 = ('red', 'orange', 'yellow', 'green', 'blue', 'purple')
```

```
print(' color_1 的类型为',type(color_1))
print(' color_2 的类型为',type(color_2))
```

输出结果如下。

```
color_1 的类型为<class 'list'>
color_2 的类型为<class 'tuple'>
```

【注意】

如果需要创建的元组中只含有一个元素，则需要在定义元组时，在该元素后面加一个逗号“,”。例如：

```
color_1 = ('red',)
color_2 = ('red')
print(' color_1 的类型为',type(color_1))
print(' color_2 的类型为',type(color_2))
```

输出结果如下。

```
color_1 的类型为<class 'tuple'>
color_2 的类型为<class 'str'>
```

2. 创建数值元组

在 Python 中，可以借助内置函数 tuple()创建，也就是以可迭代对象作为参数创建元组，具体的语法格式如下。

```
tuple_name = tuple(iterable)
```

其中，iterable 表示可以转换为元组的数据，可以是字符串、元组、range 对象或者其他可迭代类型的数据。例如：

```
tuple_1 = tuple(range(0,10,2))
print(tuple_1)
```

输出结果如下。

```
(0, 2, 4, 6, 8)
```

3. 创建空元组

在 Python 中，创建空元组既可以直接创建，也可以使用 tuple()函数进行创建。空元组可以应用在为函数传递一个空值或者返回空值时。例如：

```
tuple_2 = ()
tuple_3 = tuple()
print(tuple_2)
print(tuple_3)
```

输出结果如下。

```
()
()
```

4. 删除元组

在 Python 中，删除元组可以使用 del 语句，具体的语法格式如下。

```
del tuple_name
```

其中，tuple_name 表示要删除的元组名称。

在删除元组时，元组名称需要已经存在，否则会出现报错。例如：

```
color = ('red', 'orange', 'yellow', 'green', 'blue', 'purple')
num = (1, -5, 9, -18, 49, 0)
num1 = (1, -5, [9, -18], 49, 0)
del tuple_2
```

输出结果如图 4-7 所示。

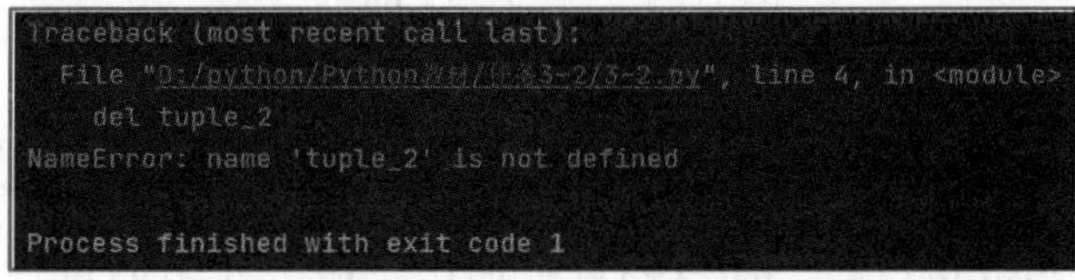

图 4-7　NameError 报错

笔记

另外，del 语句在实际开发中并不常用。因为 Python 自带的回收机制会自动销毁不用的元组，所以即使不手动删除，Python 也会自动将其回收。

4.4.3　访问元组元素

在 Python 中，将元组中的元素输出可以直接使用 print( ) 函数。例如：

```
color = ('red', 'orange', 'yellow', 'green', 'blue', 'purple')
num = (1, -5, 9, -18, 49, 0)
num1 = (1, -5, [9, -18], 49, 0)
print(color)
print(num)
print(num1)
```

输出结果如下。

```
('red', 'orange', 'yellow', 'green', 'blue', 'purple')
(1, -5, 9, -18, 49, 0)
(1, -5, [9, -18], 49, 0)
```

想要获取指定元素可以借助索引，若想获取一定范围内的元素可以借助切片。

笔 记

例如：

```
color = ('red', 'orange', 'yellow', 'green', 'blue', 'purple')
print(color)
print(color[4])
print(color[0:4])
```

输出结果如下。

```
('red', 'orange', 'yellow', 'green', 'blue', 'purple')
blue
('red', 'orange', 'yellow', 'green')
```

另外，若想获取元组的逆置列表可以借助元组的切片。例如：

```
color = ('red', 'orange', 'yellow', 'green', 'blue', 'purple')
print(color[::-1])
```

输出结果如下。

```
('purple', 'blue', 'green', 'yellow', 'orange', 'red')
```

4.4.4 遍历元组

在 Python 中，元组和列表一样可以进行遍历，遍历元组的过程中可以完成处理、查询等功能。遍历元组有以下两种常用方法。

1. 使用 for 循环

使用 for 循环遍历元组，输出结果为元素的值，具体的语法格式如下。

```
for i in tuple_name:
    print(i)
```

例如：

```
color = ('red', 'orange', 'yellow', 'green', 'blue', 'purple')
for i in color:
    print(i)          #i 表示 color 中当前遍历列的元素
```

输出结果如下。

```
red
orange
yellow
green
blue
purple
```

2. 使用 for 循环和 enumerate()函数

在 Python 中，可以使用 for 循环和 enumerate()函数遍历元组，输出内容既有元素值又有相对应的索引值。具体的语法格式如下。

```
for index,i in enumerate(tuple_name):
    print(index,i)
```

其中：

- i 用来保存获取到的元素值。
- index 用来保存元素的索引值。
- tuple_name 表示元组的名称。
- enumerate()函数用于将一个可遍历的数据对象组合成一个索引序列，同时列出数据和数据下标，一般在 for 循环中使用。

例如：

```
color = ('red', 'orange', 'yellow', 'green', 'blue', 'purple')
for index, i in enumerate(color):
    print(index,i)
```

输出结果如下。

```
0 red
1 orange
2 yellow
3 green
4 blue
5 purple
```

4.4.5 修改元组

元组是不可变对象，一旦创建，其中的元素将无法修改。但是元组也并不是完全不可以修改。常用的 3 种方法分别是对元组进行重新赋值、对元组进行拼接组合和修改元组中的可变元素。

1. 对元组进行重新赋值

```
color = ('red', 'orange', 'yellow', 'green', 'blue', 'purple')
color = ('purple', 'blue', 'green', 'yellow', 'orange', 'red')
print(color)
```

运行结果如下。

```
('purple', 'blue', 'green', 'yellow', 'orange', 'red')
```

其中，color =表示对元组 color 进行赋值。

2. 对元组进行拼接组合

```
color = ('red', 'orange', 'yellow', 'green', 'blue', 'purple')
num = (1, -5, 9, -18, 49, 0)
```

笔 记

```
sum = color + num
print(sum)
```

运行结果如下。

```
('red', 'orange', 'yellow', 'green', 'blue', 'purple', 1, -5, 9, -18, 49, 0)
```

其中，color + num 表示将元组 color 与元组 num 进行拼接，结果仍然是个元组。

3. 修改元组中的可变元素

虽然元组中的单个元素无法修改，但是由于元组中的元素可以是任意类型，所以如果元组中的元素为可修改序列，就可以修改该元组中的可变元素。例如：

```
num1 = (1, -5, [9, -18], 49, 0)
num1[2].append(6)
print(num1)
```

运行结果如下。

```
(1, -5, [9, -18,6], 49, 0)
```

4.4.6 元组操作常用方法

Python 提供了元组的常用方法对元组进行操作，具体见表 4-5。

表 4-5 元组操作常用方法

方 法	说 明
tuple_name.count(x)	统计元素 x 在元组中出现的次数
tuple_name.index(x)	从元组中找出元素 x 第 1 个匹配项的索引位置

4.4.7 生成器

在 Python 中，受到内存限制，列表、元组、字典的容量实际上是有限的。但是，如果其中的元素可以按照某种算法推算出来，就可以在循环过程中不断推算出后续的元素，这样可以大大节省占用空间。这样一边循环一边生成元素的机制，称为生成器 generator。

1. 列表推导式

使用列表推导式可以快速生成一个列表，列表推导式有以下几种格式。

(1) 生成指定范围的列表

具体的语法格式如下。

```
list_name = [expression for var in range()]
```

其中：

- list_name 表示生成的列表名称。
- expression 表示表达式，用于计算生成列表的元素。

● var 表示循环变量。
● range( )表示 range 函数生成的 range 对象。

如果想要生成一个包括 5 个随机数的列表可以采用这种格式，例如：

```
import random
list_0 = [random.randint(10,100) for i in range(5)]
print(list_0)
```

输出结果如下。

```
[58, 73, 60, 30, 58]
```

其中：

● import random 表示引入 random 模块。
● random.randint(10,100)用于生成(10,100)之间的整数。
● range(5)用于创建包含 5 个元素的整数列表。
● list_0 = [random.randint(10,100) for i in range(5)]表示生成一个包含 5 个随机数的列表 list_0。

(2) 根据列表生成指定需求的列表

具体的语法格式如下。

```
list_name = [expression for var in list]
```

其中：

● list_name 表示生成的列表名称。
● expression 表示表达式，用于计算生成列表的元素。
● var 表示循环变量，值为 list 中的元素。
● list 表示列表，用于生成列表的原列表。

如果想要生成一个指定需求的列表，可以采用这种格式，例如：

```
num = [1, -5, 9, -18, 49, 0]
list_0 = [i ** 2 for i in num]
print(list_0)
```

输出结果如下。

```
[1, 25, 81, 324, 2401, 0]
```

其中：

● i ** 2 表示 i 的平方函数。
● list_0 = [i ** 2 for i in num]表示生成一个包含列表 num 元素值平方的列表 list_0。

(3) 从列表中选择符合条件的元素生成新的列表

具体的语法格式如下。

```
list_name = [expression for var in list if condition]
```

笔记

笔 记

其中：

- list_name 表示生成的列表名称。
- expression 表示表达式，用于计算生成列表的元素。
- var 表示循环变量，值为 list 中的元素。
- list 表示列表，用于生成列表的原列表。
- condition 表示条件表达式，用于指定筛选条件。

如果想要生成需要筛选条件的列表，可以采用这种格式，例如：

```
num = [1, -5, 9, -18, 49, 0]
list_0 = [i ** 2 for i in num if i>0]
print(list_0)
```

输出结果如下。

```
[1, 81, 2401]
```

其中：

- i ** 2 表示 i 的平方函数。
- list_0 = [i ** 2 for i in num if i>0]表示生成一个包含列表 num 中大于 0 的元素的平方值的列表 list_0。

2. 元组推导式

使用元组推导式可以快速生成一个元组，具体的语法格式如下。

```
tuple_name = (expression for var in range())
```

其中：

- tuple_name 表示生成的元组名称。
- expression 表示表达式，用于计算生成元组的元素。
- var 表示循环变量。
- range()表示 range 函数生成的 range 对象。

使用元组推导式生成的结果并不是一个元组或者列表，而是一个生成器对象。例如：

```
import random
tuple_0 = (random.randint(10,100) for i in range(5))
print(tuple_0)
```

输出结果如下。

```
<generator object <genexpr> at 0x0000014A80981938>
```

如果想要使用该生成器对象，可以采用以下几种方法。

① 将生成器对象转换成元组或者列表，例如：

```
import random
tuple_0 = (random.randint(10,100) for i in range(5))
```

```
tuple_1 = tuple(tuple_0)
print(tuple_1)
```

输出结果如下。

```
(77, 68, 52, 89, 13)
```

其中，转换成元组使用 tuple( ) 函数，转化成列表使用 list( ) 函数。

② 通过 for 循环遍历生成器对象，例如：

```
import random
tuple_0 = (random.randint(10,100) for i in range(5))
for x in tuple_0:
    print(x)
tuple_1 = tuple(tuple_0)
print(tuple_1)
```

输出结果略。

其中，使用 for 循环遍历元组生成器后，原生成器对象已经不存在。

③ 使用_next_( ) 方法遍历生成器对象，例如：

```
import random
tuple_0 = (random.randint(10,100) for i in range(5))
print(tuple_0._next_())
print(tuple_0._next_())
print(tuple_0._next_())
print(tuple_0._next_())
print(tuple_0._next_())
tuple_1 = tuple(tuple_0)
print(tuple_1)
```

输出结果略。

其中，使用_next_( ) 方法遍历元组生成器后，原生成器对象已经不存在。

3. 字典推导式

使用字典推导式可以快速生成一个字典，字典推导式有以下两种格式。

(1) 生成指定范围的字典

具体的语法格式如下。

```
dict_name = {var : expression for var in range()}
```

其中：

- dict_name 表示生成的字典名称。
- expression 表示表达式，用于计算生成字典的值。
- var 表示循环变量。
- range( ) 表示 range 函数生成的 range 对象。

笔 记

笔 记

如果想要生成一个键为 0～5、对应的值为随机数的字典，可以采用这种格式，例如：

```
import random
dict_0 = {i:random.randint(10,100) for i in range(5)}
print(dict_0)
```

输出结果如下。

```
{0: 98, 1: 27, 2: 13, 3: 71, 4: 78}
```

（2）根据列表生成指定需求的字典

具体的语法格式如下。

```
dict_name = {var : expression for var in list}
```

其中：

- dict_name 表示生成的字典名称。
- expression 表示表达式，用于计算生成字典的值。
- var 表示循环变量，值为 list 中的元素。
- list 表示列表，用于生成字典的键。

如果想要生成一个指定需求的字典，可以采用这种格式，例如：

```
num = [1, -5, 9, -18, 49, 0]
dict_0 = {i:i**2 for i in num}
print(dict_0)
```

输出结果如下。

```
{1: 1, -5: 25, 9: 81, -18: 324, 49: 2401, 0: 0}
```

4.4.8 集合

集合和字典类似，是一组键的集合，但不存储值。在集合中没有重复的元素，集合的所有元素都放在一对大括号“{}”中，相邻元素之间用逗号“,”间隔。

集合有可变集合（set）和不可变集合（frozenset）两种。本书只介绍可变无序集合。由于集合中的元素都是唯一的，所以集合在去重方面有很好的应用。

1. 创建和删除集合

在 Python 中，有两种创建集合的办法，一种是使用符号“{}”创建集合，另一种是使用 set()函数将列表、元组等可迭代对象转换成集合。

（1）使用符号“{}”创建集合

在 Python 中可以使用符号“{}”直接将集合赋值给变量，从而创建集合。具体的语法格式如下。

```
set_name = {element0,element1,element2,……,elementN}
```

其中：

- set_name 表示集合名称，可以是任意符合 Python 命名规则的标识符。
- element i(i=0,1,2,…,N)表示集合中的元素，可以是任意数据类型。

由于 Python 中的 set 集合是无序的，因此每次输出时元素的排列顺序可能不同。另外，在创建集合时，如果输入了重复的元素，Python 会自动只保留一个。创建集合如下。

```
color = {'red', 'orange', 'yellow', 'green', 'blue', 'purple'}
num = {1, -5, 9, -18, 49, 0}
num = {1, -5, (9, -18), 49, 0}
mix = {'red', 1,'orange',-5, '爬虫', 0.5}
print(num)
```

输出结果如下。

```
{0, 1, (9, -18), 49, -5}
```

（2）使用 set()函数创建集合

在 Python 中也可以使用 set()函数将列表、元组等其他可迭代对象转换为集合。具体的语法格式如下。

```
set_name = set(iteration)
```

其中：

- set_name 表示集合名称，可以是任意符合 Python 命名规则的标识符。
- iteration 表示要转换为集合的可迭代对象，可以是列表、元组、range 对象等。

笔记

```
color = set(('red', 'orange', 'yellow', 'green', 'blue', 'purple'))
颜色 = set('红色橙色黄色绿色青色蓝色紫色')
print(color)
print(颜色)
```

输出结果如下。

```
{'orange', 'purple', 'yellow', 'blue', 'green', 'red'}
{'紫', '红', '色', '绿', '青', '橙', '蓝', '黄'}
```

其中，集合中的元素如果是字符串，返回的集合将是包含全部不重复字符的集合。

（3）创建空集合

在 Python 中，创建空集合只能采用 set()函数，不可以使用符合“{}”创建。例如：

```
set_0 = set()
dict_0 = {}
print(type(set_0))
print(type(dict_0))
```

输出结果如下。

笔 记

```
<class 'set'>
<class 'dict'>
```

其中，{}表示创建一个空字典。

(4) 删除集合

在 Python 中，删除集合可以使用 del 语句，具体的语法格式如下。

```
del set_name
```

其中，set_name 表示要删除的集合名称。

在删除集合时，集合名称需要已经存在，否则会出现报错。删除集合示例如下。

```
color = {'red', 'orange', 'yellow', 'green', 'blue', 'purple'}
del color
```

2. 在集合中添加、删除元素

由于集合是可变序列，所以可以向集合中添加或者删除元素。

(1) 在集合中添加元素

在集合中添加元素可以借助 add()方法，具体的语法格式如下。

```
set_name.add(element)
```

其中：

- set_name 表示要添加元素的集合名称。
- element 表示要添加的元素，只能是字符串、数字及布尔类型的 True 或者 False 等，不能是列表、元组等可迭代对象。

向集合中添加元素，例如：

```
color = {'red', 'orange', 'yellow', 'green', 'blue', 'purple'}
color.add('pink')
print(color)
```

输出结果如下。

```
{'yellow', 'purple', 'pink', 'green', 'orange', 'blue', 'red'}
```

其中，color.add('pink')表示向集合 color 中添加元素'pink'。

(2) 在集合中删除元素

从集合中删除元素可以使用集合的 pop()方法、remove()方法，例如：

```
color = {'red', 'orange', 'yellow', 'green', 'blue', 'purple'}
color.pop()
color.remove('yellow')
print(color)
```

输出结果如下。

```
{'blue', 'red', 'orange', 'green'}
```

其中：

- color. pop( )表示删除集合 color 中的一个元素。
- color. remove('yellow')表示删除集合 color 中的元素'yellow'。

删除集合中的元素还可以使用集合对象的 clear( )方法，此方法会清空集合中的元素，使其变为空集合，例如：

```
color = {'red', 'orange', 'yellow', 'green', 'blue', 'purple'}
color.clear()
print(color)
```

输出结果如下。

```
set()
```

其中，set( )表示空集合。

3. 集合的交集、并集和差集运算

集合中最常用的操作就是进行交集、并集和差集运算。其中，进行交集运算时用“&”符号，进行并集运算时用“|”符号，进行差集运算时用“-”符号。例如：

```
color1 = {'red', 'orange', 'yellow', 'green', 'blue', 'purple'}
color2 = {'pink', 'orange', 'black', 'white' ,'yellow'}
print(color1&color2)
print(color1|color2)
print(color1-color2)
```

输出结果如下。

```
{'yellow', 'orange'}
{'blue', 'pink', 'orange', 'white', 'purple', 'yellow', 'red', 'green', 'black'}
{'purple', 'blue', 'green', 'red'}
```

其中：

- color1&color2 表示既属于集合 color1 又属于 color2 的元素组成的集合。
- color1 | color2 表示集合 color1 和集合 color2 中所有元素组成的集合。
- color1-color2 表示属于集合 color1 但不属于集合 color2 的元素组成的集合。

【实践指导】

微课 4-5
汇总组合

【实践 4-4-1 指导】

本实践主要是熟悉列表推导式、元组推导式、字典推导式的用法。具体程序代码如下。

```
######################## t4_4.1.py ###########################
colors = ['BLACK', 'WHITE', 'Yellow', 'BLUE']
```

```
sizes = ['WS', 'WM', 'WL', 'S', 'M', 'L', 'XL', '2XL', '3XL', '4XL']
#使用列表推导式统计所有颜色和尺码的组合
result1 = [[color, size] for color in colors for size in sizes]
print(result1)
#使用元组推导式统计所有颜色和尺码的组合
result0 = ([color, size] for color in colors for size in sizes)
result2 = tuple(result0)
print(result2)
#使用字典推导式统计所有颜色和尺码的组合
result3 = {(color,size):[color, size] for color in colors for size in sizes}
print(result3)
```

源代码

以两种颜色和两种尺码为例，执行后，结果显示如下。

```
…这里忽略输出结果
```

【实践 4-4-2 指导】

本实践主要是熟悉创建集合的操作。具体程序代码如下。

```
    ######################## t4_4.2.py ############################
import random
s = set([])
num = int(input('N:'))
for i in range(num):
    s.add(random.randint(1,1000))
print(s)
```

源代码

执行后，结果显示如下。

```
N:5
{964, 968, 147, 410, 799}
```

【实践 4-4-3 指导】

本实践主要是熟悉在集合中添加元素的操作。具体程序代码如下。

```
    ######################## t4_4.3.py ############################
print('录入快递人员姓名'.center(40,'*'))
instr = ''
setlen = 0
past = set()
while instr != '0':
    instr = input('请输入收到快递人员的名单:')    #输入数字结束
```

源代码

```
    setlen = len(past)
    if instr !='0':
        past.add(instr)
        if setlen == len(past):
            print('取快递人员已存在！')
print('需要通知取快递的人员名单:')   #输入0时退出循环
for i in past:
    print(i)
```

执行后，结果显示如下。

```
…这里忽略输出结果
```

【实践 4-4-4 指导】

源代码

本实践主要是熟悉字典和列表一起进行数据处理的操作。具体程序代码见电子资源。

学习反思

1. 根据自己的理解讲述什么是序列。
2. 如何区分列表、元组、集合适用的数据处理类型?
3. Python 中各种序列类型的创建和使用方法分别是什么?
4. 如何理解字典操作函数的使用方法?
5. 序列的常见操作有哪些?
6. 如何判断一个元素是否在一个列表中?
7. 什么是列表，列表常见操作有哪些?
8. 什么是元组，元组和列表的异同是什么?
9. 什么是集合，集合常见的操作有哪些?
10. 列表生成式的基本格式是什么?

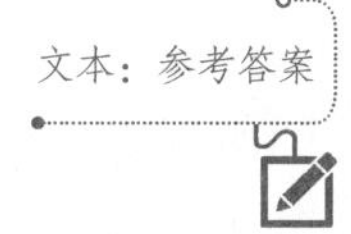

项目 5 文本数据处理

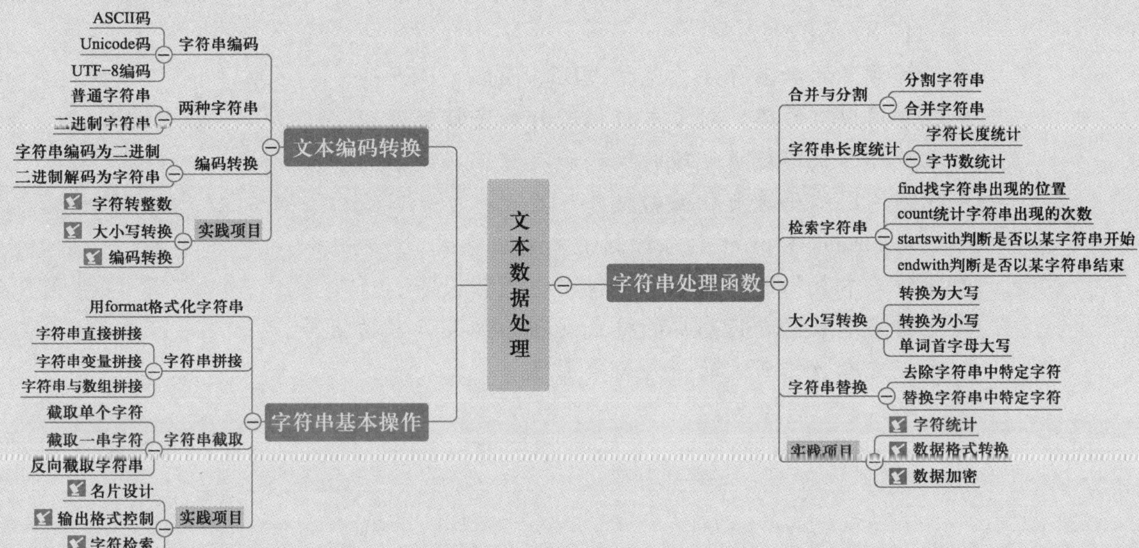

知识技能树

PPT：项目5
文本数据处理

文本数据指的就是一段段文字，如一段文章、一段信息等。在编程语言中将文本称为字符串，所以本项目中提到的字符串和文本是一个含义。在项目开发中的数据加密、数据传输、界面显示、交互操作、数据展示等方面都有字符串的影子，字符串是所有编程语言中涉及最多的内容之一。文本处理用得比较多的是文档处理、数据检索等方面。例如百度搜索，当输入搜索关键字后，搜索引擎就在海量文本数据中检索符合关键字的相关网站链接，再如文档处理中，人们经常用到的查找替换就是典型的文本处理。

本项目将通过大量的实践任务和知识讲解，帮助读者掌握Python编程中有关字符串处理的相关应用，包括编码转换、数据加密解密、文本查找替换、文本格式验证、文本排序等。

【学习目标】

- 了解计算机中的常见编码技术以及它们之间的关系，包括ASCII、Unicode、UTF-8、GB2312。
- 了解常见的加密算法，包括MD5、SHA、DES等。
- 能应用现有的库，对文本数据进行加密解密处理。
- 理解计算机中数据处理时编码和存储编码的不同。
- 能将不同编码进行相互转换。
- 能用format或print熟练控制文本数据格式。
- 能对文本数据进行截取、拼接、查找替换等。
- 能对文本数据进行基本的格式处理，如大小写转换等。
- 掌握文本数据压缩的一种简单原理。

任务 5-1 文本的编码转换

【任务要求】

【实践 5-1-1】字符转整数。编程序将字符“A”“@”“d”“7”转换为 ASCII 值（整数）并输出；将整数（ASCII 值）37、100、89、110 转换为字符并输出。

【实践 5-1-2】大小写转换。编程程序，从键盘输入一个字符串，将字符串中所有的小写字母转变成对应的大写字母并输出。

【实践 5-1-3】编码转换。定义一个变量名为 str1 的字符串，并赋值：“我爱你，伟大的中国!”，然后使用 encode 方法分别将其 GBK 编码和 UTF-8 编码转换为二进制数据，并输出原字符串和转换后的内容；再使用 decode 方法还原其 GBK 编码和 UTF-8 编码。

【实践 5-1-4】繁简转换。编程序将下面一段繁体文本（doc.txt）转为简体字形式，并试着理解文本含义。诗的内容如下。

子成人父，方解油鹽非易事。
女為人母，才知醬醋味千般。
幼年常感父身寬，雙肩可撼千重山。
而今轉瞬成人父，才知年少見識偏。
流光逝，步蹣跚，碎銀幾兩漢子難。
也曾心懷青雲誌，回首只盼老少安。

笔记

【相关知识】

5.1.1 字符串的编码

全世界有上百种语言，每种语言都有自己的字符集。计算机中只能存储二进制数据，如何存储、交换、表示各种语言的字符，就需要有一种特殊的编码将各国语言的字符转换为计算机可以处理的数据格式，于是就出现了 ASCII 码、Unicode 编码、GB2312 编码等处理字符数据的各种编码技术。

为了让计算机表示母语字符数据，各国发明了自己的字符编码。美国发明了 ASCII 编码来表示常见的 127 个英文字符，也就是大小写英文字母、数字和一些符号，它无法表示汉字；中国发明了 GB 系列编码，包括 GB2312、GBK、GB18030 等，可以表示几万个汉字；各国开发用于表示母语的编码还包括处理日文的 Shift_JIS 编码、处理韩文的 Euc-kr 编码等。各国有各国的标准，在多语言混合的文本中，就不可避免地出现编码冲突，这就是人们经常看到的“乱码”。

为了统一全世界的各种语言字符，Unicode 出现了。Unicode 也叫统一码、万国码、单一码，它的出现是为了解决传统字符编码方案的局限而产生的，Unicode 为每种语言中的每个字符设定了统一且唯一的二进制编码，以满足跨语言、跨平台进行文本转换、处理的要求。Unicode 标准最常用的是用两个字节表示一个字符（非常偏僻的字符需要 4 个字节）。现代操作系统和大多数编程语言都支持 Unicode。

UTF-8 统一了存储编码格式。Unicode 编码为全世界所有文字统一了编码，可以容纳全世界几十万不同的字符，但 Unicode 并未规定编码在计算机中的存储方式。Unicode 编码一般表示一个字符至少需要两个字节，如果用 Unicode 编码格式存储字符，对于只需要一个字节表示的字符（如英文字符）在存储时会造成空间浪费，于是就有人开发了 UTF 系列编码，用于解决存储问题。目前最常用的 UTF 编码分为 3 种，分别是 UTF-8、UTF-16 和 UTF-32。UTF-16、UTF-32 分别用 2 字节和 4 字节来表示一个字符，而 UTF-8 则根据字符需要采用 1~6 个字节存储编码，常用的英文字母被编码成 1 个字节，汉字通常为 3 个字节，只有很生僻的字符才会被编码成 4~6 个字节。这样就有效兼容了不同的字符，同时又能节省存储空间。所以，目前广泛使用的存储编码格式是 UTF-8（注意，它是 Unicode 编码的一种存储形式）。表 5-1 显示了字符“A”和汉字“中”在不同编码中的存储内容。

表 5-1 编 码 表

字　符	ASCII	Unicode	UTF-8
A	01000001	00000000 01000001	01000001
中	x	01001110 00101101	11100100 10111000 10101101

从表 5-1 中发现，ASCII 编码实际上可以被看成是 UTF-8 编码的一部分，大量只支持 ASCII 编码的历史遗留软件可以在 UTF-8 编码下继续工作。

清楚了 ASCII、Unicode 和 UTF-8 的关系，可以用图 5-1 中的关系来说明计算机系统通用的字符编码工作方式。

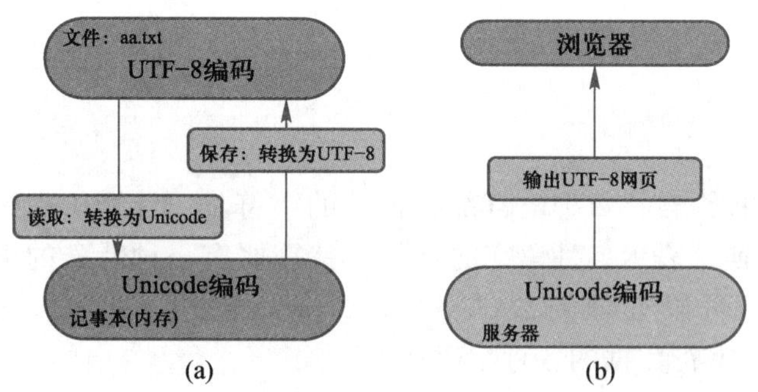

图 5-1 计算机系统通用的字符编码工作方式图

计算机程序在内存中处理数据时，字符的编码采用 Unicode 编码。在计算机内存中统一使用 Unicode 编码，当需要保存到硬盘或者需要传输时就转换为 UTF-8 编码。例如（见图 5-1（a））用记事本编辑时，从文件读取的 UTF-8 字符被转换为 Unicode 字符到内存中，编辑完成后保存时再将 Unicode 转换为 UTF-8 保存到文件；再如，浏览网页时，服务器会将动态生成的 Unicode 内容转换为 UTF-8 再传输到浏览器，如图 5-1（b）

所示)。很多网页的源码上会有类似<meta charset="UTF-8" />的信息，表示该网页用的是 UTF-8 编码。

Python3. x 中，默认采用 UTF-8 编码，采用这种编码可以有效解决了中文乱码的问题。例如：

```
>>> print('我爱 Python！')
我爱 Python!
```

【实例 5-1-1】将数字转为 ASCII 码。获取 ASCII 码的二进制数值，并通过 chr 函数将单个数字转为 ASCII 码字符。

```
en_str = 'a'
en_ascii = ord(en_str)                #显示 ASCII 编码
print(en_ascii, type(en_ascii))
print(chr(97))                        #ASCII 编码转换为字符
```

执行后，输出结果显示如下。

```
97 <class 'int'>
a
```

5.1.2　字符串类型

在 Python 中，有两种常用的字符串类型，分别为 str 和 byte。这两种类型的字符串不能拼接在一起使用。其中，str 表示 Unicode 字符，一个字符对应若干个字节（1~6 个字节），如果在网络上传输或者保存到磁盘上时，就需要把 str 转换为以字节为单位的字节类型，即 byte 类型。通常情况下，Python 对 byte 类型的数据用带 b 前缀的单引号或双引号表示。例如：

```
x = b'ABC'
```

要区分'ABC'和 b'ABC'，前者是 str，后者虽然内容显示和前者一样，但 byte 的每个字符都只占用一个字节。

在操作字符串时，经常会遇到 str 和 byte 的互相转换。为了避免乱码问题，应当始终坚持使用 UTF-8 编码对 str 和 byte 进行转换。str 通过 encode( )方法可以将字符串编码为指定的 byte 类型；反过来，如果从网络或磁盘上读取了字节流，那么读到的数据就是 byte 类型，把 byte 类型变为 str 类型用 decode( )方法进行解码。

5.1.3　使用 encode( )将字符编码为二进制

str 的 encode( )方法用于将 str 类型转换为二进制数据（即 byte 类型），这个过程也称为“编码”。encode( )方法的语法格式如下。

```
str. encode( [ encoding = " utf-8" ] [ , errors = " strict" ] )
```

该方法各个参数的含义见表5-2。

表5-2 encode()参数表

参　数	含　义
str	表示要进行转换的字符串
encoding = "UTF-8"	① 指定进行编码时采用的编码，该选项默认采用UTF-8编码。例如，如果想使用简体中文，可以设置为GB2312。 ② 当方法中只使用这一个参数时，可以省略前边的“encoding=”，直接写编码格式，如str. encode("UTF-8")
errors = "strict"	① 指定错误处理方式，其可选择值可以有如下几种。 • strict：遇到非法字符就抛出异常。 • ignore：忽略非法字符。 • replace：用“?”替换非法字符。 • xmlcharrefreplace：使用xml的字符引用。 ② 该参数的默认值为strict

【注意】

使用encode()方法对原字符串进行编码，它返回编码后的byte字符串，不会修改原字符串。

【实例5-1-2】编码转换应用。定义一个变量为gushi，内容为“我自横刀向天笑”，使用encode()方法将其用UTF-8、GBK两种编码方式转换成二进制数据，并输出原字符串和两种转换后的内容。代码如下。

源代码

```
######################## s5. 1. py ###########################
gushi='我自横刀向天笑'          #这里默认是UTF-8编码
byte1=gushi. encode('GBK')     #将GBK编码转换为二进制数据,不处理异常
byte2=gushi. encode()          #将UTF-8编码转换为二进制数据,不处理异常
print('原字符串:',gushi)
print('由GBK转换后:',byte1)
print('由UTF-8转换后:',byte2)
```

执行上述代码，显示结果如下。

```
原字符串:我自横刀向天笑
由GBK转换后: b'\xce\xd2\xd7\xd4\xba\xe1\xb5\xb6\xcf\xf2\xcc\xec\xd0\xa6'
由UTF-8转换后:
b'\xe6\x88\x91\xe8\x87\xaa\xe6\xa8\xaa\xe5\x88\x80\xe5\x90\x91\xe5\xa4\xa9
\xe7\xac\x91'
```

5.1.4 使用decode()将二进制串解码为字符串

所谓的二进制串，就是以某种编码的字节串形式（即每个字符表示为1~6个不等

的字节数据）表示的字符串。和 encode( )相反，decode( ) 方法用于将 byte 类型的二进制数据转换为 str 类型，这个过程也称为“解码”。decode( )方法的语法格式如下。

```
bytes. decode( [ encoding = " utf-8" ] [ ,errors = " strict" ] )
```

该方法各个参数的含义见表 5-3。

表 5-3 decode( )参数表

参 数	含 义
bytes	表示要进行转换的二进制数据。
encoding = " UTF-8"	① 指定解码时采用的字符编码，默认采用 UTF-8 格式。 ② 当方法中只使用这一个参数时，可以省略“encoding =”，直接写编码方式即可。 ③ 对 byte 类型数据解码，要选择和当初编码时一样的编码格式，否则解码结果是错误的
errors = " strict"	① 指定错误处理方式，其可选择值可以有如下几种。 • strict：遇到非法字符就抛出异常。 • ignore：忽略非法字符。 • replace：用“?”替换非法字符。 • xmlcharrefreplace：使用 xml 的字符引用。 ② 该参数的默认值为 strict

【实例 5-1-3】解码应用。将实例 5-1-2 中利用 encode( )方法编码后的结果用 decode解码转换，程序代码如下。

```
######################## s5. 2. py ###########################
gushi = '我自横刀向天笑'
byte1 = gushi. encode( 'GBK' )
str1 = byte1. decode( 'GBK' )
byte2 = gushi. encode( )
str2 = byte2. decode( )
print( str1)
print( str2)
```

运行结果如下。

```
我自横刀向天笑
我自横刀向天笑
```

这里在使用 decode( )进行转换时需要注意，如果编码时采用的不是默认的 UTF-8 编码，则解码时要选择和编码时一样的格式，否则会抛出异常。如实例 5-1-3 中 encode('GBK')，decode( )括号中也必须是 GBK 编码，即 decode('GBK')，否则将会报错，错误提示如下。

```
str1 = byte1. decode( )
UnicodeDecodeError: 'utf-8' codec can't decode byte 0xce in position 0: invalid contin-
uation bytePython 中的字符串索引
```

【实践指导】

微课 5-1
字符转整数

【实践 5-1-1 指导】

本实践主要熟悉字符与 ASCII 数值之间的转换，ord( ) 函数可实现字符转换为 ASCII 数值；chr( ) 函数可输入一个整数【0,255】返回其对应的 ASCII 符号。因为要实现 4 个字符的转换，程序采用了 while 循环和输入提示语句，设置可连续输入 4 次才结束。具体程序代码见电子资源。

源代码

【实践 5-1-2 指导】

本实践利用相同字母大、小写间 ASCII 码数值差值为 32 的规律来编写算法代码。首先将字母转换为 ASCII 码整数值，再进行数值换算，最后转为字符即可。具体程序代码如下。

源代码

```
######################## s5_1. 2. py ###########################
str1 =input('输入一个字符串:')
str2 = ''
for x in str1:
    if 'a' <= x <= 'z':
        y = ord(x)
        y -= 32
        x = chr(y)
    str2 += x
print(str2)
```

【实践 5-1-3 指导】

本实践是熟悉字符串的两个编码函数 encode( )将 GBK 编码或 UTF-8 编码转换为二进制数据，或者使用 decode( ) 函数将二进制数转换为 GBK 编码或 UTF-8 编码。程序代码如下。

源代码

```
######################## t5_1. 3. py ###########################
str1 = "我爱你,中国"
str1_GBK=str1. encode('GBK')
str1_UTF=str1. encode()
print(str1_GBK)
print(str1_UTF)
GBK_str1=str1_GBK. decode('GBK')
UTF_str1=str1_UTF. decode()
print(GBK_str1)
print(UTF_str1)
```

执行后，结果应显示如下。

```
b'\xce\xd2\xb0\xae\xc4\xe3\xa3\xac\xd6\xd0\xb9\xfa'
b'\xe6\x88\x91\xe7\x88\xb1\xe4\xbd\xa0\xef\xbc\x8c\xe4\xb8\xad\xe5\x9b\xbd'
我爱你,中国
我爱你,中国
```

【实践 5-1-4 指导】

微课 5-2
汉字繁简转换

本实践是对文字进行繁简的转化，这也是在日常工作中会碰到的一些问题。如果能通过自己所编的程序来解决，大家一定会特别有成就感。具体步骤如下。

① 首先导入繁转简的库 zhconv，具体操作如图 5-2～图 5-4 所示。选择“File”→“Other Settings”→“Setting for New Projects”命令，然后左侧选择“Project interpret”选项，单击右侧的“+”按钮，在搜索框中输入 zhconv，在列表中选中该文件，单击下方的“Install Package”按钮。

笔 记

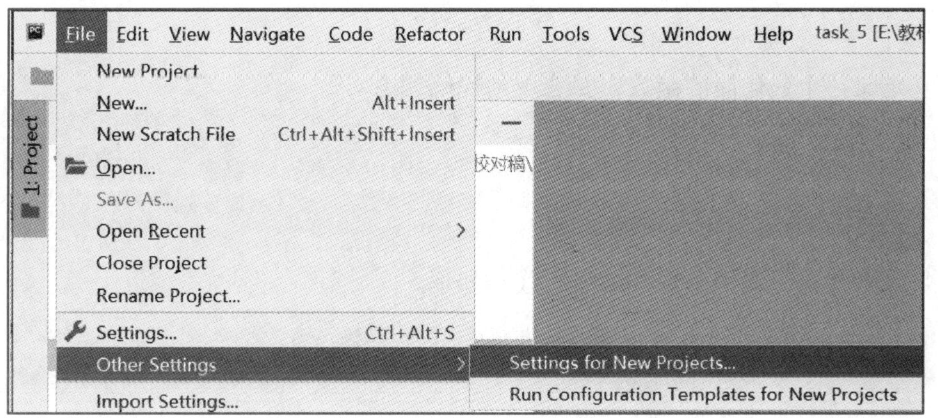

图 5-2　打开新库命令

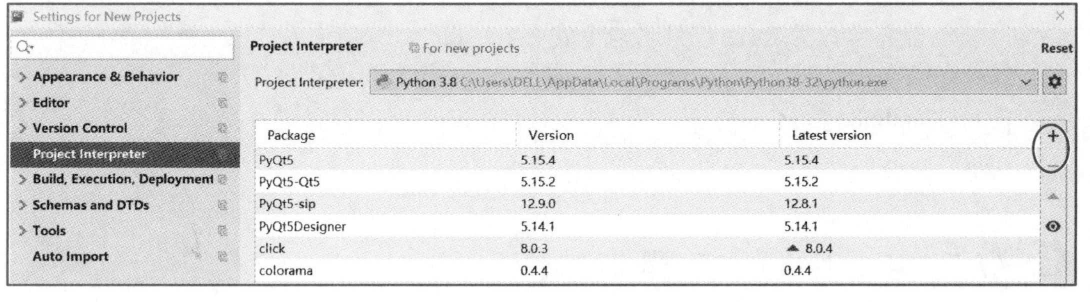

图 5-3　搜索添加新库名

② 使用 import 导入库，代码如下。

```
import zhconv
```

笔 记

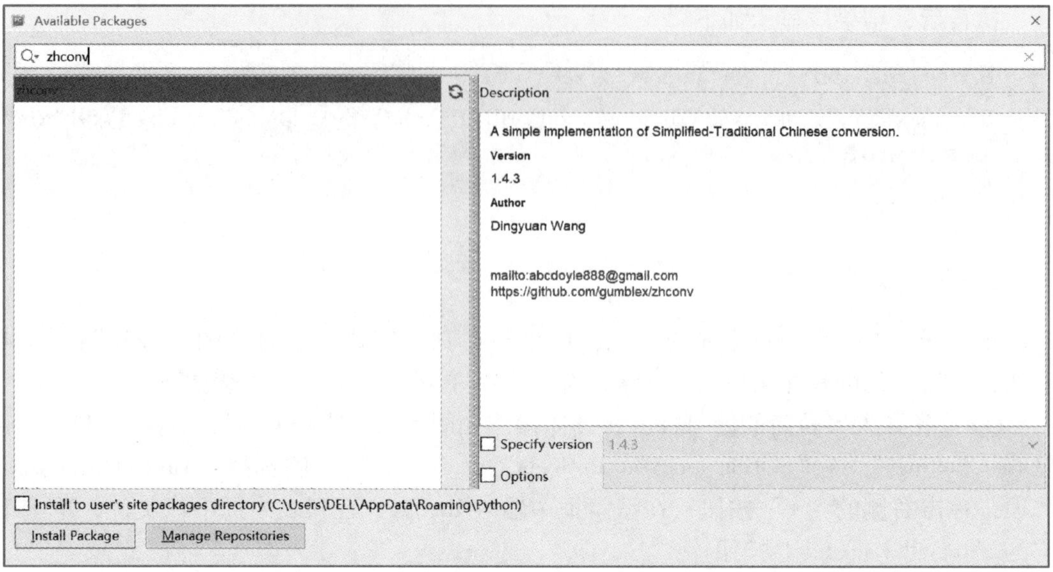

图 5-4 安装库

③ 定义一个繁化简的函数，安装规则代码如下。

```
def convert(text):
    rule="zh-hans"
    return zhconv.convert(text,rule)
```

④ 输入代码，调用函数并输出，代码如下。

```
traditional_sentence = '子成人父,方解油鹽非易事。\
      女為人母,才知醬醋味千般。\
      幼年常感父身寬,雙肩可撼千重山。\
      而今轉瞬成人父,才知年少見識偏。\
      流光逝,步蹣跚,碎銀幾兩漢子難。\
      也曾心懷青雲誌,回首只盼老少安'
simplified_sentence = convert(traditional_sentence)
print(simplified_sentence)
```

任务 5-2 字符串的基本操作

【任务要求】

【实践 5-2-1】 名片设计。制作一个自我介绍的名片程序，等待用户输入姓名、年龄、爱好，就可进行任意实现。例如，大家好，我叫×××，我今年×××岁了，很高兴认识大家，我喜欢×××，希望能与大家一起分享（请至少写出两种不同的输出格式）。

【实践 5-2-2】格式控制。根据下列要求，对著名的唐诗《望庐山瀑布》进行如下处理。

① 定义字符串列表 poems，内容为['日照香炉生紫烟','遥看瀑布挂前川','飞流直下三千尺','疑是银河落九天']，按如下格式输出。

望庐山瀑布，日照香炉生紫烟，遥看瀑布挂前川，飞流直下三千尺，疑是银河落九天

② 将 poems 按如下格式输出。

望庐山瀑布
日照香炉生紫烟
遥看瀑布挂前川
飞流直下三千尺
疑是银河落九天

③ 将 poems 按如下格式输出。

布瀑山庐望
烟紫生炉香照日
川前挂布看瀑遥
尺千三下直流飞
天九落河银是疑

【实践 5-2-3】输入验证。循环提示用户输入用户名、密码、邮箱。

笔记

要求：

① 用户输入每条信息不超过 20 个字符，如果超过则只取前 20 个字符有效。

② 如果用户输入 q 或者 Q，表示不再输入，系统退出并将用户输入的内容以表格形式展示出来。

【相关知识】

5.2.1　用 format 格式化字符串

使用%操作符对各种类型的数据进行格式化输出是早期 Python 提供的方法。自 Python2.6版本开始，字符串类型（str）提供了 format( ) 方法对字符串进行格式化，它会用传入的参数依次替换字符串中的占位符{0}、{1}……，不过这种方式写起来比%麻烦，本节将学习此方法。

format( )方法的语法格式如下。

```
str.format(args)
```

上面的语法中，str 用于指定字符串的显示样式；args 用于指定要进行格式转换的项，多项之间有逗号进行分割。在创建显示样式模板时需要使用“{}”和“:”来指定占位符，其完整的语法格式如下。

```
{[index][:[[fill]align][sign][#][width][.precision][type]]}
```

格式中用[ ]括起来的参数都是可选参数。各个参数的含义如下。

- index：指定后边设置的格式要作用到 args 中第几个数据，数据的索引值从 0 开始。如果省略此选项，则会根据 args 中数据的先后顺序自动分配。
- fill：指定空白处填充的字符。当填充字符为逗号（,）且作用于整数或浮点数时，该整数（或浮点数）会以逗号分隔的形式输出，如 1000000 会输出 1,000,000。
- align：指定数据的对齐方式，见表 5-4。

表 5-4　align 参数及含义

align	含　义
<	数据左对齐
>	数据右对齐
=	数据右对齐，同时将符号放置在填充内容的最左侧，该选项只对数字类型有效
^	数据居中，此选项需和 width 参数一起使用

- sign：指定有无符号数，若参数为“+”，含义是正数前加正号，负数前加负号；若参数为“-”，含义是正数前不加，负数前加负号；若参数为空格，则正数前加空格，负数前加负号；若参数为“#”，含义是对于二进制、八进制和十六进制数，使用此参数，进制前会显示 0b、0o、0x 前缀；反之则不显示。
- width：指定输出数据时所占的宽度。
- .precision：指定保留的小数位数。
- type：指定输出数据的具体类型。

【实例 5-2-1】使用 format()输出网站名称和网址。具体程序代码如下。

```
str="网站名称:{:>9s}\t网址:{:s}"
print(str.format("Python 语言中文网","python.biancheng.net"))
```

执行完程序后显示如下。

```
网站名称:Python 语言中文网　网址:python.biancheng.net
```

在实际开发中，数值类型有多种显示需求，如货币形式、百分比形式等，使用 format()方法可以将数值格式化为不同的形式。

源代码

```
######################## s5.3.py ############################
print("货币形式:{:,d}".format(5000000))             #以货币形式显示
print("科学计数法:{:E}".format(2200.12))            #科学计数法表示
print("400 的十六进制:{:#x}".format(400))           #以十六进制表示
print("0.05 的百分比表示:{:.0%}".format(0.05)) #输出百分比形式
```

运行结果如下。

```
货币形式:5,000,000
科学计数法:2.200120E+03
400 的十六进制:0x190
0.02 的百分比表示:5%
```

从前面的编程实例中，可以看出使用 format( ) 方法时，每个替换字段都用花括号括起，其中可能包含名称，也可能包含有关如何对相应的值进行转换和格式设置的信息。

5.2.2　字符串拼接

1. 字符串拼接

字符串拼接的方法有很多，除了可以使用函数合并的方法拼接，还有其他的方法。

① 直接将两个字符串紧挨着写在一起，具体格式如下。

```
strname = "str1" "str2"
```

strname 表示拼接以后的字符串变量名，str1 和 str2 是要拼接的字符串内容。例如：

```
        ######################## s5.4.py ###########################
str1 = "百度网址:" "https://www.baidu.com/"
print(str1)
str2 = "We" " are" " friends" "!"
print(str2)
```

源代码

运行结果如下。

```
百度网址:https://www.baidu.com/
We are friends!
```

【注意】

这种写法只能拼接字符串常量。

② 如果需要使用变量，就得借助“+”运算符来拼接，具体格式如下。

```
Strname=str1+str2
```

当然，这种方法也能拼接字符串常量，例如：

```
        ######################## s5.5.py ###########################
name='百度'
url= "https://www.baidu.com/"
info=name+'的网址:'+url
print(info)
```

源代码

运行结果如下。

```
百度的网址:https://www.baidu.com/
```

2. 数字与字符串的拼接

在很多场景中，需要将数字与字符串拼接在一起，Python中不允许直接拼接数字和字符串，必须先将数字转换为字符串，可借助str()和repr()函数将数字转换为字符串。具体代码如下。

源代码

```
######################## s5.6.py ###########################
name = "小明"
age = 10
language = 5
info = name + "已经" + str(age) + "岁了,可以用" + repr(language) + "种语言进行交流。"
print(info)
```

执行后，显示结果如下。

```
小明已经10岁了,可以用5种语言进行交流。
```

- str()用于将数据转换成适合人们阅读的字符串形式。
- repr()用于将数据转换成适合解释器阅读的字符串形式（Python表达式的形式），适合在开发和调试阶段使用；如果没有等价的语法，则会发生SyntaxError异常。

【实例5-2-2】str与repr的区别。

源代码

```
######################## s5.7.py ###########################
s = "http://www.baidu.com"
s_str = str(s)
s_repr = repr(s)
print(type(s_str))
print (s_str)
print(type(s_repr))
print (s_repr)
```

执行后，显示结果如下。

```
<class 'str'>
http://www.baidu.com
<class 'str'>
'http://www.baidu.com'
```

从运行结果可以看出，str()保留了字符串最原始的样子，而repr()使用引号将字符串包围起来，这就是Python字符串的表达式形式。另外，在Python交互式编程环境中输入一个表达式（变量、加减乘除、逻辑运算等）时，Python 会自动使用 repr( ) 函数处理该表达式。

5.2.3　字符串截取

字符串是由多个字符构成的，字符之间是有顺序的，这个顺序号就称为索引（index）。Python 允许通过索引来获取字符串中的单个或者多个字符。

1. 截取单个字符

知道字符串的名字以后，在方括号[ ]中使用索引即可访问对应的字符，具体格式如下。

```
strname[index]
```

- strname：表示字符串的名字。
- index：表示索引值。Python 允许从字符串的两端使用索引。

（a）当以字符串的左端为起点时，索引从 0 开始计数，字符串第 1 个字符的索引为 0，第 2 个字符的索引为 1，第 3 个字符串的索引为 2 ……

（b）当以字符串的右端（字符串的末尾）为起点时，索引从-1 开始计数，字符串的倒数第 1 个字符的索引为-1，倒数第 2 个字符的索引为 -2，倒数第 3 个字符的索引为 -3……

【实例 5-2-3】字符串索引的用法。

```
url = 'Good morning! '
print(url[6])
print(url[-6])
```

运行后，结果显示为：o 和 r，如图 5-5 所示。

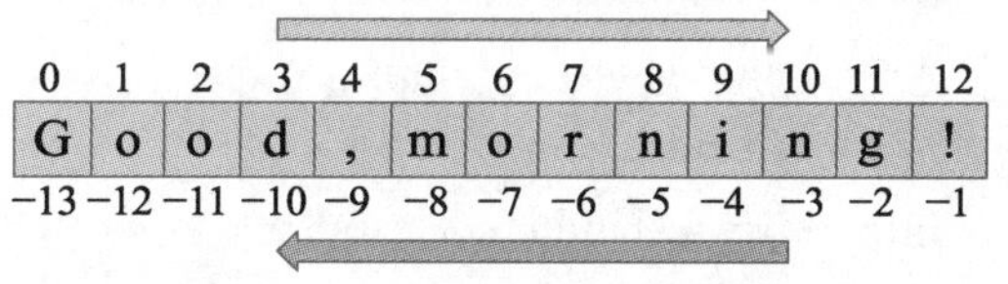

图 5-5　字符串索引图

2. 获取多个字符

除了使用 [ ] 可以获取单个字符外，还可以指定一个范围来获取多个字符，具体格式如下。

```
strname[start : end : step]
```

- strname：要截取的字符串名。
- start：要截取的第一个字符所在的索引。不指定，默认为 0，即从字符串的开头截取。
- end：表示要截取的最后一个字符所在的索引。不指定，默认为字符串的长度。
- step：是指从 start 索引处的字符开始，每间隔 step 个距离获取一个字符，直至 end 索引处的字符。当省略该值时，step 默认值为 1，最后一个冒号也可以省略。
- 冒号（:）是切片运算符，遵循左闭右开原则。

笔 记

【实例 5-2-4】字符串切片基本用法，程序代码如下。

```
######################## s5. 8. py ###########################
url = 'http://www. baidu. com'
print(url[8: 12])
print(url[9: -6])
print(url[-10: -6])
print(url[3: 12: 2])
```

运行后，输出结果如下。

```
ww. b
w. bai
. bai
p/wwb
```

【实例 5-2-5】字符串切片高级用法，程序代码如下。

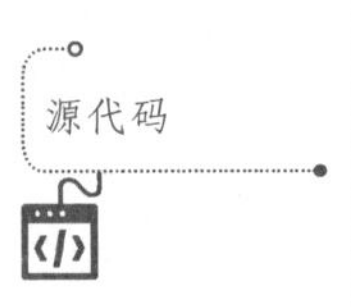


```
######################## s5. 9. py ###########################
url = 'http://www. baidu. com'
print(url[7: ])        #按照从左向右的顺序,从下标为 7 字符开始截取到最后一位
print(url[-15: ])  #按照从右向左的标号顺序截取至最后一位
print(url[0:-1])   #输出第一个至倒数第二个
print(url[:: 3])   #输出从第一个开始步长为 3 的所有字符
print(url[:: -1])  #创造一个与原字符串顺序相反的字符串
```

执行后，输出结果如下。

```
www. baidu. com
//www. baidu. com
http://www. baidu. co
hp/wauo
moc. udiab. www//:ptth
```

【实践指导】

【实践 5-2-1 指导】

本实践主要是熟悉字符串的输入输出格式。具体代码如下。

```
######################## t5_2. 1. py #####################
name = input("姓名:")
age = input("年龄:")
like = input("爱好:")
print("大家好,我叫"+name+",我今年"+age+"岁了,很高兴认识大家。\
```

```
我喜欢"+like+",希望能与大家一起分享。")
print('大家好,我叫%s,我今年%s 岁了,很高兴认识大家。我喜欢%s,\
希望能与大家一起分享。'%(name,age,like))
```

执行后，输出结果如下。

```
姓名:小明
年龄:15
爱好:唱歌
大家好,我叫小明,我今年 15 岁了,很高兴认识大家。我喜欢唱歌,希望能与大家
一起分享。
大家好,我叫小明,我今年 15 岁了,很高兴认识大家。我喜欢唱歌,希望能与大家
一起分享。
```

微课 5-3
输出格式控制

【实践 5-2-2 指导】

源代码

本实践的代码实现见电子资源。

【实践 5-2-3 指导】

源代码

本实践主要练习字符串的读取和位数的判断，以及如何将字符串以表格的形式输出。另外还有如何根据提示输入的信息进行添加。这些功能在处理常用程序中会经常遇到，因此要求能够灵活掌握并运用。具体实现见电子资源。

任务 5-3　字符串处理函数

【任务要求】

【实践 5-3-1】字符统计。在写文章时，经常要对文字进行统计，根据下列要求对文件 ta5-1. txt 中的字符串进行如下处理。

① 统计 ta5-1. txt 字符串中介词 and 出现的次数。

② 统计 ta5-1. txt 中分别统计出其中英文字母、空格的个数。

③ 将 ta5-1. txt 中所有单词转换为首字母大写的形式。

④ 将 ta5-1. txt 中所有 them 更换为 it。

⑤ 如果文本中包含汉字，请增加汉字统计功能。

【实践 5-3-2】数据格式转换。请将键盘输入的一个货币金额数字（可以含两位小数点后数字），转换为人民币大写的字符串格式。例如，键盘输入的是 456. 67，则转换的结果为“人民币大写：肆佰伍拾陆元陆角柒分”，如输入的是 345，则输出的是“人民币大写：叁佰肆拾伍元整”。具体要求如下。

① 只能用大写汉字表示 0～9 的数字，即 0～9 分别是零、壹、贰、叁、肆、伍、

笔记

陆、柒、捌、玖。

② 其他数字包括拾、佰、仟、万、亿、元、角、分、零、整（正）等。

③ 如果数字没有小数部分，则元的后面必须添加“整”，如叁拾肆元整。

【实践 5-3-3】 数据加密。网络通信中，对传输的重要数据都需要加密。请对下面一句话“This is python.”进行加密并输出。

① 用 MD5 摘要算法加密密码。这是网络登录密码加密常见的算法，即将用户密码用 MD5 算法进行加密。

② 用 SHA 摘要算法生成摘要。用 SHA 算法对给定的一串文本，生成摘要。

③ 用 DES 加密解密数据。用 DES 对“This is python.”这句话的数据加密，然后再对加密后的结果进行解密，验证解密结果是否和原文一样。

【相关知识】

5.3.1 合并和分割字符串

本任务使用字符串方法来完成字符串的分割和合并。

1. 分割字符串

分割字符串是将一个字符串按照指定的分隔符切分为多个子串，使用 split( )方法。该方法的基本语法格式如下。

```
str.split(sep,maxsplit)
```

参数说明如下。

- str：表示要进行分割的字符串。
- sep：用于指定分隔符，可以包含多个字符。此参数默认为 None，表示所有空字符（包括空格、换行符“\n”、制表符“\t”等）。
- maxsplit：可选参数，用于指定分隔的次数，最后列表中子串的个数最多为 maxsplit+1。如果不指定或者指定为 -1，则表示分隔次数没有限制。

【注意】

在 split 方法中，如果不指定 sep 参数，那么也不能指定 maxsplit 参数。在未指定 sep 参数时，split( )方法默认采用空字符进行分割，但当字符串中有连续的空格或其他空字符时，都会被视为一个分隔符对字符串进行分割。

示例程序代码如下。

源代码

```
######################## s5.10.py ###########################
s='www.edu.com.cn'
print (s.split())                 #使用默认分隔符
print(s.split('.'))               #以"."为分隔符
print(s.split('.',1))             #分割 1 次
print(s.split('.',2))             #分割 2 次
print(s.split('.',2)[1])          #分割两次,并取序列为 1 的项
print(s.split('.',-1))            #分割最多次(与不加 num 参数相同)
```

执行后，输出结果如下。

```
['www. edu. com. cn']
['www', 'edu', 'com', 'cn']
['www', 'edu. com. cn']
['www', 'edu', 'com. cn']
edu
['www', 'edu', 'com', 'cn']
```

2. 合并字符串

合并字符串是分割字符串的逆方法，它是将列表（或元组）中多个字符串采用固定的分隔符连接在一起。例如，字符串“baidu. com”就可以看成是通过分隔符“.”将['baidu', com]列表合并为一个字符串的结果。合并字符串使用 join()方法，具体语法格式如下。

```
newstr = str. join(iterable)
```

各参数的含义如下。

- newstr：表示合并后生成的新字符串。
- str：用于指定合并时的分隔符。
- iterable：做合并操作的源字符串数据，允许以列表、元组等形式提供。

例如，合并字符程序如下。

```
s1=['1','2','5','7']          #加引号为字符型,否则为整数型,不能合并
s2='+'
print(s2. join(s1))           #用+号进行字符合并
```

执行后，输出结果显示如下。

```
1+2+5+7
```

5.3.2 获取字符串的长度或字节数

Python 中想要知道一个字符串有多少个字符，或者一个字符串占用多少个字节，可以使用 len 函数。len 函数的基本语法格式如下。

```
len(string)
```

其中，string 用于指定要进行长度统计的字符串。

例如，定义一个字符串，内容为“人生苦短，只争朝夕！”，应用 len()函数计算该字符串的长度。具体代码如下。

```
str="人生苦短,我用 Python!"
length=len(str)
print(length)
```

执行后，结果显示为：14。

从上面的程序中，可以知道，在默认情况下，通过 len()函数计算字符串的长度

笔 记

时，不区分英文、中文，所有字符都认为是一个。

在实际开发中，有时需要获取字符串实际的字节数，如果采用UTF-8编码，则汉字占用3个字节；如果采用GBK或者GB2312，则汉字占用2个字节。可通过使用encode()方法编码后再获取。例如，如想获取采用UTF-8编码的字符串长度，具体代码如下。

```
str="人生苦短,我用Python!"
length=len(str.encode())
print(length)
```

执行后，输出结果为：30。

原因是汉字和中文标点符号共8个，占24个字节，而英文字母和英文符号共6个，占6个字节，因此，这里共30个字节。

5.3.3 检索字符串

1. find()方法

检索字符串中是否包含目标字符串是使用find()方法。find()方法返回首次查找到字符串的索引，如果没有找到，就返回-1。find()方法的语法格式如下。

```
str.find(sub[,start[,end]])
```

各参数的含义如下。

- str：表示原字符串。
- sub：表示要检索的目标字符串。
- start：表示开始检索的起始位置。如果不指定，则默认从头开始检索。
- end：表示结束检索的结束位置。如果不指定，则默认一直检索到结尾。

例如，程序代码如下。

源代码

```
######################## s5.13.py ###########################
str = "baidu.com"
print(str.find('.'))            #检索首次出现"."的位置索引
print(str.find('.',3))          #手动指定起始索引的位置
print(str.find('.',2,-5))       #手动指定起始索引和结束索引的位置
```

执行后，显示结果如下。

```
5
5
-1
```

2. count()方法

检索指定字符串在另一字符串中出现的次数可用count()方法，如果检索的字符串不存在，则返回0，否则返回出现的次数。具体语法格式如下。

```
str.count(sub[,start[,end]])
```

各参数的含义如下。

- str：表示原字符串。
- sub：表示要检索的字符串。
- start：指定检索的起始位置。如果不指定，默认从头开始检索。
- end：指定检索的终止位置，如果不指定，则表示一直检索到结尾。

例如，程序代码如下。

```
######################## s5.14.py ##########################
str = "edu.com.cn"
print(str.count('.'))          #检索字符串出现'.'的次数
print(str.count('.',1))        #指定检索值从第 2 个字符开始
print(str.count('.',2,-3))     #指定检索范围
```

源代码

运行后，结果显示为：2，2，1。

3. index()方法

index()方法同 find()方法类似，也可以用于检索是否包含指定的字符串，不同之处在于，当指定的字符串不存在时，index()方法会抛出异常。具体语法格式如下。

```
str.index(sub[,start[,end]])
```

笔 记

各参数的含义如下。

- str：表示原字符串。
- sub：表示要检索的子字符串。
- start：表示检索开始的起始位置，如果不指定，默认从头开始检索。
- end：表示检索的结束位置，如果不指定，默认一直检索到结尾。

例如，程序代码如下。

```
#使用 index()
str = "baidu.com"
print(str.index('.'))          #检索首次出现“.”的位置索引
print(str.index('.',3))        #手动指定起始索引的位置
```

执行后，显示结果为：5，5。

当程序修改如下。

```
str = "baidu.com"
print(str.index('.',2,-5))          #手动指定起始索引和结束索引的位置
```

因为检索失败，就会抛出异常，代码如下。

```
print(str.index('.',2,-5))     #手动指定起始索引和结束索引的位置
ValueError: substring not found
```

4. startswith()方法

startswith()方法主要用于检查字符串是否是以指定子字符串开头，如果是则返回 True，否则返回 False。具体语法格式如下。

笔记

```
str.startswith(str, beg=0,end=len(string))
```

各参数的含义如下。

- str：检测的字符串。
- strbeg：可选参数用于设置字符串检测的起始位置。
- strend：可选参数用于设置字符串检测的结束位置。

例如，程序代码如下。

```
str = "baidu.com.cn"
print (str.startswith('baidu' ))
print (str.startswith('com', 6, 10))
print (str.startswith('com', 2, 4 ))
```

执行后，显示结果如下。

```
True
True
False
```

5. endswith()方法

endswith()方法用于判断字符串是否以指定后缀结尾，如果以指定后缀结尾返回True，否则返回False。具体语法格式如下。

```
str.endswith(suffix[, start[, end]])
```

可选参数start与end为检索字符串的开始与结束位置。

例如，程序代码如下。

源代码

```
######################## s5.15.py ###########################
str = "this is python string ....wow!!!"
suffix = "wow!!!"
print(str.endswith(suffix))
print(str.endswith(suffix, 20))
suffix = "is"
print(str.endswith(suffix, 1, 4))
print(str.endswith(suffix, 2, 6))
```

执行后，输出结果如下。

```
True
True
True
False
```

5.3.4 字符串大小写转换

为了方便对字符串中的字母进行大小写转换，字符串变量提供了3种方法，分别是 title( )、lower( )和 upper( )。

1. title( )方法

Titile( )方法是所有单词都是以大写开始，其余字母均为小写。语法格式如下。

```
str. title( )
```

其中，str 表示要进行转换的字符串。例如，程序代码如下。

```
str = "this is python string .... wow!!!"
print(str. title( ))
```

执行后，显示结果如下。

```
This Is Python String .... Wow!!!
```

2. lower( )方法

lower( )方法是将字符串中的所有大写字母转换为小写字母，转换完成后，该方法会返回新得到的字符串。如果字符串中原本都是小写字母，则该方法会返回原字符串。其语法格式如下。

```
str. lower( )
```

其中，str 表示要进行转换的字符串。例如，程序代码如下。

```
str="GOOD,MORNING!"
print(str. lower( ))
```

执行后，输出结果显示如下。

```
good,morning!
```

3. upper( )方法

upper( )的功能和 lower( )方法恰好相反，它是将字符串中的所有小写字母转换为大写字母，和 lower( )方法的返回方式相同，即如果转换成功，则返回新字符串，反之则返回原字符串。语法格式也相似，具体如下。

```
str. upper( )
```

其中，str 表示要进行转换的字符串。例如，程序代码如下。

```
str1='baidu. com. cn'
print(str1. upper( ))
```

执行后，结果显示如下。

```
BAIDU. COM. CN
```

在某个网站或者 App 中进行注册时，如果账号已经有人注册，则将会提示该账号已经存在，否则提示可以注册。具体程序代码如下。

```
    ######################## s5. 16. py ############################
username1='@ liming@ xiaomin@ zhangfeng'
```

笔 记

源代码

```
username2=username1.upper()
regname1=input('输入要注册的账号名称(只能由字母组成):')
regname2='@'+regname1.upper()
if regname2 in username2:
    print('账号名称:',regname2,'已经存在!')
else:
    print('账号名称:',regname2,'可以注册!')
```

执行后，输出结果如下。

```
输入要注册的账号名称(只能由字母组成):liming
账号名称：@liming 已经存在!
```

或者为：

```
输入要注册的账号名称(只能由字母组成):zhangfei
账号名称：@zhangfei 可以注册!
```

5.3.5 去除字符串中的空格和特殊字符

用户输入数据时，可能无意中会输入多余的空格和字符，或者在一些场景中，要求字符串前后不允许出现空格和特殊字符，此时就需要去除字符串中的空格和特殊字符。这里的特殊字符，指的是制表符（\t）、回车符（\r）、换行符（\n）等。

要解决以上问题通常有以下方法。

① 使用str内置方法。Python中提供的strip()函数去除字符串左、右两侧的空格和特殊字符，lstrip()函数去除字符串左边的空格和特殊字符，rstrip()函数去除字符串右边的空格和特殊字符。

② 使用切片+拼接的方法来删除单个或连续的字符。

③ 使用字符串的replace()方法或者正则表达式re.sub()来删除任意位置的字符。

④ 使用字符串translate()方法，同时删除多种不同字符。

1. 使用字符串strip()、lstrip()、rstrip()方法去掉字符串两端字符

字符串一旦形成，它所包含的字符序列就不能发生任何改变，因此这3个方法只是返回字符串前面或后面空白被删除之后的副本，并不会改变字符串本身。

(1) strip()方法

strip()方法可实现删除字符串左右两个的空格和特殊字符的功能，其具体语法格式如下。

```
str.strip([chars])
```

其中，str表示原字符串，[chars]用来指定要删除的字符，可以同时指定多个，如果不手动指定，则默认会删除空格以及制表符、回车符、换行符等特殊字符。

(2) lstrip()方法

lstrip()方法可实现去掉字符串左侧的空格和特殊字符的功能。其具体语法格式如下。

```
str.lstrip([chars])
```

其中 str 和 chars 参数的含义，分别同 strip()语法格式中的 str 和 chars 完全相同。

(3) rstrip()方法

rstrip()方法可实现删除字符串右侧的空格和特殊字符的功能，其具体语法格式如下。

```
str.rstrip([chars])
```

其中 str 和 chars 参数的含义同上。

例如，程序代码如下。

```
    ######################## s5.17.py ###########################
str=' mycode 123\t\n\r'                 #输入一个字符串
print(str.strip())                      #删除两侧空格和特殊字符
str1='mycode 123'
print(str1.strip(",\r"))                #删除右侧特殊字符\r
str2=' mycode 123\t\n'
print(str2.lstrip())                    #删除左侧空格
str3='mycode 123\t\n\r'
print(str3.rstrip())                    #删除右侧空格和特殊字符
```

源代码

2. 使用切片+拼接的方式删除单个固定位置的字符

```
str=' mycode 123\t\n\r'
print(str[1:7]+str[8:11])
```

执行后，结果显示如下。

```
mycode123
```

通过以上实例可以看出，使用此方法可以删除任意位置的空格和字符，不足之处是使用切片需要计算清楚字符起始顺序号。

3. 使用 replace()方法或正则表达式 re.sub()删除任意位置字符

replace()方法是把字符串中的旧字符串（old）替换成新字符串（new），如果指定第 3 个参数 max，则替换不超过 max 次。replace()方法不会改变原字符串的内容。具体语法格式如下。

```
str.replace(old, new[, max])
```

其中，old 代表将被替换的子字符串；new 代表新字符串，用于替换 old 子字符串；max 为可选字符串，替换不超过 max 次。

例如，程序代码如下。

```
str = "this is python string....wow!!! this is really string"
print(str.replace("this", "THIS"))          #this 全部替换为 THIS
print(str.replace("this", "THIS", 1))       #this 替换为 THIS 一次
```

执行后，输出结果如下。

笔 记

```
THIS is python string. . . . wow!!! THIS is really string
THIS is python string. . . . wow!!! this is really string
```

4. 使用 translate( )方法同时删除多种不同字符

translate( )方法根据参数 table 给出的表（包含 256 个字符）转换字符串的字符，要过滤掉的字符放到 del 参数中。其语法格式如下。

```
str. translate( table[ , deletechars] )
```

其中，table 代表翻译表，翻译表是通过 maketrans 方法转换而来。Deletechars 代表字符串中要过滤的字符列表。

例如，程序代码如下。

源代码

```
######################## s5. 18. py ###########################
intab = "this"                                  #原有字符串
outtab = "4567"                                 #替换的字符串
trantab = str. maketrans( intab, outtab)        #生成字符映射表
str1 = "this is   python string. . . . wow!!!"
print( str1. translate( trantab) )              #转换成字符串
```

执行后，显示结果如下。

```
4567 67   py45on 74r6ng. . . . wow!!!
```

maketrans( )方法用于创建字符映射的转换表，是 str 的内置函数。对于接受两个参数的最简单的调用方式，第 1 个参数是字符串，表示需要转换的字符，第 2 个参数也是字符串表示转换的目标。两个字符串的长度必须相同，为一一对应的关系。

【实践指导】

微课 5-4
字符统计

【实践 5-3-1 指导】

本实践主要要求练习字符串方法的使用，达到灵活应用的目的，如查找计数用 count( )、首字母大写用 title( )等，具体代码见电子资源。

源代码

【实践 5-3-2 指导】

本实践主要训练数组、字典及字符串的处理函数的灵活运用能力。具体步骤如下。

① 为了方便后续的灵活使用，这里先创建一个函数。

```
def   money_format( change_number) :
```

按照人民币的读取规律，创建 2 个数组 1 个字典，一个为整数部分的单位数组，一个为小数部分的单位数组，在以下所编程序中，读取钱数最高单位为亿，字典内容为数字与汉字的对应关系。具体代码如下。

```
format_word = ["元",
               "拾","佰","仟","万",
               "拾","佰","仟","亿",
               "拾","佰","仟","万",
               "拾","佰","仟"]
format_word_decimal = ['分','角']
format_num = {'0':"零",'1':"壹",'2':"贰",'3':"叁",\
              '4':"肆",'5':"伍",'6':"陆",'7':"柒",'8':"捌",'9':"玖"}
```

② 以小数点为判断依据，分别按照整数型和非整数型两类进行单位的添加。

③ 调用函数，如为整数型，后面单位添加“整”字，非整数型则不添加。完整代码见电子资源。

源代码

【实践 5-3-3 指导】

本实践主要让读者了解常用的通信加密算法有哪些，如何使用其加密方式。

① MD5 信息摘要算法，一种被广泛使用的密码散列函数，可以产生一个 128 位的散列值，用于确保信息传输完整一致。这套算法的程序在 RFC 1321 标准中被加以规范。1996 年后该算法被证实存在弱点，可以被破解。对于需要高度安全性的数据，专家一般建议改用其他算法，如 SHA-2。2004 年，证实 MD5 算法无法防止碰撞，因此不适用于安全性认证，如 SSL 公开密钥认证或是数字签名等用途。用 MD5 获取摘要的程序代码如下。

```
######################## t5_3. 3. py ############################
import hashlib
str = 'This is python. '                           #待加密信息
hl = hashlib. md5()                                #创建 md5 对象
hl. update(str. encode(encoding='utf-8'))          #此处必须声明 encode
print('MD5 加密前为:' + str)
print('MD5 加密后为:' + hl. hexdigest())
```

② 安全散列算法（Secure Hash Algorithm，SHA）是一个密码散列函数家族，是 FIPS 所认证的安全散列算法，能计算出一个数字消息所对应到的、长度固定的字符串（又称消息摘要）的算法。且若输入的消息不同，它们对应到不同字符串的机率很高。因此 SHA 算法也是 FIPS 所认证的 5 种安全杂凑算法之一。原因有两点：一是由信息摘要反推原输入信息，从计算理论上来说极为困难；二是，想要找到两组不同的输入信息发生信息摘要碰撞的几率，从计算理论上来说非常小。SHA 算法示例代码如下。

```
######################## t5_3. 3. py ############################
hash = hashlib. sha1()
hash. update(str. encode('utf-8'))
print("SHA 生成摘要为:",hash. hexdigest())
```

③ 数据加密算法（Data Encryption Algorithm，DES）是一种对称加密算法，是使用

最广泛的密钥系统之一，特别是在保护金融数据安全中，最初开发的DEA是嵌入硬件中的。通常，自动取款机都使用DEA。解密原理：DES使用一个56位的密钥以及附加的8位奇偶校验位，产生最大64位的分组大小。这是一个迭代的分组密码，使用称为Feistel的技术，其中将加密的文本块分成两半。使用子密钥对其中一半应用循环功能，然后将输出与另一半进行“异或”运算；接着交换这两半，这一过程会持续下去，但最后一个循环不交换。DES使用16个循环，使用异或、置换、代换、移位操作4种基本运算。DES算法示例代码如下。

源代码

```
######################## t5_3.4.py ############################

import binascii
from pyDes import des, CBC, PAD_PKCS5
def des_encrypt(secret_key, s):                          #加密函数
    iv = secret_key
    k = des(secret_key, CBC, iv, pad=None, padmode=PAD_PKCS5)
    en = k.encrypt(s, padmode=PAD_PKCS5)
    return binascii.b2a_hex(en)
def des_decrypt(secret_key, s):                          #解密函数
    iv = secret_key
    k = des(secret_key, CBC, iv, pad=None, padmode=PAD_PKCS5)
    de = k.decrypt(binascii.a2b_hex(s), padmode=PAD_PKCS5)
    return de
secret_str = des_encrypt('testtest', 'this is python! *')   #调用加密函数
print('密文:', secret_str)
clear_str = des_decrypt('testtest', secret_str)          #调用解密函数
print('明文:', clear_str)
```

学习反思

1. 常见的文本编码有哪些?
2. Python中字符串有哪两种形式?
3. 如何理解Python中字符串的解码和编码?
4. UTF-8编码和Unicode编码的异同是什么?
5. 如何获取字符串的长度?
6. 如何在字符串中查找内容?
7. 字符串的替换函数是什么?
8. 去除字符串中的空格和特殊字符有哪些方法?

项目 6 函数应用

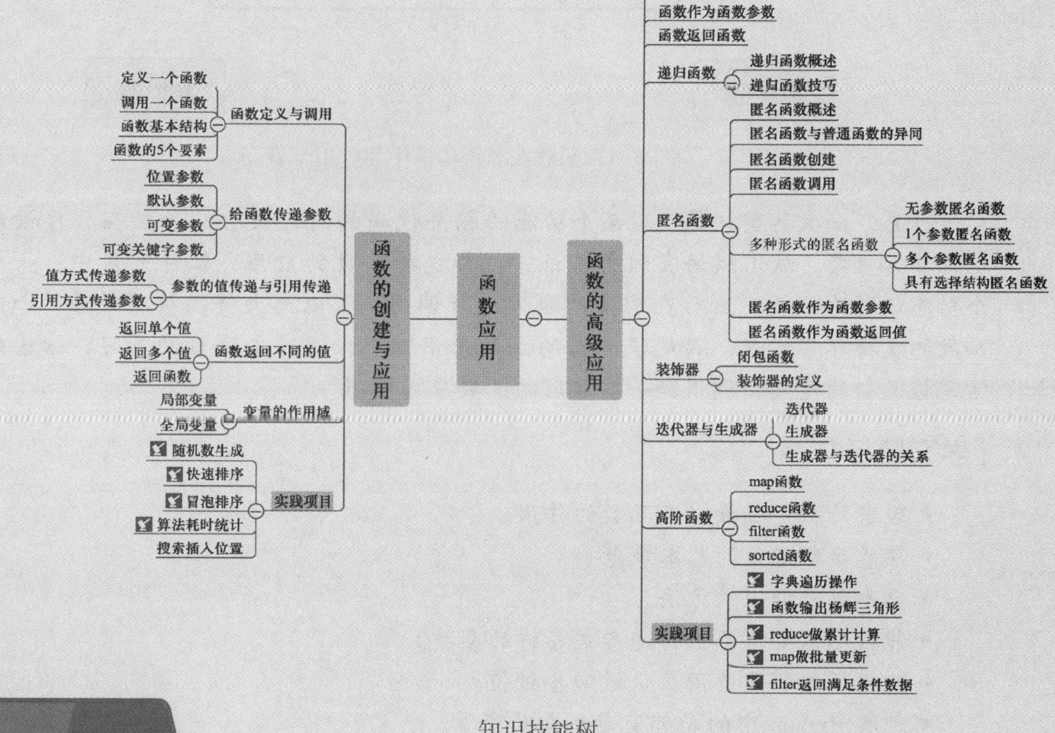

知识技能树

在网络通信中，经常需要对数据进行加密后传输，也需要对获取的加密数据进行解密。因为每次传输数据都需要加密，接收到的数据又都需要解密。如果为每个数据包的传输都编写一个加密解密代码，几乎是无法实现的，因为传输数据包的数量，传输时间的长短，都很难准确把握。

PPT：项目6 函数应用

对于以上问题，其解决的基本思路就是在数据发送前对数据要进行的加密操作和接收数据后要进行的解密操作用单独的程序功能模块处理，编写相应的加密函数和解密函数，即数据发送前，自动调用加密函数加密后再发送出去，接收端接收数据后，调用解密函数获取原始数据后再进一步处理。如图6-1所示是网络加密传输中的加密解密的基本实现思路。

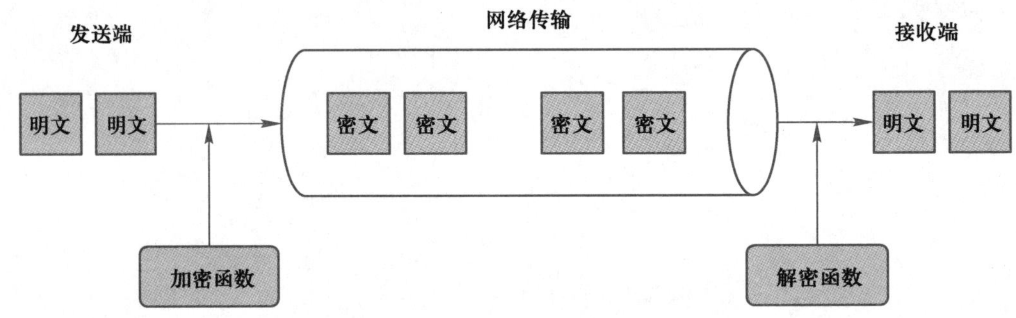

图6-1　函数在加密传输中的应用示意图

可见，函数其实就是实现某个功能的相关代码的有序集合。函数在程序设计中的地位非常重要，从汇编语言到高级语言，都支持函数的应用。软件开发中，一般把一个功能编写为函数，然后在需要的地方进行调用，可以大大提高编程效率。Python对函数的支持非常优秀，满足了丰富的函数应用需求，通过本项目的学习，读者能够灵活掌握函数的定义、调用和一些常用的函数应用技巧。

【学习目标】

- 理解什么是函数以及函数的作用。
- 熟悉函数定义的基本规范。
- 熟悉函数调用的方法。
- 能根据需要给函数传递各式各样的参数。
- 能根据编程需要用函数返回各种值。
- 理解Python中的局部变量和全局变量。
- 掌握函数作为参数传递和作为返回值的使用方法。
- 会编写匿名函数。
- 理解递归函数并能编写递归函数。
- 理解Python中迭代器与生成器的概念。
- 会使用和编写迭代器和生成器。
- 熟悉map、reduce等高阶函数的使用。

任务 6-1　函数的创建与应用

【任务要求】

【实践 6-1-1】 随机数生成。编写函数，调用 Python 的随机数生成模块 random，生成 100 个 100~1000 范围内的随机整数。

【实践 6-1-2】 快速排序。编写函数 quick_sort，用快速排序算法对实践 6-1-1 生成的 100 个整数按从小到大顺序排序。

【实践 6-1-3】 冒泡排序。编写函数 ball_sort，用冒泡排序法对实践 6-1-1 生成的 100 个整数按从小到大顺序排序。

【实践 6-1-4】 算法耗时统计。改进以上 2 个函数，分别添加记录算法处理时间的功能，并输出处理时间长度。

【实践 6-1-5】 搜索插入位置。编写函数，给定一组已经排序的数据，如 [2, 3, 4, 5, 7]，从键盘输入一个数字，搜索其在这组数据中应该插入的位置下标，要求是确保插入后依然是排序的。如果键盘输入的数字已经在排序列表中存在，直接返回其下标即可。

笔 记

【相关知识】

6.1.1　函数的定义与调用

1. 函数

在编写程序时经常会遇到这样的问题：已知圆的面积计算公式为 $S=\pi r^2$，如果已知圆的半径 r 就可以根据公式计算出面积。如果在程序中要求计算 4 个不同大小圆的面积，Python 初学者可能会这样做。

```
r1=11.21
r2=8.06
r3=12.12
r4=13.10

s1=3.14*r1*r1
s2=3.14*r2*r2
s3=3.14*r3*r3
s4=3.14*r4*r4
```

以上代码有很多相似的地方，这样编写代码效率低下，且容易出错。因为每次写 3.14r*r*r 不仅很麻烦，而且，如果要把 3.14 改成 3.1415926 时就得一个个替换。这

笔记

还仅仅是计算4个圆的面积，如果要计算很多很多圆的面积，这样的编程方式显然是不能满足需要的。

利用函数，就可以将以上重复使用的代码段组合在一起并赋予一个名字，在使用时只需要调用即可。以上计算圆面积的代码就可以简化为如下形式。

```
s1=area(r1)
s2=area(r2)
s3=area(r3)
s4=area(r4)
```

area就是重复代码组合后的函数，它实现了计算圆的面积功能，r1是给函数传递的一个数据。这样，就将原本复杂且重复的代码简化为对函数的直接调用。函数本身只需要写一次，就可以多次调用。

目前，几乎所有的高级语言都支持函数，Python也不例外。Python支持灵活地定义和使用函数，而且它本身也内置了很多非常实用的函数，可以直接调用。

总之，所谓函数，其实就是完成一定功能且可以被复用的相关代码的有序集合，通过函数可以大大降低代码的冗余度，提升编程效率。

2. 函数的定义

在Python中定义一个函数使用def语句，定义函数的语法格式如下。

```
def    functionName(parm1,parm2,…):

        …

    …code…              #函数功能体,是实现函数功能的代码

        …

    return value        #函数返回值
```

【说明】

函数有5个要素，具体如下。

① def声明，是define的缩写，表示要定义（声明）一段代码为函数。

② 函数名，functionName是给函数起的名称，方便其调用。

③ 参数列表，parm1、parm2…就是要传递给函数的参数，省略号表示可以传递多个参数，就是运行函数需要提供的一些数据，多个参数之间用逗号隔开。

④ 功能体，…code…是函数功能的实现部分，它是由很多有序的代码构成。

⑤ 返回值，return value是函数执行完后，要返回给调用者的执行结果。

根据Python中对函数的定义规范，前面计算圆面积的函数就可以定义如下。

```
def  area(r) :
    PI=3.14
```

```
    s=PI*r*r
    return s
```

3. 函数的调用

一旦定义了函数，就可以在代码中调用它，即执行它的功能。Python 中调用函数语法非常简单。函数调用既可以出现在表达式中，也可以单独调用，这要看具体的需要。例如，下面的代码调用前面编写的计算圆面积的函数。

```
y=area(3)+6              #在表达式中调用函数,要求函数必须有返回值
area(4)                  #直接作为单独语句调用,函数可以没有返回值
```

4. 函数执行原理

如图 6-2 所示，主程序在执行过程中遇到调用函数的代码，主程序暂时保存当前代码的执行状态，转而去执行被调用函数，并在执行被调用函数时将相关参数传递给被调用函数，在被调用函数执行完后返回主程序，并恢复函数调用前的状态，在相关代码中使用返回值，并继续执行后面的代码。

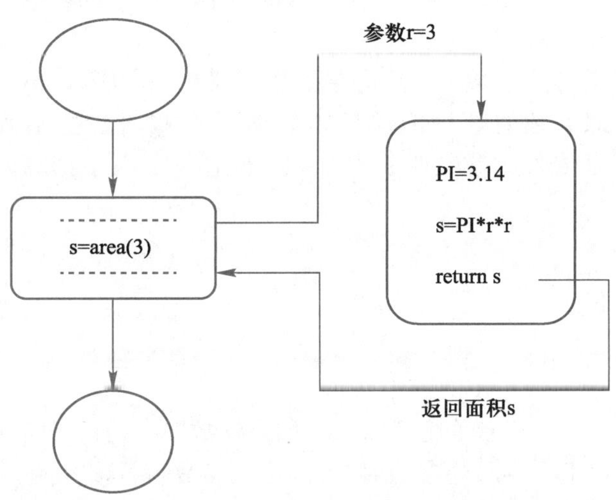

图 6-2 函数执行的基本原理

5. 函数的返回

在被调用函数中执行代码时，以下这两种情况函数会返回主函数。

① 被调用函数代码执行完函数最后的语句。

② 函数执行中遇到 return 语句。

函数中可以没有 return 语句，对于没有给出 return 语句而返回的函数，其返回值为 None。

6. 空函数

在编写程序时，定义函数只是一个暂时的占位，函数功能的具体实现过程在以

笔记

后编写，这时就可以将函数写为空函数，空函数不执行任何功能，但必须是如下格式。

```
def  函数名(参数列表):
     pass   #pass是空语句,没有任何功能
```

空函数一样可以被调用，可以传递参数，但它没有什么功能，返回值为None。

6.1.2 给函数传递参数

函数在执行时往往需要调用其主程序提供一定的数据参数，如计算圆面积的函数area，每次调用函数都需要“告诉”函数圆的半径是多少，这就是给函数传递参数。对于函数调用者来说，只需要知道如何传递正确的参数，以及函数将返回什么样的值就够了，函数内部的复杂逻辑被封装起来，调用者无须了解。

Python对函数定义语法非常简单，但Python函数参数格式非常灵活。除了正常定义传入的必须参数，还可以使用默认参数、可变参数和关键字参数，这就使得Python语言定义的函数非常灵活。以下逐一介绍Python中函数的不同参数。

1. 位置参数

位置参数（也叫必选参数），就是在函数定义时按顺序列出的每个参数。在函数调用时，必须按照参数的顺序传递具体数据（有些语言把函数定义时的参数叫虚参，把函数调用时传入的参数叫实参），以下是一个用于计算两个数相除的函数例子。

```
def  div(a, b):
     return  a/b


x1=div(4,5)          #x1的值为0.8
x2=div(5,4)          #x1的值为1.25,如果参数顺序错误,执行结果也可能错误
x3=div(a=5,b=4)      #传递参数时,可以指定参数名,这时位置参数的传递可以改
                     #变顺序
```

【说明】

① 函数如果有多个参数，多个参数之间必须用逗号隔开。

② 位置参数在调用时，必须按照每个参数的对应顺序传递参数值。

③ 在函数调用时，传入的位置参数值的个数必须和定义函数中位置参数的个数一样。

④ Python不检查传入参数的类型，必须由程序自身根据需要对参数类型进行检查。

2. 默认参数

默认参数（也叫可选参数），就是在函数定义时，可以给某个参数确定一个默认值，在函数调用时，如果没有传入具体的实参值，就以默认值执行，如果传入实参值，就以具体的实参执行。以下是一个计算球体体积的函数，其中的PI为给定了默认值。

```
#定义函数
def  v_ball(r, PI=3.14):
    res=4.0/3.0*PI*r**3           #计算体积值
    return res                     #返回体积值

#调用函数
v1=v_ball(4)                      #调用函数,默认参数没有传递值
v2=v_ball(4,3.1415926)            #默认参数也传递值
```

【说明】

① Python 要求默认参数必须出现在位置参数的后面。

② 调用函数时如果默认参数没有传递值，则函数中默认参数的值为定义时的默认值。

③ 函数中可以通过“函数名._defaults”获取元组格式的默认参数的当前值。

④ Python 要求默认参数传入的必须是不可变对象，即[ ]、{ }不能作为参数的默认值。

默认参数常常用在当一个函数的某些参数不经常发生变化，但又需要能改变时，往往需要给该参数设定默认值，如上面函数中的 PI，计算球体积经常用 3.14，但在需要更精确的计算时，就可以传递更精确的 PI 值。

3. 关键字参数

Python 允许在给函数传递参数时指定参数名称，即用“参数名=参数值”方式传递参数，这种参数叫关键字参数。以下是计算圆柱体体积和调用的几个例子(s6.1.py)。

源代码

```
                #============s6.1.py============

#以下是函数定义,计算圆柱体的体积
def  v_cylinder(r,h, PI=3.14):
    res=PI*r**2*h                          #计算体积值
    return res                             #返回体积值


#=============以下是函数调用==========
v1=v_cylinder(4,5)                         #调用函数,默认参数没有传递值
v2=v_cylinder(4,5,3.1415926)               #默认参数传递了新值
v2=v_cylinder(r=4,h=5)                     #使用了命名参数格式
v2=v_cylinder(h=5,r=4)                     #命名参数之间没有顺序要求
v2=v_cylinder(PI=3.1416926,r=4,h=5)        #命名参数之间没有顺序要求
#v2=v_cylinder(PI=3.1416926,4,h=5)         #命名参数必须出现在位置参数后面
```

【说明】

① 关键字参数必须用“参数名=参数值”的形式给出。

② 关键字参数之间没有顺序要求。

③ 关键字参数必须在位置参数之后。

④ 关键字参数的“参数名”必须和函数定义时的名称完全一样。

4. 可变参数

在编写函数时，一般可以根据需要确定函数的每个参数，如计算圆的面积、球体体和圆柱体的体积等，都可以确定参数的个数。但有时无法确定参数的个数，如编写一个函数对一组数据求和，数据有多少个，在编写函数时无法确定，这就需要用到可变参数。可变参数（也叫变长参数），就是在定义函数时，制定一个可以传递不确定个数数据的特殊参数。Python 中可变参数的格式为：＊参数名，以下是一个计算多个数据和的函数（s6.2.py）。

源代码

```
#============s6.2.py============
#定义函数
def addsome(a, b, *vars):
    print(type(vars))    #输出为<class 'tuple'>,表示可变参数为元组格式传入的
    #位置参数的使用
    s = a + b
    #获取可变参数中的数据,用遍历元组的方式
    for x in vars:
        s = s + x
    return s

#调用函数
y = addsome(1, 3, 4, 6);          #1、3 是位置参数,4、6 作为可变参数
# y=addsome(b=1,a=3,4,6)          #4、6 为位置参数,必须在最开头,这样有错误
x1=[1,2,3,4]
y1=addsome(1,2, *x1)              #列表作为可变参数,前面要加*
print(y)                          #输出为 13
```

【说明】

① 可变参数表示参数的个数不固定。

② Python 允许把列表作为多个参数传入函数的可变参数位置，但必须在列表名前加＊。

③ Python 允许把元组作为多个参数传入函数的可变参数位置，但必须在元组名前加＊。

④ 可变参数必须在位置参数和默认参数的后面。

⑤ 可变参数传入函数后，实际上是一个 tuple，可以像操作 tuple 一样遍历或访问它。

5. 可变关键字参数

前面讲解的位置参数，是在定义函数时，给出几个参数，调用时按照参数的本来

顺序传递参数值；默认参数是可以在定义函数时，设定某些参数的值允许调用函数在没有传递参数情况下，以默认值方式传入函数；可变参数则是进一步增强了函数参数的传递方式，允许在定义函数时，定义一个以 * 开头的参数，在传递参数时，这个参数可以被传入不限制个数的参数值，这样就很大程度上方便了不定个数参数传递的问题。

可变关键字参数（也叫变长键值对参数）和可变参数类似，只是可变关键字参数允许参数位置传入多个“键值对”构成的参数，实际上以字典形式传入函数，但可变关键字参数名必须以 ** 开头。以下是一个关键字参数的例子（s6. 3. py）。

源代码

```
#===========s6. 3. py=============
#定义一个输出用户信息的函数,age 和 sex 是位置参数,others 是可变关键字参数
def   getInfo( age,sex, ** others):
      print('age=',age)
      print('sex=',sex)
      for key,value in   others. items():
            print(key+'=',value)

#调用函数
getInfo(30,'男',姓名='张三',住址='上海外滩',电话=1380808888)
```

调用输出的结果如下：

```
age= 30
sex=男
姓名= 张三
住址= 上海外滩
电话= 1380808888
```

【说明】

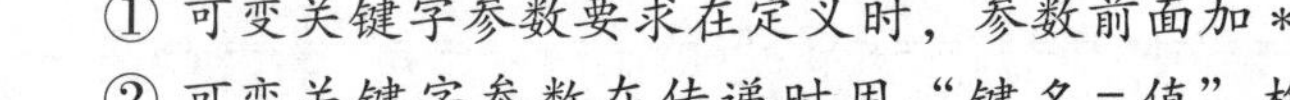
① 可变关键字参数要求在定义时，参数前面加 ** 。

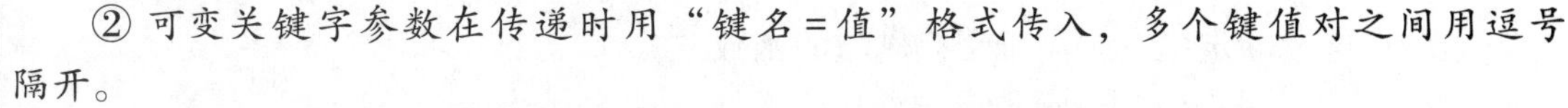
② 可变关键字参数在传递时用“键名=值”格式传入，多个键值对之间用逗号隔开。

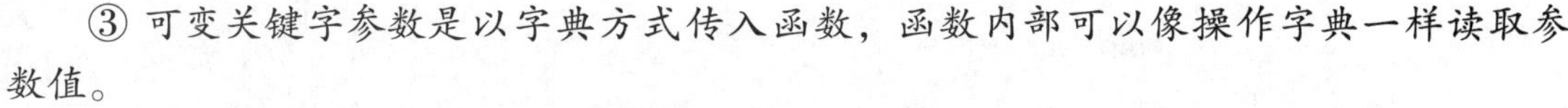
③ 可变关键字参数是以字典方式传入函数，函数内部可以像操作字典一样读取参数值。

④ 可变字典对象可以直接传递给函数的关键字参数，但必须在字段对象前加 ** 。

⑤ 可变关键字参数必须在可变参数的后面出现。

和缺省参数、可变参数一样，关键字参数不但简化了参数传递方式，同时增强了函数的功能。例如，在 person 函数中，如果用位置参数接收 name 和 age 两个参数，则调用时就必须传递两个参数，但如果调用者可以提供更多的参数，就可以用可变参数或关键字参数。

可变参数和关键字参数的区别是，可变参数是用一个参数位置接收多个参数，但

无法确定参数的名字，而关键字参数同样用一个参数，却可以同时传递多个“键值对”参数，这样函数中不仅可以获得参数的值，也可以获得参数的名称。

6. 参数顺序

在 Python 中定义函数，可以用位置参数、默认参数、可变参数、关键字参数和可变关键字参数，这 5 种参数可以组合使用。但必须注意的是，传递它们有一定的顺序要求，Python 中参数的顺序为：位置参数、默认参数、可变参数、关键字参数和可变关键字参数。以下是一个具体的例子（s6. 4. py）。

```
#============s6. 4. py============
#定义函数,包括位置参数、默认参数、可变参数和关键字参数
def  f1(a, b, c=0, *args, **kw):
     print('a =', a, 'b =', b, 'c =', c, 'args =', args, 'kw =', kw)

#定义函数,包括位置参数、默认参数、可变参数、关键字参数、可变关键字参数
def  f2(a, b, c=0, *, d, **kw):
     print('a =', a, 'b =', b, 'c =', c, 'd =', d, 'kw =', kw)

f1(1, 2)                        #输出为:a = 1 b = 2 c = 0 args = () kw = {}
f1(1, 2, c=3)                   #输出为:a = 1 b = 2 c = 3 args = () kw = {}
f1(1, 2, 3, 'a', 'b')           #输出为:a = 1 b = 2 c = 3 args = ('a', 'b') kw = {}
f1(1, 2, 3, 'a', 'b', x=99)     #输出为:a = 1 b = 2 c = 3 args = ('a', 'b') kw =
                                #{'x': 99}
f2(1, 2, 3,5,d=99, ext=None)#输出为:a = 1 b = 2 c = 0 d = 99 kw = {'ext': None}
```

6.1.3 参数的值传递与引用传递

一般学习高级语言函数部分，都会涉及函数参数的传递方式。以下是具体例子（s6.5. py）。

源代码

```
#============s6. 5. py============
#定义一个用于交换俩数的函数
def  swap(a,b):
     temp=a
     a=b
     b=temp
     print(a,b)   #输出 40  30

a=30
b=40
swap(30,40)
print(a,b)         #输出 30  40
```

从以上例子可以看出，在函数内部，两个变量已经成功交换，但在函数外部，当调用函数过后，两个变量的值并没有交换。这就说明，传递给函数的参数，在函数返回后，并没有发生变化。

例如，案例 s6. 6. py。

```
#=========s6. 6. py==========
#定义一个用于交换俩数的函数
def  swap(list):
     temp=list[0]
     list[0]=list[1]
     list[1]=temp
     print(list)          #输出 40  30

a=[30,40]
swap(a)
print(a)                  #输出 40  40
```

源代码

可以看出，当给函数传递列表类型数据时，在函数中对列表的操作在函数返回后依然起作用，这说明列表传递给函数和普通数值传递给函数是不同的。以上的两个例子分别演示了 Python 支持的两种参数传递方式，即值传递和引用传递。

【注意】

① 当给函数传递的参数是数值类型、布尔类型和复数类型时，均是以值传递方式传递，即在传递参数时复制了一份参数传递给函数，主函数中传入参数的值在函数调用前后不发生变化。

② 当给函数传递的参数是列表、字典、集合等可变类型的对象时，参数以引用方式传递，在函数内部对参数的修改会在函数返回后依然起作用。

6.1.4　函数返回不同的值

Python 函数中，用 return 语句返回函数调用的结果，即返回值。Python 函数可以返回任意类型的值。在执行中，不管在什么位置，只要执行了 return 语句，函数就会立即返回。Python 也允许函数没有 return，这种情况下，函数在执行完所有函数代码后才返回。

return 语句的格式如下。

```
return    value
```

【说明】

① return 语句返回的值是函数执行后的返回结果，可以在调用的主函数中提取返回值。

② Python 允许一次性返回多个值，多个值之间用逗号分隔，在调用函数中可以用元组方式获取返回的值。

③ 对于多个返回的值，可以用解构方式获取：x,y=fx(…)。
④ 格式中的 value 表示要返回的值，如果是多个值，它们之间用逗号隔开。

如果函数中没有执行 return 返回，则返回值为 None。

6.1.5　变量的作用域

变量的作用域是指程序代码能够访问该变量的范围。超过变量的作用范围访问该变量会出现错误：“name X is not defined”。Python 中，变量的作用范围有局部变量和全局变量两种。

1. 局部变量

局部变量是指在函数内部定义的变量，其作用范围仅限于函数内部，如果在函数外部访问局部变量就会导致程序错误：“NameError”。下面是一个在函数外部访问局部变量的例子。

```
def  add(a,b):
    return a+b

print(a)                #程序出错
```

以上程序运行时会输出如图 6-3 所示的错误，表示 a 变量在函数 add 中不存在。

```
Traceback (most recent call last):
  File "/Users/syd168/anaconda3/envs/gluon/lib/python3.6/site-packages/IPython/core/i
    exec(code_obj, self.user_global_ns, self.user_ns)
  File "<ipython-input-2-d9cabcb21991>", line 1, in <module>
    runfile('/Users/syd168/PycharmProjects/teach/src_6/6-5.py', wdir='/Users/syd168/Py
  File "/Applications/PyCharm.app/Contents/plugins/python/helpers/pydev/_pydev_bundle/
    pydev_imports.execfile(filename, global_vars, local_vars)  # execute the script
  File "/Applications/PyCharm.app/Contents/plugins/python/helpers/pydev/_pydev_imps/_
    exec(compile(contents+"\n", file, 'exec'), glob, loc)
  File "/Users/syd168/PycharmProjects/teach/src_6/6-5.py", line 4, in <module>
    print(a)
NameError: name 'a' is not defined
```

图 6-3　函数在加密传输中的应用示意图

2. 全局变量

所谓全局变量，就是定义在函数之外的变量。全局变量从定义起，到程序结尾都一直有效。

(1) 在函数外面定义全局变量

在函数外面定义的变量均为全局变量，它不仅可以在函数外部访问，也可以在函数内部访问，代码如下（s6.7.py）。

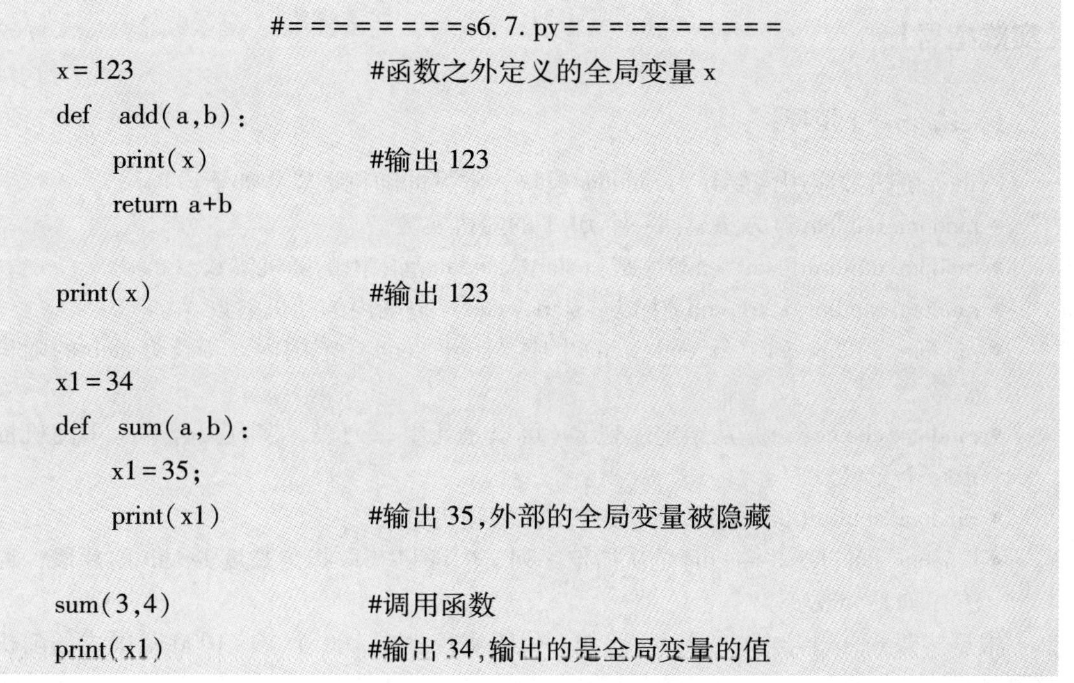

```
#=========s6.7.py==========
x=123                    #函数之外定义的全局变量 x
def  add(a,b):
    print(x)             #输出 123
    return a+b

print(x)                 #输出 123

x1=34
def  sum(a,b):
    x1=35;
    print(x1)            #输出 35,外部的全局变量被隐藏

sum(3,4)                 #调用函数
print(x1)                #输出 34,输出的是全局变量的值
```

源代码

函数内部的变量会隐藏函数外部的同名变量。

（2）在函数内部通过 global 关键词修饰全局变量

它也是全局变量，在函数外也可以读取和修改，如案例 s6.8.py。

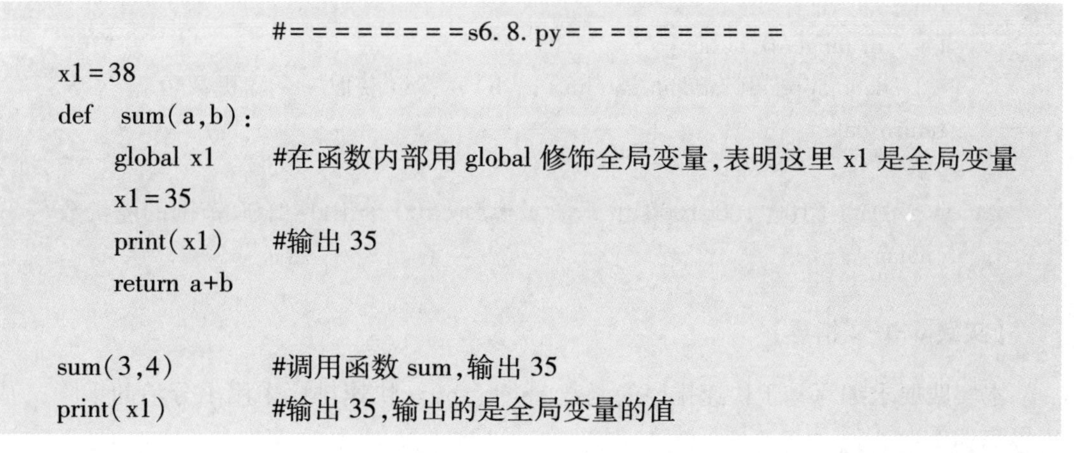

```
#=========s6.8.py==========
x1=38
def  sum(a,b):
    global x1      #在函数内部用 global 修饰全局变量,表明这里 x1 是全局变量
    x1=35
    print(x1)      #输出 35
    return a+b

sum(3,4)           #调用函数 sum,输出 35
print(x1)          #输出 35,输出的是全局变量的值
```

源代码

① 在函数内部修饰全局变量时，必须在变量名前加 global 修饰符。

② 函数内部定义的 global 修饰符，声明其后的变量是引用全局中的同名变量，而不是局部变量。

【实践指导】

【实践 6-1-1 指导】

微课 6-1
随机数生成

Python 随机数应用需要导入 random 模块，常见的随机数操作如下。

- random.random()方法返回一个 0~1 的随机实数。
- random.uniform(start,end)生成（start，end）范围内的随机实数。
- random.randint(start,end)生成（start，end）范围内的随机整数。
- random.randrange(start,end,step)生成（start，end）范围内、步长为 step 的随机整数。
- random.choice(x)是从给定序列 x（可以是元组、列表、字典集合等）中随机抽取一个元素。
- random.shuffle(list)将一个列表中的元素随机打乱。
- random.sample(x,length)是从指定序列 x 中随机获取指定长度 length 的片段，原有序列不会改变。

根据实践 6-1-1 要求，可以按照如下代码实现生成 100 个 10~1000 范围内的随机整数（t6_1.1.py）。

源代码

```
                    #==========t6_1.1.py==========
import  random

#定义生成 a~b 范围内 num 个随机数的函数
def  getDatas(num,a,b):
    data=[]
    for x in range(0,num):
        data.append(random.randint(a, b))      #获取一个随机数
    return data

datas=getDatas(100,100,1000)          #获取 100 个 100~1000 范围的随机数
print(datas)
```

【实践 6-1-2 指导】

微课 6-2
快速排序

本实践要求编写基于快速排序的函数 quick_sort。快速排序采用了分治的策略，基本思想如下。

① 在数列之中选择一个元素作为“基准”（pivot）。

② 数列中其他元素都和这个基准值进行比较，如果比基准值小就移到基准值的左边，如果比基准值大就移到基准值的右边。

③ 以步骤②得到的左右两边的子列作为新数列，递归调用，不断重复步骤①和步骤②，直到所有子集只剩下一个元素为止，最终实现的函数见电子资源（t6_1.2.py）。

【实践 6-1-3 指导】

微课 6-3
冒泡排序

本实践要求编写基于冒泡排序算法的排序函数 ball_sort。冒泡排序是一种简单直观的排序算法，基本思想如下。

① 从最左侧起，找出一个最大值放列表最右侧（就好比让最大的元素漂浮在最右侧）。

② 再次从最左侧起，到倒数第 2 个元素位置，选一个最大的放倒数第 2 个位置。

③ 重复步骤①和步骤②，直至左侧没有待排元素。

具体的实现代码见电子资源（t6_1. 2. py）。

源代码

【实践 6-1-4 指导】

Python 通过 datetime. datetime. now( )，可以获得当前时间，所以要获取每个排序算法的执行时间，只需要在调用前后获取当前时间，并计算二者之差即可。部分代码实现如下（t6_1. 3. py）。

```
#==========t6_1. 3. py==========
#执行排序前调用
t1 =datetime. datetime. now( )

.... 排序算法调用...

#排序后调用
t2 =datetime. datetime. now( )

print('快速排序的执行时间为:',t2 t1,'秒')
```

最终的输出结果如图 6-4 所示。

```
原始数据：[664, 316, 729, 299, 229, 279, 51
快速排序后：[110, 115, 159, 172, 173, 200, 2
快速排序的执行时间为： 0:00:00.000792 秒
冒泡排序结果 [110, 115, 159, 172, 173, 200,
快速排序的执行时间为： 0:00:00.000766 秒
```

图 6-4　排序算法耗时比较（数据显示不全）

【实践 6-1-5 指导】

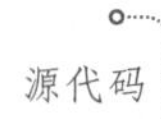

过滤字典中的数据，生成新的列表，可以用 filter 函数，实现代码见电子资源（t6_2. 5. py）。

笔 记

任务 6-2 函数的高级应用

【任务要求】

本任务需要用到的数据如下（这里只显示部分，全部见源文件 data_6-2. json）。

```
data=[
{"编号":2021001012,"姓名":"张三","性别":"女","年龄":30,"籍贯":"上海","住址":"北京上地三街 15 号","最高学历":"研究生","最高学位":"博士","四级分数":550,"六级分数":600},
{"编号":2021001013,"姓名":"李四","性别":"男","年龄":28,"籍贯":"南京","住址":"北京上地三街 16 号","最高学历":"研究生","最高学位":"博士","四级分数":500,"六级分数":500}]
```

【实践 6-2-1】 字典数据操作。编写一个函数 calScore，并赋值给变量 t，利用 t 变量，计算 data 中的四级总分。

【实践 6-2-2】 杨辉三角形输出。编写一个函数，输出杨辉三角形的前 *n* 层。

【实践 6-2-3】 高阶函数 reduce 使用。利用 reduce 函数，实现对 data 中六级总分的计算。

【实践 6-2-4】 高阶函数 map 使用。用 map 函数，实现输出 data 中的信息，格式为：姓名-四级分数-六级分数。

【实践 6-2-5】 高阶函数 filter 使用。用 filter 函数实现输出 data 中四级大于 550 且六级大于 510 的数据。

【相关知识】

Python 语言非常灵活，函数功能除了基本应用外，还支持一些更为方便的高级功能，如函数作为参数传递、函数赋值给变量、map 函数、reduce 函数等。

6.2.1 函数赋值给变量

Python 的函数名像 C 语言的指针，它实际上是指向所定义函数的。Python 中把函数赋值给一个变量，这样这个变量就可以像调用原函数一样调用，如实例 s6. 9. py。

源代码

```
#=========s6.9.py==========
def sum( *vars):
    s = 0
    for x in vars:
```

```
        s += s
    return s

#将函数名赋值给一个变量
s1 = sum

#通过变量调用函数
x = s1(2, 3, 4)
print(x)
```

但是，不能将变量赋值给函数，这样将使得函数名不再指向原函数本身，也就失去了函数原有的功能。

6.2.2 函数作为参数

Python 还支持函数作为另一个函数的参数传递。在 Python 中函数本身也是对象，可以将函数作为参数传入另一函数并进行调用，如实例 s6.10.py。

源代码

```
#=========s6.10.py==========
#定义一个求和函数
def add(a, b):
    return a + b

#定义一个传入函数的函数
def foo(func,a,b):
    return func(a, b)          #函数内部调用作为参数的函数
x=foo(add,3,4)                 #add 作为参数传递,返回 7

print(x)                       #输出 7
```

Python 中，函数作为参数传递，是一种引用传递，其传递方式和其他参数类似。

6.2.3 函数返回函数

Python 函数可以返回任何类型的数据。其实，Python 的函数也可以返回函数，代码如下（s6.11.py）。

源代码

```
#=========s6.11.py==========
#定义一个求可变个数的数据和的函数
def layzy_sum( *args):
    #定义内部函数
    def sum():
```

```
        ax = 0
        for n in args:
            ax = ax + n
        return ax
    return sum                    #返回函数

x=layzy_sum(3,4,5)
x1=x()                            #调用返回的函数
print(x1)

x2=layzy_sum(3,4,5)()             #调用返回的函数
print(x2)
```

在以上实例中，layzy_sum 函数返回了一个函数，调用该函数可以得到一个函数，这样即可像调用普通函数一样调用。

① Python 允许在函数内部定义函数，这种函数叫内嵌函数。
② Python 允许函数返回函数。
③ Python 函数返回的函数和普通函数一样的调动方式使用它。
④ 函数返回的函数，必须在被调用后才能真正执行。

6.2.4 递归函数

一般程序语言都允许在一个函数内部调用另外的函数。如果一个函数在内部调用自身，这个函数就是递归函数。递归函数具有如下几个特性。

- 递归函数必须有一个明确的结束条件，否则将属于死循环调用状态。
- 递归函数每次进入更深一层递归调用时，问题的规模应该比递归前有所减少。
- 相邻两次递归之间，前一次为后一次做准备，通常前一次的输出就作为后一次的输入。

【实例 6-2-1】递归的实现思路。分别用循环方式和递归方式求 1~1000 内的所有数字的和（s6. 12. py）。

源代码

```
#=========s6. 12. py==========
#求和函数的循环方式===========
def sum1(n):
    sum = 0
    for i in range(1, n + 1):
        sum += i
    print(sum)
```

```
#求和函数的递归方式==========
def sum2(n):
    if n > 0:
        return n + sum2(n - 1)   #要求前 n 项的和,只需要求“n+前 n-1 项和”即可
    else:
        return 0

sum1(1000)                       #调用循环求和函数,输出 500500
sum = sum2(1000)                 #调用递归求和函数
print(sum)                       #输出 500500
```

递归函数的优点是定义简单，逻辑清晰。理论上，所有的递归函数都可以写成循环方式，但循环的逻辑不如递归清晰。

使用递归函数需要注意防止栈溢出。递归层次过多会导致堆栈溢出，因为函数调用是通过栈实现的，每当进入一次函数调用，栈就会加一层栈帧，每当函数返回，栈就会减一层栈帧。由于栈的大小不是无限的，所以，递归调用的次数过多，会导致栈溢出。例如，把实例 6-2-1 代码中的递归求和函数 sum1 的参数改成 10000 就会导致栈溢出，输出错误信息：“RecursionError: maximum recursion depth exceeded in comparison”，意思是“递归错误，递归超过了最大深度”。以下是参数为 5 的 sum2（5）递归函数的执行过程。

笔记

步骤 1　sum2(5)

步骤 2　5 + sum2(4)

步骤 3　5 + 4 + sum2(3)

步骤 4　5 + 4 + 3 + sum2(2)

步骤 5　5 + 4 + 3 + 2 + sum2(1)

步骤 6　5 + 4 + 3 + 3

步骤 7　5 + 4 + 6

步骤 8　5 + 10

步骤 9　15

可见，递归函数每一级递归都需要调用函数本身，这个调用过程会创建新的栈数据，随着递归深度的不断增加，创建的栈数据就越来越多，因为堆栈空间大小是有限的，这样会导致堆栈溢出。

解决递归堆栈溢出的办法，可以通过“尾递归”方法进行优化。所谓尾递归，就是基于函数的尾调用，每一级递归调用都是用函数的返回值更新调用栈，而不用创建新的调用栈，类似迭代的实现，时间和空间上均优化了一般递归。具体的实现思路，这里就不再赘述，感兴趣的读者可参考相关资料。

6.2.5 匿名函数

1. 匿名函数概述

许多高级语言都支持编写一种没有函数名的函数，即匿名函数。在 Python 中，不通过 def 来声明函数名字，而是通过 lambda 关键字来定义匿名函数。

lambda 函数能接收任何数量（可以是 0 个）的参数，但只能返回一个表达式的值，lambda 函数是一个函数对象，直接赋值给一个变量，这个变量就成了一个函数对象。

Python 中定义匿名函数的语法格式如下。

```
fun=lambda 参数列表:表达式
```

【说明】

① lambda 关键字表示要定义一个匿名函数。

② 参数列表是匿名函数的参数，多个参数中间用逗号分隔。

③ 表达式是匿名函数的功能代码。

④ 冒号后面写返回的表达式。

⑤ 匿名函数返回一个函数的引用，可以将其赋值给一个变量，该变量就是一个函数指针，可以通过变量调用函数。

匿名函数往往使用在如下一些场合。

- 将一个函数作为函数的参数来传递时，可以直接定义一个 lambda 函数。
- 要处理的问题只有一个地方会使用这个函数，可以使用 lambda 函数。
- 可以与一些 Python 内置函数一起使用，提高代码的可读性。
- 匿名函数的功能部分只能是一个表达式，不能包括 return 语句、循环等。

2. 匿名函数与普通函数的对比

```
#普通函数
def sum_func(a, b, c):
    return a + b + c
```

以上函数的匿名函数为如下格式。

```
sum_lambda = lambda a, b, c: a + b + c
```

调用匿名函数和普通函数的方式类似。

```
print(sum_func(1, 100, 150))        #输出 251
print(sum_lambda(1, 100, 50))       #输出 251
```

所以，匿名函数适用于多个参数、一个返回值的情况，匿名函数可以用一个变量来接收，变量是一个指向匿名函数的函数对象，执行这个函数对象的结果与执行普通函数的结果是一样的。

从结构上看，匿名函数比普通函数更简洁，且没有声明函数名，而是用一个变量来接收匿名函数返回的函数对象，它不是匿名函数的名字。

3. 多种形式的匿名函数

匿名函数可以有参数或无参数，具体如下。

```
#无参数的匿名函数
lambda_a = lambda: 10
print(lambda_a())                        #输出 10

#有 1 个参数的匿名函数
#参数名为 num
lambda_b = lambda num: num * 10
print(lambda_b(5))                       #输出 50

#包含多个参数的匿名函数
lambda_c = lambda a, b, c, d: a + b + c + d
print(lambda_c(1, 21, 31, 41))           #输出 94

#具有选择结构的匿名函数
lambda_d = lambda x: x   if x % 2 == 0   else   x + 1   #输出 6
```

可以看出匿名函数的参数可以有 0 个到多个，且返回的表达式可以是一个复杂的表达式，只要最后的值是一个值即可。

笔记

4. 匿名函数作为参数传递

匿名函数可以作为参数传递给函数，具体如下。

```
def func1(a, b, func):                   #func 是一个函数
    print('a =', a)
    print('b =', b)
    print('a + b =', func(a, b))

func1(60, 1, lambda a, b: a + b)   #输出 61
```

以上代码中，func1 中传入一个函数 func，该函数在 func1 中执行，后面的调用通过匿名函数方式传入一个函数对象。

5. 匿名函数作为函数的返回值

匿名函数可以作为函数的返回值，即可以用 lambda 使函数返回一个函数。具体如下。

```
def func(a, b):
    return lambda c: a - b - c
```

笔 记

```
f1 = func(100, 1)
print(f1)              #输出为<function run_func.<locals>.<lambda> at ...>
print(f1(100))         #输出为-1
```

6.2.6 装饰器

1. 闭包函数

Python 是一种面向对象的编程语言，在 Python 语言中一切皆对象，这样就使得变量所拥有的属性，函数也同样拥有。所以，在函数内创建一个函数的行为是可以的，这种函数被称为内嵌函数，内嵌函数只允许在它所在的函数内部直接调用，如果在函数外部调用会出错，例如：

```
def out_function():
    print("1. 外部函数执行")
    def in_function():
        print("2. 内部函数执行")
    in_function()

out_function()            #输出 1. 外部函数执行,2. 内部函数执行
in_function()             #提示错误:NameError: name 'in_function' is not defined
```

但是，如果内嵌函数中引用了它所在函数中的其他对象，那么此时该内嵌函数就被称为闭包函数。闭包可以将自己的代码和作用域以及外部函数的作用域结合在一起。例如，利用闭包原理实现一个计数器。

```
#定义外部函数
defouter():
    a=[0]                          #定义一个列表,包含一个元素 0
    b = 1
    #定义内部函数
    def inner():
        a[0]=a[0]+1                #引用外部函数的变量
        return  a[0]               #内部函数引用外部函数的变量
    return inner                   #返回内部函数的引用
#=============
f1=ounter()                        #调用外部函数
print(f1())                        #调用闭包函数,输出 1
print(f1())                        #调用闭包函数,输出 2
```

① 闭包函数必须定义在其他函数内部，以内嵌函数方式定义。
② 闭包函数所在的外部函数必须将闭包函数作为外部函数的返回值。
③ 闭包函数往往引用其所在外部函数中的变量。

总之，闭包函数可以理解为在函数内部定义，用于在函数外部获取函数内局部变量的特殊函数。闭包常常用在装饰器上。

2. 装饰器

装饰器（Decorators）是 Python 的一个重要部分。它是在不修改原函数定义结构的基础上拓展函数的功能，装饰器能随着函数执行时自动执行。例如：

```
def sum(a,b):
    s=0
    for i in range(a,b+1):
        s+=i
    return s
```

假设有个需求，每次调用 sum 函数后，希望自动输出该函数的执行时间，但又不能修改原函数定义（实际中，给原函数拓展一些非函数必需的功能，往往都不允许修改原函数）。可采用以下结构进行调用。

```
startTime=datetime.datetime.now()                        #记录开始执行时间
sum(1,1000)                                              #调用函数
endTime= datetime.datetime.now()                         #记录函数结束时间
print('函数执行时间是(us):',endTime-startTime)            #计算并输出函数执行时间
```

但其存在不足之处，就是每个调用函数的地方都需要这样编写，且如果要在函数调用前后记录更多的信息，如日志信息等，每个调用地方都需要修改。

利用 Python 的装饰器功能，就可以很好地解决以上问题。具体思路就是为该函数创建一个装饰器，每次调用函数会自动执行装饰器的功能。装饰器的实现思路如下。

（1）在原函数前面定义装饰器

定义装饰器实际上是定义一个特殊的函数，该函数必须传入一个参数，而且在函数内部定义一个闭包函数，由闭包函数实现特殊功能，如 s6.13.py。

源代码

```
                #========s6.13.py==========
#定义装饰器,装饰器的名字为 logger
def  logger(func):
    #定义闭包函数
    def wrapper(*args, **kwargs):
        start_time = time.time()

        #调用原函数的部分
```

```
        s= func( * args, ** kwargs)   #引用了外部函数的局部变量func,并传入参数
        print('计算的和是:',s)         #输出求和结果

        end_time = time.time()
        print(end_time - start_time)

    return wrapper                    #返回内部函数的引用
```

（2）给原函数定义前面添加装饰器注解

```
@logger      #原函数定义前面添加"@装饰器名称"作为注解
def sum(a,b):
    ……
    #这里省略了原函数定义的功能实现部分,具体请参考前面的内容
```

至此，已经完成装饰器的定义，当再次调用原函数时，就会自动在执行原函数时调用装饰器的功能。

① 装饰器需要在原函数出现之前定义。
② 装饰器定义好之后，需要在原函数前面添加“@装饰器”注解。
③ 装饰器中要调用原函数，func(* args, ** kwargs)方式可以给原函数传递参数。
④ 装饰器函数必须传入一个参数，该参数其实就是原函数。

6.2.7 迭代器与生成器

1. 迭代器

迭代是Python强大的功能之一，是访问序列元素的一种方式。迭代器是一个可以记住遍历位置的对象。迭代器对象从序列的第一个元素开始访问，直到所有元素被访问完结束。迭代器只能往前不会后退。迭代器有两个基本方法：**iter()**和**next()**。字符串、列表或元组对象都可用于创建迭代器，创建迭代器的语法如下。

```
iterx=iter(序列对象)
```

例如：

```
a=[1,2,3,4,5]
it=iter(a)                #生成一个迭代器
print(next(it))           #输出1
print(next(it))           #输出2
print(next(it))           #输出3
```

迭代器对象可以使用常规for语句进行遍历。

```
a=[1,2,3,4,5]
it=iter(a)                #生成一个迭代器
```

```
for x   in it:
    print(x)
```

① 迭代器是调用一次执行一次，而不是一次性执行完成。
② 迭代器可以通过 next 方法调用，获取下一个元素的内容。
③ 迭代器可以用 for...in 结构进行遍历。
④ 列表、元组、字符串、字典、集合都可以用 iter 方法生成迭代器。

2. 生成器

在 Python 中，使用了 yield 的函数被称为生成器（generator）。跟普通函数不同的是，生成器是一个返回迭代器的函数，只能用于迭代操作，即生成器就是一个生成迭代器的函数。

在调用生成器过程中，每次遇到 yield 时函数会暂停并保存当前所有的运行状态，返回 yield 的值，并在下一次执行 next()方法时从当前位置继续运行。注意，调用一个生成器函数，返回的是一个迭代器对象，而不是普通函数那样返回的是函数的执行结果。

【实例 6-2-2】利用生成器函数计算斐波拉契数列的前 n 项（s6. 14. py）。

```
                    #=========s6. 14. py==========
#定义生成器函数-斐波那契数列
def fibonacci(n):
    a, b, counter = 0, 1, 0
    while True:
        if (counter > n):
            return
        yield a                 #表明该函数是一个生成器
        a, b = b, a + b         #交换
        counter += 1            #计数器+1

#调用生成器函数,得到一个迭代器
f = fibonacci(10)               # f是一个迭代器,由生成器返回生成

for x in f:
    print(x)
#输出为 0,1,1,2,3,5,8,13,21,33
```

源代码

① 生成器中必须包含 yield 语句。
② 生成器返回的是一个迭代器。

笔记

6.2.8 高阶函数

1. map 函数

map()是 Python 内置的高阶函数，它接收一个函数 f 和一个列表 list 作为参数，执行时会把函数 f 的功能依次作用在 list 的每个元素上，返回一个迭代器。map 函数的调用格式如下。

```
map(func,list)
```

例如，对于 list [1, 2, 3, 4, 5, 6, 7, 8, 9]，如果希望把 list 的每个元素都做“sin(x)+x * x”计算，就可以用 map()函数实现，传入函数 func(x)= sin(x)+x * x，即可利用 map()函数完成。

```
import  math

def func(x):
    return math.sin(x)+x * x

datas=[1, 2, 3, 4, 5, 6, 7, 8, 9]
res=map(func, datas)

print(list(res))

#输出[1.8414709848078965, 4.909297426825682, 9.141120008059866,
#15.243197504692072,...
```

【说明】

① func 是传递给 map 的一个函数。
② list 是传递给 map 的可迭代的数据列表。
③ Python 3 中，map 执行结果返回一个迭代器，Python 2 返回的是一个列表。
④ map 函数的执行不会影响原数据列表。
⑤ 可以像访问迭代一样获取 map 的返回结果。

【实例 6-2-3】将输入列表中单词的首字母转为大写（s6.15.py）。

源代码

```
#=========s6.15.py==========
def format_str (s):
    s1=s[0:1].upper()+s[1:].lower()
    return s1

datas= ['usEr', 'LIST', 'BOOkStore']
res=map(format_str,datas)
print(list(res))                #输出 ['User', 'List', 'Bookstore']
```

map 支持传入多组数据，然后对多组数据中的元素进行组合处理，如以下的实例是将两个列表的对应元素按公式（x ** 2+y ** 3）进行计算，即第 1 个列表每个元素平方+第 2 个列表对应元素的立方构成新的列表。

```
def fun1(x,y):
    return x ** 2+y ** 3

d1=[1,2,3]
d2=[2,3,4]
res=map(fun1, d1, d2)
print(list(res))   #返回[9, 31, 73]
```

以上实例可以用匿名函数方式实现。

```
d1=[1,2,3]
d2=[2,3,4]

res=map(lambda x,y:x ** 2+y ** 3,d1,d2)
print(list(res))   #返回[9, 31, 73]
```

2. reduce 函数

reduce 函数和 map 函数都属于 Python 的高阶函数（即可以将函数作为参数的函数），其处理对象是可迭代序列（包括列表、元组、字符串、字典等），reduce 的基本处理步骤如下。

笔 记

① 首先把序列的第 1 个和第 2 个元素传给 reduce 函数，函数执行后返回结果。

② 然后把步骤①得到的结果和原序列的第 3 个元素作为参数再次传给 reduce 函数，reduce 函数对这两个参数进行处理，并返回处理结果。

③ 以此类推，直到处理完序列的所有元素。

④ reduce 函数的返回值，取决于传入 reduce 中的处理函数的返回值。

需要特别说明的是，reduce 函数在使用时必须导入。

```
from functools import reduce
```

【实例 6-2-4】利用 reduce 函数求列表中所有元素的和。

```
from functools import reduce

def add(x,y):
    return x + y

data=[1,3,5,7,9]
res=reduce(add,data)          #add 是处理函数,data 是数据列表
print(res)                    #输出 25
```

【实例 6-2-5】把一个列表拼成一个整数。

```
def contact(a,b):
    return str(a)+str(b)

res=reduce(contact,data)
print(res)      #输出 13579
```

【实例 6-2-6】reduce 用于迭代一个字典中的数据，计算字典中所有的 age 之和（s6. 16. py）。

源代码

```
                #=========s6. 16. py==========
persons = ( {'name': '张三', 'age': 105, "sex" : '女'},
            {'name': '李四', 'age': 76, "sex" : '男'},
            {'name': '王五', 'age': 114, "sex" : '女'},
            {'name': '冯六', 'age': 61, "sex" : '女'})

def addAge(value, person1):  #第一个参数是处理函数返回的值,默认可以设置为0
    sum = value + person1['age']
    return sum

total_age = reduce(addAge, persons,0)      #一定要传第3个参数,初始值可以为0
print(total_age)
```

【说明】

① reduce 用于字典处理时，处理函数必须传入 3 个参数，第 3 个参数的类型要与处理函数返回值的类型相同。

② reduce 第 1 个参数实际上是处理函数。

③ reduce 第 2 个参数实际上是下一个要处理的元素。

3. filter 函数

filter 函数用于过滤序列中不符合条件的元素，返回一个迭代器对象，如果要转换为列表，可以使用 list()函数，要转换为元组可以使用 tuple()函数。filter 函数需要传递 2 个参数：第 1 个为处理函数，第 2 个为待处理的序列。filter 的处理过程是，处理函数对传入序列中的每个元素作为参数传递给函数进行处理，返回 True 或 False，最后将返回 True 的元素放到新列表中，并以迭代器的形式返回。

【实例 6-2-7】提取列表中奇数并生成列表。

```
def is_odd(n):
    return n % 2 == 1

data = [1, 2, 3, 4, 5, 6, 7, 8, 9, 10]
```

```
data = filter(is_odd, data)
res = list(data)
print(res)                #输出[1,3,5,7,9]
```

【实例 6-2-8】利用 filter 函数生成 n 范围内的所有质数（s6.17.py）。

源代码

```
#=========s6.17.py==========
def is_prime(n):
    if n == 1:
        return False
    max = int(n ** 0.5)
    print('max=', max)
    for x in range(2, max + 1):
        print(x)
        if n % x == 0:
            return False
    return True


n = 100
data1 = [i for i in range(1, n)]
print(data1)

res = filter(is_prime, data1)
print(list(res))
```

4. sorted 函数

Python 内置了 sort 方法和 sorted 函数。sorted 是可以对所有可迭代的对象进行排序操作。sort 方法是对已经存在的列表进行就地排序操作。sort 方法无返回值，而内建函数 sorted 函数返回的是一个新 list，而不是在原来基础上进行的操作。sorted 函数的语法如下。

```
sorted(iterable, key=None, reverse=False)
```

【说明】

① iterable 是可迭代的对象，如列表、集合、元组、字符串等。

② key 用于排序的比较函数，但它只接受一个参数，该函数参数取自可迭代对象中。

③ reverse 用于指定排序规则，reverse = True 表示降序，reverse = False 表示升序（默认）。

【实例 6-2-9】按照元素长度进行排序。

```
#按照元素长度排序
data = [{1: 5, 3: 4}, {1: 3, 6: 3}, {1: 1, 2: 4, 5: 6}, {1: 9}]

def fx(x):
    return len(x)


res = sorted(data,key=fx)
print(res)
#输出结果是:[{1: 9}, {1: 5, 3: 4}, {1: 3, 6: 3}, {1: 1, 2: 4, 5: 6}]
```

【实例 6-2-10】按照字典中的 age 字典对年龄进行倒序排序（s6. 18. py）。

源代码

```
                    #=========s6. 18. py==========
persons = ({'name': '张三', 'age': 105, "sex": '女'},
           {'name': '李四', 'age': 76, "sex": '男'},
           {'name': '王五', 'age': 114, "sex": '女'},
           {'name': '冯六', 'age': 61, "sex": '女'})


res=sorted(persons,key=lambda x:x['age'],reverse=True)
print(res)
#输出为:[{'name': '王五', 'age': 114, 'sex': '女'}, {'name': '张三', 'age': 105, 'sex': '女'},
{'name': '李四', 'age': 76, 'sex': '男'}, {'name': '冯六', 'age': 61, 'sex': '女'}]
```

【实践指导】

【实践 6-2-1 指导】

微课 6-4
字典数据操作

要计算字典中指定字段的数据和，需要将数据传入函数，函数返回值是一个值，实现代码如下（t6_2. 1. py）。

源代码

```
                    #========== t6_2. 1. py ==========
#定义函数
datas=[...]              #这里省略了原始数据
def calScore(datas):
    s = 0
    for item in datas:
        s += item['四级分数']
    return s

#函数赋值给变量,其实就是变量指向函数,也可以理解为引用
```

```
t = calScore
res = t(datas=datas)                    #调用函数
print('四级总分为:', res)               #输出结果
```

【实践 6-2-2 指导】

微课 6-5
杨辉三角形输出

杨辉三角形是我国南宋末年杰出的数学家杨辉在他所著的《详解九章算法》一书中提出的，表示二项式展开后的系数。杨辉三角形有如下形式，如图 6-5 所示。

```
                  1                        n=1
               1     1                     n=2
            1     2     1                  n=3
         1     3     3     1               n=4
      1     4     6     4     1            n=5
   1     5    10    10     5     1         n=6
1     6    15    20    15     6     1      n=7
```

图 6-5　排序算法耗时比较（数据显示不全）

杨辉三角形有如下规律。

① 第 1 行和第 2 行元素均为 1。

② 第 3 行以后，两边的元素为 1，其余元素为其上一行左右两侧元素之和。

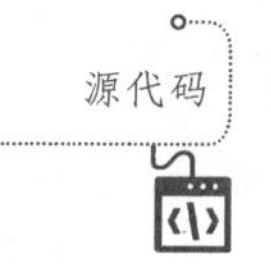

实现思路：创建一个函数，利用生成器方式，每次生成一行，然后利用当前行计算出下一行，以此类推，具体实现代码见电子资源（t6_2. 1. py）。

【实践 6-2-3 指导】

要计算字典中某个字段的数据的和，除了用 for 循环，可以用高阶函数 reduce，实现代码如下（t6_2. 3. py）。

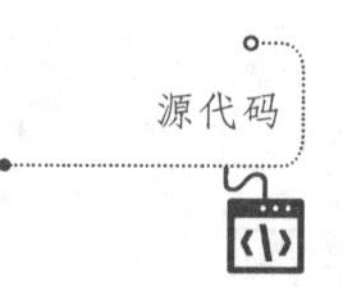

```
                  #========== t6_2. 3. py ===========
data=[...]                    #省略了数据,请参考配套源代码

#定义数据处理函数
def add(x,y):
    return  x+y["六级分数"]

#利用 reduce 函数,计算六级总分,第 3 个参数 0 表示开始计算时,x+y 中的 x
x=reduce(add,datas,0)

print(x)    #输出 4124
```

【实践 6-2-4 指导】

输出信息用 map 函数，实现代码如下（t6_2. 4. py）。

源代码

```
#========== t6_2.4.py ==========
#datas=[…]      #省略了数据,请参考配套源代码

#定义处理函数
def doFun(x):
    #姓名-四级分数-六级分数
    return  x['姓名']+'-'+str(x['四级分数'])+'-'+str(x['六级分数'])

#调用 map 函数
x=map(doFun,datas)

#转为列表后输出
print(list(x))

#输出数据如下
['张三-550-600', '李四-500-500', '王五-480-510',
'马六-560-450', '张三 1-700-480', '李四 1-680-459',
'王五 1-660-611', '马六 1-680-602']
```

【实践 6-2-5 指导】

源代码

过滤字典中的数据，生成新的列表，可以用 filter 函数，实现代码见电子资源（t6_2.5.py）。

学习反思

文本：参考答案

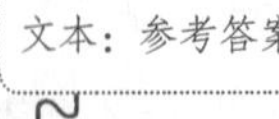

1. 函数的 5 个要素是什么？
2. Python 函数传递参数的方式有哪些？
3. Python 函数中参数传递的顺序有什么要求？
4. Python 的变量有哪些作用域？如何在函数内部访问全局变量？
5. 什么是参数的引用传递和值传递？
6. Python 函数的返回值可以返回哪些类型的数据？
7. 什么是匿名函数？如何定义匿名函数？
8. 什么是装饰器？装饰器的主要作用是什么？
9. Python 中常用的高阶函数包括哪几个？它们各自主要实现什么功能？
10. 什么是递归函数？阅读资料，学习什么是尾递归。

项目 7

模块化编程

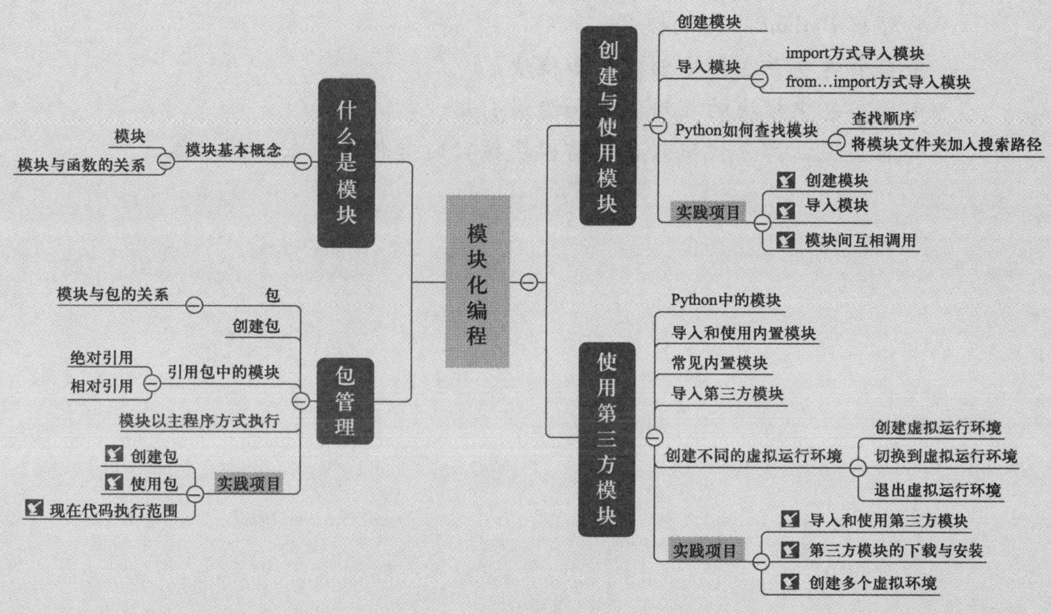

知识技能树

在项目 6 中，主要介绍了 Python 基于函数的编程方法，包括函数的定义、调用以及函数参数传递的多种方式等，这些都是 Python 编程人员必须掌握的技能。

PPT：项目 7 模块化编程

在实际项目开发中，伴随着要解决问题的复杂度不断增加，项目涉及的文件也不断增多，虽然函数可以很好地提升代码的复用度和编程效率，但这是不够的，因为当代码文件非常多时，需要用更高级的管理方式管理项目文件，确保模块功能的高内聚性，同时又支持不同模块之间的相互调用。Python 以模块和包的方式管理项目代码，为开发人员提供了很大的方便，本项目介绍 Python 中模块在项目开发中的应用。

【学习目标】

- 掌握 Python 中什么是模块。
- 掌握如何创建一个模块。
- 掌握如何导入其他模块中的功能。
- 会解决导入模块时路径的关系问题。
- 理解 Python 中包的概念。
- 会创建包并在包中创建更多模块。
- 理解包中模块的相对引用和绝对引用。
- 能实现让部分代码只在当前模块执行时起作用，如测试功能。

任务 7-1　创建与使用模块

【任务要求】

【实践 7-1-1】 编写两个模块，实现对斐波那契数列的各种生成和输出功能，具体如下。

① 模块创建。创建 A，包含 4 个函数，函数名自定义，分别用于实现以下功能。

- 输出斐波拉契数列的前 n 项。
- 输出斐波拉契数列不大于 n 的项。
- 返回斐波拉契数列的前 n 项。
- 返回斐波拉契数列不超过 n 的项。

② 导入模块。创建模块 B，用 import 导入模块 A 的功能。

③ 模块间调用。在模块 B 中调用模块 A 的 4 个函数，分别输出斐波拉契数列不超过 10 的项和前 10 项。

④ 导入模块。创建模块 C，用 from…import 方式导入模块 A 的功能，实现上述第③步的同样功能。

笔记

【相关知识】

7.1.1　模块

函数相当于小孩游戏中的积木，由多个积木可以搭建出各种各样的造型。模块相当于一个积木盒子，里面装了很多的积木。Python 中的模块其实就是一个 Python 文件，这个文件中包括多个函数，这些函数互相调用实现一定功能。例如，可以把文件操作的相关函数放在一个文件，构成一个文件操作模块，把实现图像操作的相关函数放在一个文件，构成一个图像操作模块等。所以，模块可以理解为是实现一定功能的相关代码构成的 Python 文件。Python 中还允许将多个模块放在一个文件夹下构成包，使用包就可以管理更多、更复杂的项目文件，如图 7-1 所示。

项目开发中，通过创建和使用模块，可以提高相关功能的内聚性，还可以把相关代码“封装”在一个模块内部，防止多个文件之间的变量、函数等之间的命名冲突问题，同时又可以进一步提升代码的复用性。例如，可以把密切相关、完成一定功能的代码变成模块，在项目更多地方，或者跨项目使用。

笔 记

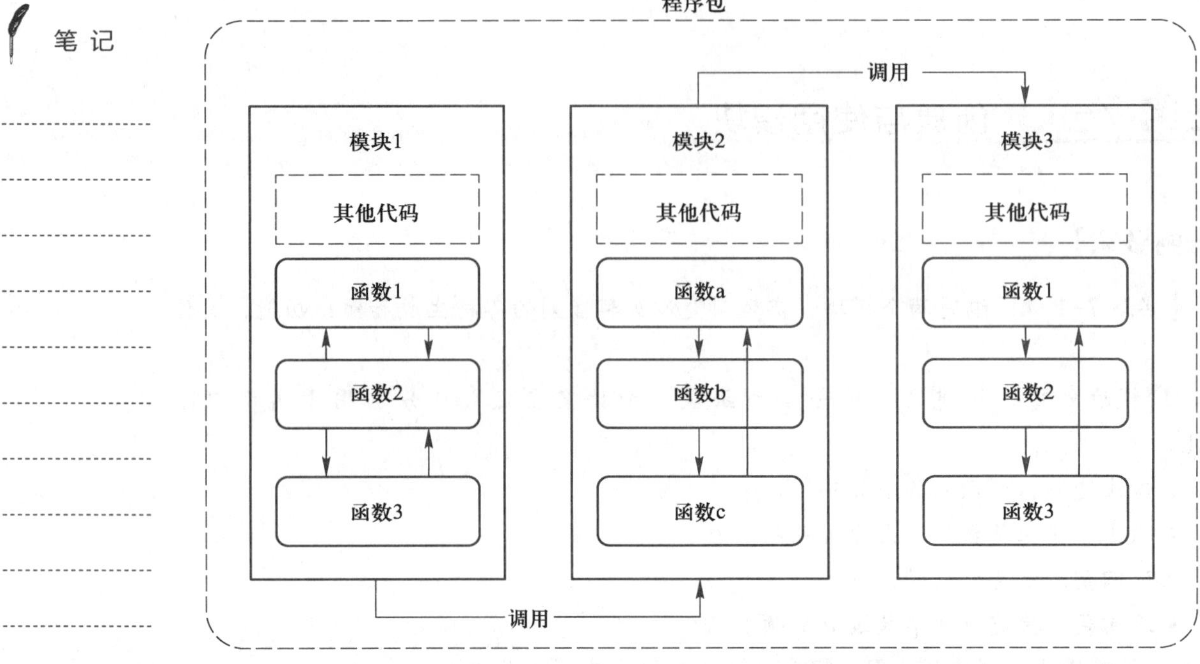

图 7-1 Python 中模块、函数、包之间的关系

7.1.2 创建模块

Python 中创建一个模块非常简单，每个 Python 源码文件其实就是一个模块。

【实例 7-1-1】对一组数据进行统计分析，要求编写一个模块用于计算这组数据的平均值、均方根和方差。平均值、均方根和均方差的公式如下。

平均值公式：$\overline{X} = \frac{1}{n}\sum_{i=1}^{i=n} X_i$

均方根公式：$X_{rms} = \sqrt{\frac{\sum_{i=1}^{i=n} X_i^2}{n}} = \sqrt{\frac{X_1^2 + X_2^2 + \cdots + X_n^2}{n}}$

标准差公式：$X_{rms} = \sqrt{\frac{\sum_{i=1}^{i=n} (X_i - \overline{X})}{n}}$

根据以上需求，需要编写 3 个函数，这里设计算平均值的函数名为 avg，计算均方根的函数名为 rms，计算标准差的函数名为 sd。具体实现步骤如下。

① 通过 PyCharm 创建一个项目，项目名称自定义。

② 在项目文件夹下创建 Python 代码文件 statis. py。

③ 在 statis. py 中编写 3 个函数，基于上述公式分别实现平均值、均方根和标准差的函数，其代码见电子资源。

7.1.3 导入模块

所谓导入模块，就是在其他项目、模块中导入某个模块的全部功能或者部分功能。要在某个模块中使用其他模块的功能，就必须先导入它，主要有以下两种导入方式。

1. 使用 import 方式导入模块

import 导入模块功能的语法如下。

```
import   moduleName[as   aliasName]
```

moduleName 是要导入模块的名称，aliasName 是在导入模块的同时，可以给导入的模块起个别名。

【实例 7-1-2】导入前面的模块 statis，并计算和输出一组数据的平均值、均方根和标准差。

步骤 1：创建一个新的 Python 文件，命名为 testModule. py。

步骤 2：利用 import 导入 statis。

步骤 3：计算一组数据的平均值、均方根和标准差。

具体的实现代码如下。

```
import   statis as st

data1 = [3.1,4.1,4.5,5.1,3.4,4.0,4.5,4.3,3.6,3.5]

print('数据的平均值为:',st.Xavg(data1))
print('数据的标准差为',st.Xsd(data1))
print('数据的均方根',st.Xrms(data1))
```

程序运行结果如图 7-2 所示。

```
数据的平均值为: 4.01
数据的标准差为 0.3388999999999999
数据的均方根 4.052036525008135
```

图 7-2 testMutule. py 运行结果

① 调用其他模块中的变量、函数或其他对象时，必须要在变量名、函数等前面加上“模块名.”作为前缀，如前面的 st. Xavg()，否则会报错“name 'Xavg' is not defined”。

② 当模块名比较长时，导入模块可以用“as 模块别名”的方式给导入模块起个别名，这样可以简化调用的书写名称，如前面代码中的“as st”就是给导入模块 statis 起个别名（st），这样就可以在模块中用 st 这个名称代替 statis 使用，但要注意，这时原模块名被隐藏了。

③ 使用 impot 一次可以导入多个模块，多个模块之间用逗号“,”隔开即可。

```
import    tensorflow   as tf, numpy as np
```

2. 使用 from … import 格式导入模块

使用 import 导入的模块，每个 import 都会生成一个命名空间（namespace，可以理解为模块中变量、函数、对象等的有效空间），调用模块功能是在命名空间中执行，这样就可以确保模块功能的内聚性，所以，在调用模块时需要在变量、函数等前面加上模块名，如 st. Xavg()。

有时，需要将导入模块的命名空间与当前模块的命名空间作为一个命名空间，即调用导入模块的功能无须在函数、对象名前面加模块前缀，就可以用 from … import 格式导入模块。

from … import 的语法格式如下。

```
from   moduleName   import   member
```

- moduleName：表示要导入当前模块的模块名称。
- member：表示要导入当前模块中，属于 moduleName 模块的函数、变量或类等，一次性可以导入多个由逗号分隔的多个模块函数等，也可以用 * 表示导入模块的所有功能。

例如：

```
from  a  import  b        #表示从 a 模块导入 b 到当前模块
from  a  import  b,c      #表示从 a 模块导入 b 和 c 到当前模块
from  a  import  *        #表示从 a 模块导入其所有功能到当前模块
```

以上案例使用 from…import 格式导入，代码格式如下。

```
from statis import *        #导入方式

data1=[3.1,4.1,4.5,5.1,3.4,4.0,4.5,4.3,3.6,3.5]

print('数据的平均值为:',Xavg(data1))        #不需要再写上原模块的模块名
print('数据的标准差为',Xsd(data1))
print('数据的均方根',Xrms(data1))
```

使用 from…import 方式导入模块功能时，可能存在命名冲突问题。例如，要导入的模块包含 sin 函数，当前模块也包含 sin 函数，这种导入方式就会导致命名冲突，当前模块会覆盖导入模块的同名对象。为了防止出现命名冲突，建议尽量使用 import 方式导入。

7.1.4 模块搜索路径问题

1. Python 中查找模块文件

Python 中模块对应的就是 Python 文件，当在某个 Python 文件（当前模块）中导入

其他模块功能时，Python 首先要找到对应的文件，那它是如何查找被导入模块的文件位置呢？Python 默认按照如下顺序搜索被导入模块文件的路径。

① 在当前模块的文件夹下查找被导入的模块文件，如果找不到，则进入下一步。

② 在 PYTHONPATH 环境变量包含的路径中查找被导入的模块文件，如果找不到则进入下一步。

③ 在 Python 的安装路径下查找被导入的模块文件。

如果以上方式都没有找到要导入的模块文件，则会提示错误：“ModuleNotFoundError：No module named‘XXX’”，即 XXX 模块没有找到。

可以通过 sys. path 获得上面涉及的文件夹位置，输出内容如图 7-3 所示。

```
import   sys
print(sys. path)
```

```
['/Users/syd168/PycharmProjects/teach/src_7.1',
'/Applications/PyCharm.app/Contents/plugins/python/helpers/pydev',
'/Users/syd168/PycharmProjects/teach',
'/Applications/PyCharm.app/Contents/plugins/python/helpers/pycharm_display',
'/Applications/PyCharm.app/Contents/plugins/python/helpers/third_party/thriftpy',
'/Applications/PyCharm.app/Contents/plugins/python/helpers/pydev',
'/Users/syd168/anaconda3/envs/gluon/lib/python36.zip',
'/Users/syd168/anaconda3/envs/gluon/lib/python3.6',
'/Users/syd168/anaconda3/envs/gluon/lib/python3.6/lib-dynload',
'/Users/syd168/anaconda3/envs/gluon/lib/python3.6/site-packages',
'/Applications/PyCharm.app/Contents/plugins/python/helpers/pycharm_matplotlib_backend',
'/Users/syd168/anaconda3/envs/gluon/lib/python3.6/site-packages/IPython/extensions',
'/Users/syd168/PycharmProjects/teach']
```

图 7-3　sys. path 输出内容（经过重新排版）

笔记

2. 使模块能够被 Python 找到

如果要导入的模块不在 3 个特定路径的范围，则会提示“ModuleNotFoundError”错误。遇到这种情况，可以通过以下 3 种方式解决。

（1）利用 sys. path. append 将模块路径加入可检索范围

如下代码表示将 C：\myfunctions\robots 路径加入 Python 的搜索路径中。

```
sys. path. append('c:/myfunctions/robots')
```

这种方式只对上述代码行所在的 Python 文件有效。

（2）在 Python 中添加 . pth 文件

如果想让一个模块在当前项目中的所有 Python 文件中都能被随时调用，即能被 Python 程序找到，则可以在 Python 安装目录下的 Lib/site-packages 中，创建一个扩展名为 . pth 的任意文件，将要导入模块的文件目录全部放在 . pth 文件中即可，一个目录一行，例如：

```
#. pth 文件中的路径,存放方便被项目调用的模块路径
c:\myfunctions\robots
```

（3）将模块路径加入 PYTHONPATH 环境变量

如果希望某个模块被当前计算机中所有的 Python 程序都能导入应用，即能被

笔 记

Python 找到模块，则可以将模块路径加入 PYTHONPATH 环境变量中。Windows 7 中的设置步骤如下。

① 右击桌面的“计算机”图标，在弹出的快捷菜单选择“属性”，打开如图 7-4 所示界面。

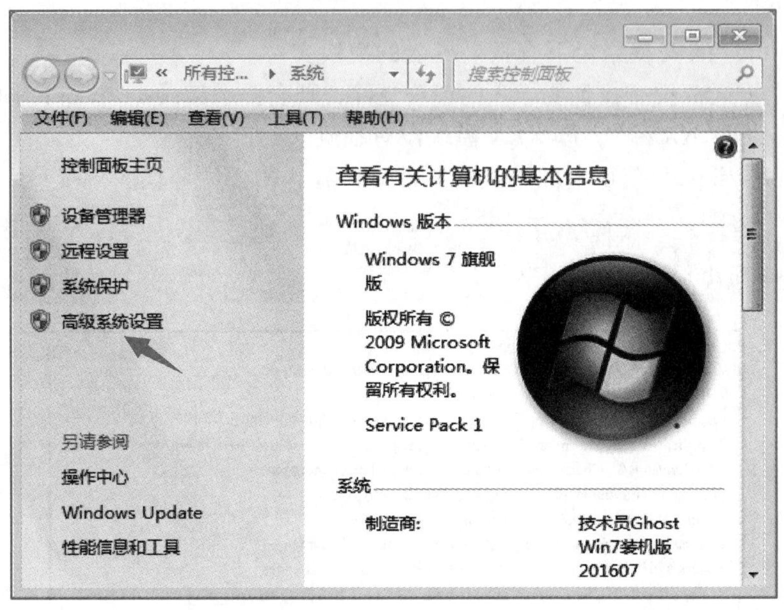

图 7-4 高级系统设置

② 在图 7-4 中，单击其中的“高级系统设置”超链接，打开如图 7-5 所示界面。

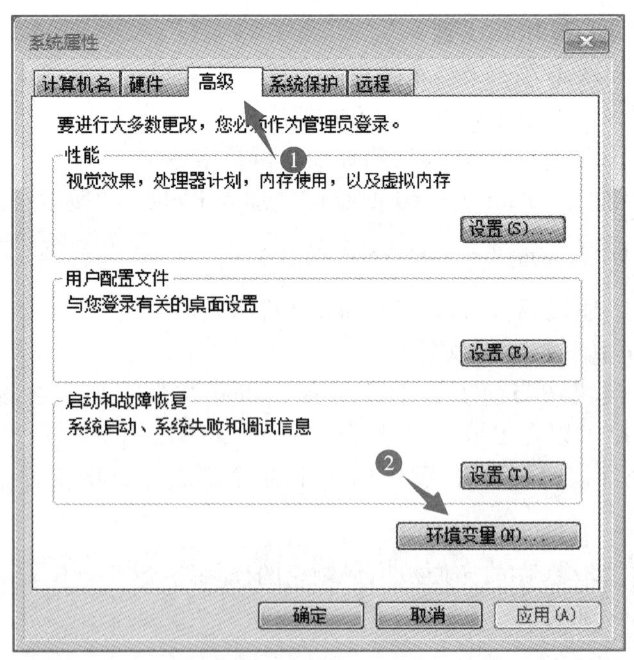

图 7-5 环境设置

③ 在图 7-5 中，选择“高级”选项卡，然后单击下方的“环境变量”按钮，打开如图 7-6 所示界面。

④ 在图 7-6 中，单击下方的“新建”按钮，创建一个系统环境变量，弹出如图 7-7 所示的界面。

⑤ 在图 7-7 中，输入环境变量“PYTHONPAHT”，在变量值中输入模块路径，保存即可。

图 7-6 新建系统变量图

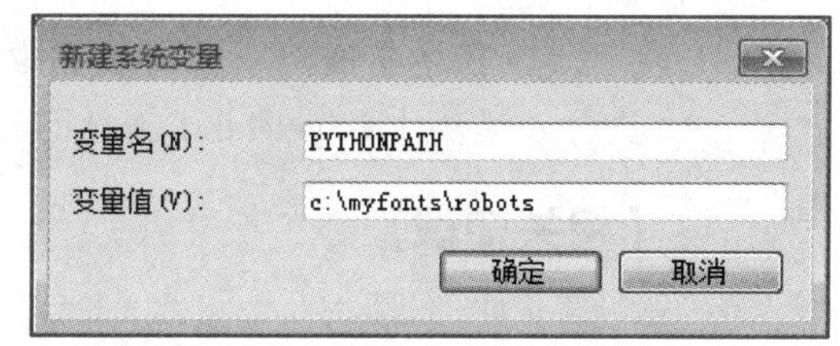

图 7-7 设置系统变量

【实践指导】

【实践 7-1-1 指导】

斐波那契数列（Fibonacci Sequence），又称黄金分割数列，因数学家莱昂纳多·斐波那契（Leonardo Fibonacci）以兔子繁殖为例子而引入，故又称为“兔子数列”，指的是这样一个数列：1、1、2、3、5、8、13、21、34、……

微课 7-1
模块编写与调用

在数学上，斐波那契数列以如下递推方式定义。

$F(0)=0, F(1)=1, F(n)=F(n-1)+F(n-2)(n \geqslant 2, n \in N*)$

根据实践 7-1-1 要求，具体过程如下。

步骤 1：创建一个文件夹 7-1，在文件夹下创建模块 A. py 文件，然后在文件中实现 fib 和 fib1 的功能，代码见电子资源。

步骤 2：创建模块 B，用 import 导入模块 A，并输出斐波拉契数列不超过 10 的项和前 10 项。

步骤 3：创建模块 C。

笔 记

任务 7-2 通过包管理更多模块

【任务要求】

【实践 7-2-1】 程序包的编写和调用。编写多个程序包，并实现它们之间的互相调用。具体要求如下。

① 在包中写函数。创建一个包，包名称为 A，在 A 中创建一个模块 a，在 a 中实现一个输出 *n* 层杨辉三角形的函数，函数名称为 yanghui。

② 在包中写函数。在和 A 包同样的文件夹下创建一个包 B，在 B 中创建模块 b，在 b 中调用 a 的 yanghui 函数，输出 5 层杨辉三角形。

③ 程序包调用。在和 A 包同样的文件夹下再次创建一个包 C，在 C 中创建模块 c，在 c 中编写一个函数 getRand，对给定的一个字符串，随机抽取 *n* 个字符（*n* 小于字符串长度）。

④ 程序包调用。在模块 a 中导入模块 c，编写代码，当模块以主程序方式运行时，执行 c 模块中的 getRand 函数。

【相关知识】

7.2.1 创建与使用包

1. 包

模块的作用是把多个函数、变量等放在文件中，并在其他模块中导入使用，这样就提升了代码的复用性，可以防止多个文件之间变量、函数的命名冲突问题。当项目比较大时，往往需要创建很多个模块，同时还可能导入第三方模块，这样就可能存在模块命名冲突问题。

Python 中提供了对包（package）的支持，Python 中的包和 Java 中的包类似，是一个目录结构，是一组相关模块构成的集合。通过包的应用，既可以扩大项目的模块数量，也可以避免模块命名冲突问题，同时还能进一步提升代码的复用性。

2. 创建包

Python 中的包实际上就是一个包含__init__. py 文件的文件夹，包的名称和层次关系其实就是文件夹的层次关系，创建包就是创建一个文件夹。但需要注意，__init__. py 中 init 前后包含两个下画线，__init__. py 文件内容可以为空，__init__. py 是在包被导入别的模块中时自动执行，可以在__init__. py 中加入一些在模块被导入时自动执行的代码。图 7-8 所示就是一个包的结构。

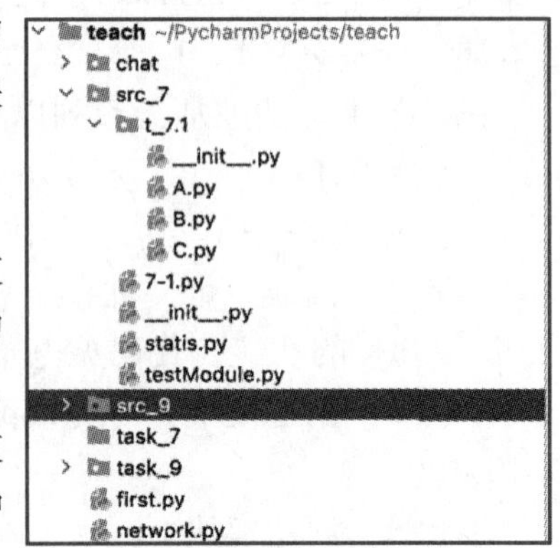

图 7-8 包结构

3. 引用包中模块的方式

创建包后，就可以在包中创建相应的模块，然后在别的模块中通过 import 或者 from…import 格式导入包中的模块。从一个包中导入模块的方式有下面几种。

（1）通过“import　包名 . 模块名”形式导入模块

假如 book 包下有个 info 模块（文件名为 info. py），其中包含了两个变量 count 和 size，在 book 包所在文件夹的上层文件夹下有个名为 showInfo 的模块，在 showInfo 模块中可以通过如下方式导入 book 包中的 info 模块。

```
import    book. info
print( book. info. count)                    #必须加 book. info 前缀
print( book. info. size)
```

这种方式导入的模块，在使用模块中的功能时，必须要加上“**包名 . 模块**”前缀。

（2）通过“from　包名　import　模块名”形式导入模块

与模块的导入方式类似，还可以使用“from　包名　import　模块名”的方式导入模块功能，例如，可以如下使用模块功能。

```
from   book   import   info
print( info. count)                  #必须加 info 前缀
print( info. size)
```

这种方式导入的模块，在使用模块中的函数时，必须要加上“**模块**”前缀。

（3）通过“from　包名 . 模块　import　模块中的对象”形式导入函数

这种方式是直接导入模块中的某个功能，如函数、变量、类等，代码如下。

```
from   book. info   import   size
print( count)                    #不能加前缀
print( size)
```

这种方式导入的模块，在使用模块中的函数时，模块中的功能对象前面不能加前缀。

（4）通过“from　包名 . 模块　import　*”形式导入模块的所有功能

这种方式是直接导入模块中的所有功能，代码如下。

```
from book. info import *
print(size)
print(count)
```

【注意】

这种方式导入的模块，在使用模块中的函数时，模块中的功能对象前面不能加前缀。

7.2.2 模块的相对引用和绝对引用

在引用模块时经常会碰到错误提示“ImportError: attempted relative import with no known parent package”，表示引用了错误的包路径。如图7-9所示是包层次关系。

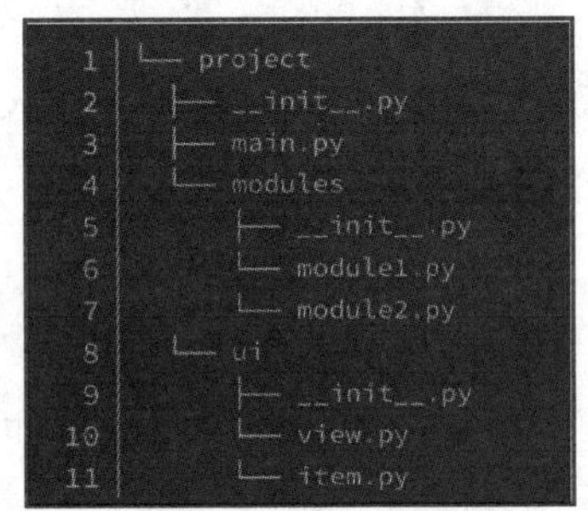

图7-9 包层次关系

要正确引用包中的模块，首先必须在项目的顶层目录下创建__init__. py文件，使得项目顶层文件夹变为包，同时需在各级包文件夹下也创建__init__. py文件，使得各级文件夹均变为包。

1. 绝对引用

所谓绝对引用，就是从项目顶层开始指定包的层次关系。例如，view模块引用item模块内的功能，需采用如下方式。

```
from ui. item import test
```

又如，view引用modules包下文件中的函数或类，采用如下方式。

```
from modules. module1 import crawl
from modules import module2
```

而项目目录下的main模块引用各个包下文件中的函数或类，采用如下方式。

```
from ui. item import test
from modules. module1 import crawl
from modules import module2
```

2. 相对引用

所谓相对引用，就是以当前模块所在的包为基础，指定待引用包的相对路径，如view包中引用item和module模块功能可以是相对引用方式。

```
from . item import test                    #.(一个点)表示当前包
from .. modules. module1 import crawl      #..(两个点)表示当前包的父层
```

实际项目中建议使用绝对引用方式，基本可以避免模块引用问题。

7.2.3 让模块中某段代码只在当前模块作为主程序时执行

所谓主程序，就是程序执行的入口。在编写代码时，经常要对模块功能进行调试，而且不希望调试代码在被导入其他模块后继续执行，这时就需要判断模块是否为运行主体，还是在其他模块中被调用后执行的。通过如下语法可以判断当前模块是否为主程序。

```
if __name__=='__main__':
    #只有当前模块作为主体运行时,才执行下面的代码
    ……
```

以下代码用于判断是否当前模块被作为执行文件运行。

```
def  fun1():
    .... 函数功能...

#只有在当前模块作为执行文件时才执行
if __name__=='__main__':
    d1=[2,45,6,788]
    print('平均值为',Xavg(d1))
    print('均方根为',Xrms(d1))
    print('标准差为',Xsd(d1))
```

【说明】

Python 中为每个模块赋予一个存储模块信息的变量__name__，程序代码中可以通过读取该变量的值，以确定在哪个模块中执行。如果一个模块不是在被导入其他模块中执行，那么它就是作为主程序执行，主程序方式执行时，__name__的值为"__main__"。

【实践指导】

【实践 7-2-1 指导】

根据【实践 7-2-1】的要求，可以按照如下步骤实现。

步骤 1：创建包的层次结构，完成后如图 7-10 所示。

步骤 2：在 a 模块中实现输出杨辉三角形的代码，具体见电子资源。

步骤 3：在模块 b 中调用模块 a 中的 yanghui 函数。

步骤 4：创建包 C，并在包中创建模块 c，实现获取随机字符串。

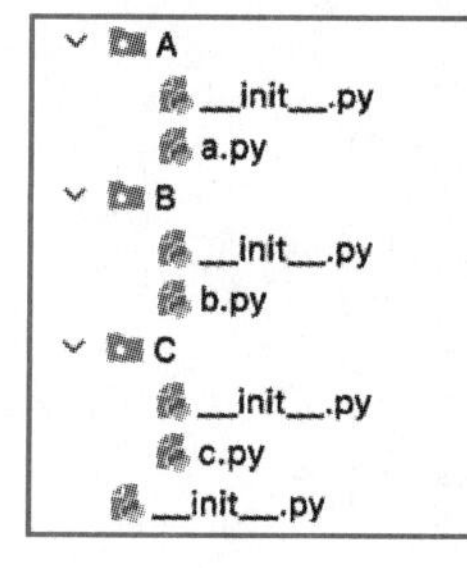

图 7-10 任务 7-2 的包层次结构

微课 7-2 包的创建与模块间调用

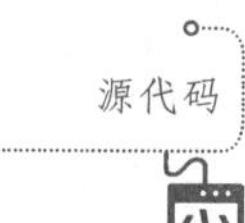

学习反思

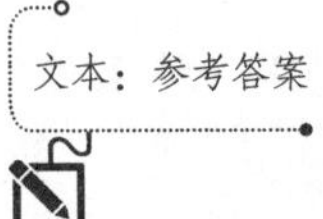

1. 什么是模块，模块与函数的关系是什么？
2. 什么是包，包与模块的关系是什么，包与文件夹有什么关系？
3. Python 中的文件夹满足什么条件就变成一个包？
4. 导入一个模块有哪些方式，这些方式有什么不同？
5. 如何解决模块找不到的问题？
6. 如何理解 if __name__ = ='__main__'？

项目 8 文件读写操作

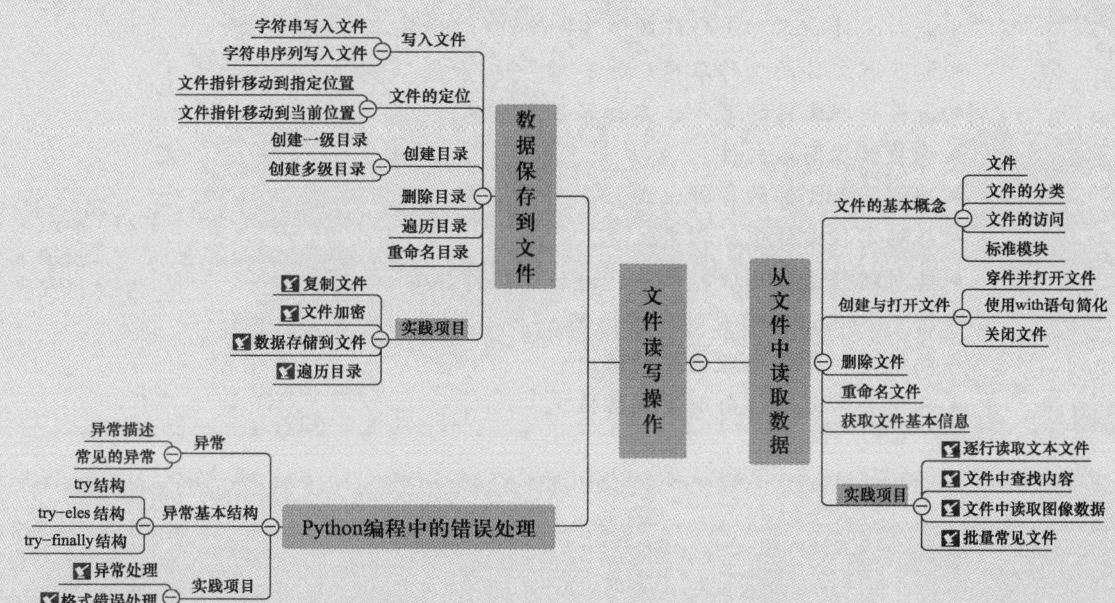

知识技能树

在本项目中，读者将学习如何在PyCharm环境中进行文件处理操作，以及使用标准模块处理文件。通过本项目的学习，读者将能掌握从文件中读取数据，并将数据处理结果存储在磁盘中的基本技能，为在操作系统下对文件数据进行管理打好坚实的基础。

PPT：项目8 文件读写操作

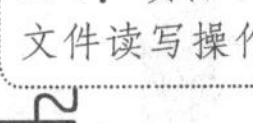

【学习目标】

- 认识Python中的文件类型。
- 理解文本文件和二进制文件的异同。
- 熟悉文件基本的操作。
- 能创建、打开和读取文件。
- 理解打开文件的不同方式。
- 能使用不同方式读取文件。
- 能对文件进行关闭、删除等操作。
- 能对文件的名称进行修改。
- 能获取文件的工作路径。
- 能够获取文件的大小、名称等基本信息。
- 能将数据写入文件。
- 理解写入文件的各种方式。
- 能够定位文件中的指定位置。
- 能对路径进行创建、删除、遍历等操作。
- 认识Python中常见的异常情况。
- 熟练使用异常处理的各种语句。
- 能用异常处理语句解决异常情况。

任务 8-1　从文件中读取数据

【任务要求】

【实践 8-1-1】 从文件中读取表格数据。已知在一个文件（ta_8.1.1.txt）中存放着学生成绩数据，请逐行读取，转换为列表形式，并用 for 循环重新输出成绩单。输出格式如下。

============2022 第一学期考试成绩单=======================

学号	大学语文	高等数学	中华文化	线性代数	人工智能	大数据	总分
202000101	98.5	91.3	79.8	94.2	64.9	89.9	518.6
202000102	71.7	69.6	67.1	67.7	63.2	85.9	425.2
202000103	65.9	88.7	71.5	65.8	98.9	96.5	487.3
202000104	71	68.1	64.5	95.1	78.9	82	459.6
202000105	85.1	97.3	67.5	63.9	67.3	96.2	477.3

===

【实践 8-1-2】 在文件中查找内容。有一个英语单词文件（ta_8.1.2-words.txt），其中包含了很多单词。编写程序，输出文件中包含“and”单词的所有行和对应行号，行号在最左边，后跟冒号和具体的行内容，类似格式：20：You and I are all good students.

笔 记

【实践 8-1-3】 从文件中读取图像数据。假设在手写数字识别项目中的测试数据已经存放在文件（ta_8.1.3.txt）中，每行代表一个图像所有像素点的值（0～255），如图 8-1 所示。第一列代表具体的数字（如数字 5），其后紧跟 28×28＝784 个数据（即图像的大小是 28×28），所有数字之间用英文逗号隔开。编写程序，读取第一行的数据，首先输出第 1 列的数字值，然后从第 2 列开始，每 28 个一组，将其中的非 0 改为 1，一行行输出，输出一个 28 行 28 列的正方形，观察输出数据构成的形状和第 1 列的数字有什么关系。

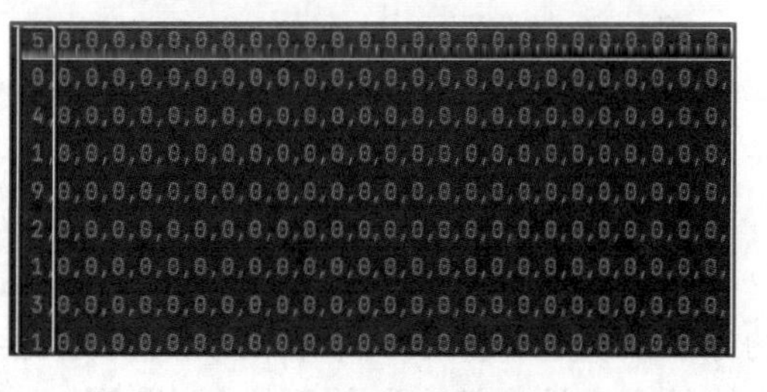

图 8-1　图像文件数据

【实践 8-1-4】 批量创建文件。编写程序，在当前 Python 程序所在文件夹的 txts 下创建 100 个文本文件，文件的命名格式为 000001.txt～000100.txt。注意，文件一定要创建在文件夹 txts 下。

【相关知识】

8.1.1　文件的基本概念

1. 文件

现实世界中，经常会遇到一些数据需要存储以供长期使用，人们会将数据保存在

笔 记

存储设备上，如硬盘、U 盘、移动硬盘、光盘等。在 Python 中，变量、序列和对象中存储的数据都是短暂保存在程序中，当程序结束后就会丢失，为了能够永久存储程序中的数据，也需要将数据保存在某种长期存储设备上。而计算机中的文件指的就是存储在计算机磁盘文件中的数据。

每个文件都有特定的文件名，当操作系统需要读取外部存储介质上的数据时，必须先按照文件名找到特定文件，然后再读取文件。

2. 文件的分类

按照文件的编码方式来分，文件主要分为文本文件和二进制文件两种。文本文件是基于字符编码的文件，常见的编码有 ASCⅡ编码、Unicode 编码等。二进制文件是基于值编码的文件，如图像文件、声音文件、压缩文件等。

两者的区别主要有，首先存储的数据类型不同，文本文件只能存储 char 型字符数据，而二进制文件可以存储 char、int、short、long、float 等各种变量值。另外，两者读写数据的方式也不同，二进制文件读写数据是将内存中的数据直接读写入文本中，而文本文件读写数据是将数据先转换成字符串再写入文本中。

3. 文件的访问

文件在计算机中是通过目录进行管理。目录一般采用树形结构，每个磁盘都有一个根目录，根目录下包括文件和子目录，子目录下又有下一级文件和子目录，以此类推，形成多级目录结构。访问文件时，必须知道文件所在的目录路径，路径是用来定位一个文件或者目录的字符串。路径一般包括相对路径和绝对路径两种。注意，目录、文件夹、路径一般含义类似。

（1）相对路径

相对路径是依赖于当前工作目录的，当前工作目录是指当前文件所在的目录。如果从程序当前目录位置标识文件所在的路径就是相对路径访问。

（2）绝对路径

绝对路径不依赖于当前工作目录，它是从根目录开始标识文件所在的完整路径。采用此种访问方式，不论何种程序调用同一个文件所使用的路径都是相同的。

4. 标准模块

Python 中没有提供直接操作文件和目录的函数或者对象，需要使用 Python 中内置的标准模块进行操作。标准模块指的是封装了实现具体功能的函数或者类，只要通过模块的相应接口就可以使用模块的功能。常用的可以处理文件或者目录的标准模块有 os、os. path、pickle 模块。以下介绍 os 模块。

在使用 os 模块前，需要用 import 语句导入模块，才可以使用模块提供的函数或者变量。导入模块非常简单，基本语法如下。

```
import 标准模块名称
```

调用 os 模块可以获取系统的相关信息，常用的变量如下（s8. 1. py）。

```
    ####################### s8. 1. py ##########################
import os                                  #调用 os 模块
```

源代码

```
#通过 os 模块提供的通用变量获取操作系统的类型
print(os.name)                          #输出 nt,表明是 Windows 操作系统
#通过 os 模块提供的通用变量获取当前操作系统上的换行符
print(os.linesep)                       #输出'\r\n'
#通过 os 模块提供的通用变量获取当前操作系统所使用的路径分隔符
print(os.sep)                           #输出'\\'
```

通过 os.name 获取操作系统的类型时，输出结果若为 nt，表明是 Windows 操作系统，若为 posix，则是 Linux、UNIX 或 Mac OS 操作系统。

调用 os 模块还可以对目录进行操作，常用的操作如下（s8.2.py）。

```
        ######################## s8.2.py ##########################
import os                               #调用 os 模块

#通过 os 模块提供的通用变量把 path 设置为当前工作目录
os.chdir('D:/')                         #将当前工作目录更改为 D 盘
#通过 os 模块提供的通用变量返回当前的工作目录
print(os.getcwd())                      #确认是否已将当前目录切换到 D 盘
#通过 os 模块提供的通用变量返回指定路径下的文件和目录信息
print(os.listdir())                     #查看当前目录下所有的子目录和文件
#通过 os 模块提供的通用变量创建目录
os.mkdir('Python')                      #在 E 盘下建立文件夹 Python
os.mkdir('Users')                       #在 E 盘下建立文件夹 Users
#通过 os 模块提供的通用变量创建多级目录
os.makedirs('Python\exercise\exercise01') #在 E 盘的文件夹 Python 下建立多级目录
#通过 os 模块提供的通用变量删除目录
os.rmdir('Users')                       #删除空目录 Users
#通过 os 模块提供的通用变量删除多级目录
os.removedirs('Python\exercise\exercise01') #删除多级目录 Python
```

① 使用 os.listdir()方法返回指定路径下的文件和目录信息时，返回的结果是列表，包括子目录和文件的名称且不显示特殊格式命名的文件，如隐藏文件。

② 使用 os.mkdir(path[,mode])方法创建目录时，如果文件夹的名称已经存在，程序会报错。

③ 使用 os.rmdir(path)删除目录时，如果文件夹不是空文件夹，程序会报错。

④ 使用 os.makedirs(path1/path2…)方法创建多层目录时，若有不存在的目录，系统会自动建立。

⑤ 使用 os.removedirs(path1/path2…)方法删除多层目录时，逐层目录会被删除。

8.1.2 创建与打开文件

在操作系统中，由于对数据的管理是以文件形式进行操作的，所以文件系统是操作系统的重要组成部分。想要操作文件，需要先创建文件或者打开指定的文件。

1. 创建并打开文件

在 Python 程序中，创建文件既建立了文件的相关信息，同时也将文件对象与磁盘文件建立关系。Python 中创建或打开一个存在文件的语法如下。

```
#创建并打开文件的语法
文件对象 = open(文件名称[,mode='r',buffering=-1])
```

① 文件名称需要使用单引号或双引号括起来，如果要打开的文件和当前文件在同一目录下，那么直接写文件名称即可，否则需要指定完整路径。

② mode 为可选参数，用来指定文件的打开模式。可选的参数值及其说明见表 8-1，其中文件打开模式默认值为 r。

③ buffering 为可选参数，用来设置读写文件的缓存区。默认值为-1。如果值为 0，表示关闭缓存区，只允许使用二进制模式；如果值为 1，表示缓存文件，只用于文本模式；如果值大于 1，表示缓存区的固定大小；如果值设置为负值，表示缓存区的大小为系统默认的大小。

表 8-1　model 的参数值及其说明

参数值	说　明	注　意
r	以只读模式打开文件（默认）。文件指针在文件开头	文件必须存在
rb	以二进制格式打开文件，采用只读模式。文件指针在文件开头，一般用于非文本文件	
r+	打开文件后，可读取内容，也可写入新内容覆盖原有内容（从文件开头开始覆盖）	文件必须存在
rb+	以二进制格式打开文件，采用读写模式。文件指针在文件开头	
w	以只写模式打开文件	若文件存在，将其覆盖；否则创建新文件
wb	以二进制格式打开文件，采用只写模式。一般用于非文本文件	
w+	打开文件后，先清空原内容，对空文件有读写权限	
wb+	以二进制格式打开文件，采用读写模式。一般用于非文本文件	
a	以追加模式打开文件。若文件存在，文件指针在文件末尾；若文件不存在，则创建一个新文件并写入	
ab	以二进制格式打开文件，采用追加模式。若文件已存在，文件指针在文件末尾；若文件不存在，则创建一个新文件并写入	
a+	以读写模式打开文件。若文件存在，文件指针在文件末尾；若文件不存在，则创建一个新文件用于读写	若想读取文件内容，需将文件指针移到文件开头
ab+	以二进制格式打开文件，采用追加模式。若文件已存在，文件指针在文件末尾；若文件不存在，则创建一个新文件用于读写	
x	创建新文件，以写入模式打开文件。若文件已存在，将引发异常，报错 FileExistsError	

使用 open 函数打开一个文件如下（s8. 3. py）。

源代码

```
######################## s8. 3. py ###########################
#打开一个不存在的文本文件时需要先创建文件
file = open('data_01. txt','w')          #在当前目录下创建并打开文本文件
                                         #data_01. txt
file = open('data_01. txt','x')          #在当前目录下创建并打开文本文件
                                         #data_01. txt
file = open('data_01. png','wb')         #在当前目录下创建并打开非文本文件
                                         #data_01. png

#使用 open()打开已存在的文本文件
file = open('data_03. txt','r')          #打开当前目录下的文本文件 data_03. txt
file = open('data_03. txt','r+')         #打开当前目录下的文本文件 data_03. txt
file = open('data_03. txt','w')          #打开当前目录下的文本文件 data_03. txt
file = open('data_03. txt','w+')         #打开当前目录下的文本文件 data_03. txt,
                                         #并清空内容
file = open('D:\\data_04. txt','r')      #打开 D 盘根目录下的文本文件 data_03. txt
file = open('D:\\data_04. txt','w+')     #打开 D 盘根目录下的文本文件 data_03. txt,
                                         #并清空内容
file = open('data_05. png','rb')         #打开当前目录下的非文本文件 data_05. png
file = open('D:\\data_06. png','rb')     #打开 D 盘根目录下的非文本文件
                                         #data_06. png


#打开文件时指定编码方式
file = open('data_07. txt','r',encoding='utf-8' )          #打开 data_07. txt,编码指定
                                                           #为 UTF-8
file = open(' D:\\data_08. txt','r',encoding='utf-8' )     #打开 data_08. txt,编码指定
                                                           #为 UTF-8
```

【注意】

① 使用 open()函数不仅可以以文本形式打开文本文件，还可以以二进制形式打开非文本文件，如音频文件、图片文件、视频文件等。

② 当使用 open()函数以二进制形式打开一个图片文件时，输出对象是一个 BufferedReader 对象，该对象可以用其他第三方模块进行处理。

③ 在 Windows 环境下，使用 open()函数打开文件时，默认采用 GBK 编码，当被打开的文件不是该编码时，系统会抛出异常。

2. 使用 with 语句打开文件

文件操作完毕后，应及时关闭文件。但是在一些实际操作中，会忘记关闭文件，

笔记

并且如果在打开文件时系统抛出异常，那么该文件就不会被及时关闭。为了更好地避免这些问题的发生，可以使用with语句来打开文件。使用此种方式打开文件，可以保证with语句执行完毕后关闭已经打开的文件。具体的语法如下。

```
with 表达式 as 变量:
    with 语句          #执行文件操作的相关代码
```

使用with语句打开一个文件如下。

```
#无论文件操作过程中是否抛出异常,使用 with 语句打开文件都能保证 with 语句执
#行完毕后关闭已经打开的文件
with open('data_01.txt','w') as file:        #使用 with 语句打开文件 data_01.txt
    print('文件已关闭')                        #输出文件已关闭
with open('data_01.txt','w') as file:        #使用 with 语句打开文件 data_01.txt
    pass                                     #pass 语句代表不想执行任何语句
```

8.1.3 关闭文件

文件操作完毕后，应及时关闭文件，避免对文件造成不必要的破坏。关闭文件可以使用文件对象的close()方法，具体的语法如下。

```
文件.close()                #使用 with 语句打开的文件无须关闭
```

使用close()关闭文件，例如：

```
data_01.txt.close()
```

【注意】

① 使用close()方法关闭文件之前，会先刷新缓冲区中还没有写入的信息，也就是说，它会将没有写入文件中的内容写入文件后再关闭文件。

② 文件关闭之后，就不可以进行读写操作。

8.1.4 读取文件

读取文件指的是将磁盘上文件中的数据取出后放到内存中或进行其他处理。下面介绍读取文件中的一行数据、指定字节的数据，以及读取全部内容的方法。这里以文本文件读取为例。

1. 读取全部内容

要读取文件的全部内容，可以直接用文件对象的read()方法，格式如下。

```
文件对象.read()
```

示例代码如下。

```
with open('readme.txt', 'r') as f:
    print(f.read(), end='')       # end=''用来关闭 print 默认添加换行符
```

这种方式适合文件比较小的情况。

2. 读取指定大小的内容

要读取文件中指定大小的数据，格式如下。

```
文件对象.read(读取字符数)
```

示例代码如下。

```
with open('readme.txt', 'r') as f:          #打开 readme.txt 文件,返回文件对象 f
    while True:                              #循环读取
        str = f.read(18)                     #每次读取 18 字节
        if not str:                          #如果读到文件结尾,即读取的结果为 None
            break                            #停止读取过程
        print(str, end='')
```

① 这种方式每次读取指定大小的数据。
② 下次读取时，从上次读取末尾的下一个位置开始。
③ 这种读取方式，适合文件比较大的情况。

3. 读取一行内容

要读取文件中的一行文本，格式如下。

```
文件对象.readline()
```

示例代码如下。

```
with open('s2.8.py', 'r') as f:        #打开 readme.txt 文件,返回文件对象 f
    while True:                         #循环读取
        str = f.readline()              #每次读取一行
        if not str:                     #如果是文件末尾,则跳出循环
            break                       #停止读取
        print(str, end='')              #因为文本行末有换行符,故这里不再加换行符
```

这种读取方式，不适合二进制文件，因为二进制文件的行是不确定的，即没有常规的行结尾字符。

4. 读取文件的全部行

读取文件全部行的内容，格式如下。

```
文件对象.readlines()
```

示例代码如下。

```
with open('readme. txt', 'r') as f:          #打开 readme. txt 文件,返回文件对象 f
    content= f. readlines()                  #读取文件所有行
    for line in content:                     #遍历读取的行
        print(line, end='')                  #输出每个行的内容
```

【注意】

① 这种方式适合文件比较小的情况。

② 这种方式只适合文本文件。

③ 这种读取方式和前面 read()方法返回不同，这种方式返回的是列表，read()返回的是字符串。

8.1.5 删除文件

Python 中没有内置删除文件的函数，但是可以通过标准模块 os 进行删除文件的操作，语法如下。

```
os. remove(文件路径)
```

当使用此方法删除文件时，要求文件已存在，否则系统会抛出异常。实例如下。

```
#使用 os. remove()方法删除文件
import os                                    #导入 os 模块
os. remove('data_01. txt')                   #删除文件
```

【注意】

文件路径既可以使用绝对路径，也可以使用相对路径。

8.1.6 重命名文件

通过标准模块 os 模块，可以进行重命名文件的操作。语法如下。

```
os. rename(文件原名称,文件新名称)
```

当使用此方法重命名文件时，要求文件已存在，否则系统会抛出异常。实例如下。

```
#使用 os. rename()方法重命名文件
import os                                    #导入 os 模块
os. rename('data_01. txt', 'data_00. txt')   #将文件名称改为 data_00. txt
```

8.1.7 获取文件基本信息

计算机中的文件本身会包含一些信息，如文件大小、文件最后一次访问时间、文件最后一次修改时间等基本信息。通过标准模块 os 的 stat()函数可以获取文件基本信

息。语法如下。

```
os. stat(文件路径)
```

当使用此方法获取文件基本信息时，应该先导入 os 模块。另外，该函数的返回值是一个对象，它包含很多属性，通过访问这些属性可以获取文件的基本信息。实例如下（s8. 4. py）。

源代码

```
######################## s8. 4. py ###########################
#使用 os 模块的 stat()函数获取文件基本信息
import os                                    #导入 os 模块
information=os. stat('data_01. txt')         #获取文件基本信息
print(information. st_mode)                  #获取文件保护模式
print(information. st_dev)                   #获取文件所在设备名
print(information. st_into)                  #获取文件索引号
print(information. st_size)                  #获取文件大小
print(information. st_mtime)                 #获取文件最后一次修改时间
print(information. st_atime)                 #获取文件最后一次访问时间
print(information. st_ctime)                 #获取文件最后一次状态的变化时间
```

【注意】

使用 st_ctime 属性获取文件最后一次状态的变化时间时，根据所在系统的不同，返回结果也不一样。例如，在 Windows 系统下返回的是文件创建时间。

【实践指导】

【实践 8-1-1 指导】

微课 8-1
从文件中读取表格数据

本实践主要是熟悉逐行读取文本文件、关闭文件的操作，特别需要注意打开文件的方式。逐行读取文件的具体格式如下。

```
文件 . readline()
```

逐行读取文件内容如下。

```
f = open('running. txt','r',encoding='utf-8')
print('文件名为:',f. name)
line = f. readline()
print('读取第一行%s'%(line))
line = f. readline(6)
print('读取的字符串为:%s'%(line))      #加上换行符共 6 个字符,再次 readline 就
                                       #读取下一行
line = f. readline(4)
```

```
print('读取的字符串为:%s'%(line))
#关闭文件
f.close()
```

输出结果如下。

```
…这里忽略输出结果
```

具体程序代码如下。

```
    ######################## t8_1.1.py ############################
print('========2022 第一学期考试成绩单==================')
score = []
file = open('ta_8_1.1.txt','r',encoding='utf-8').read().split('\n')
for line in file:
    print(line)
    score.append(line)
print('=========================================')
file.close()
```

执行后，结果显示为：

```
…这里忽略输出结果
```

【实践 8-1-2 指导】

微课 8-2
在文件中查找内容

本实践主要是熟悉读取文本文件内容的操作。具体程序代码见电子资源。

```
    ######################## t8_1.2.py ############################
score = []
file = open('ta_8_1.2-words.txt','r',encoding='utf-8')
list0 = file.read().split('\n')
hang = 1
for line in list0:
    if 'and' in line:
        print(str(hang)+':'+line)
    hang+=1
file.close()
```

执行后，结果显示如下。

```
…这里忽略输出结果
```

【实践 8-1-3 指导】

本实践主要是熟悉读取二进制文件、输出文件内容的操作。具体程序代码见电子资源。

【实践 8-1-4 指导】

本实践主要是熟悉批量创建文本文件的操作。具体程序代码如下。

```
    ######################### t8_1.4.py #############################
import os
os.path.exists('./txts/')
os.makedirs('./txts/')
for i in range(1,101):
    f = open('./txts//%06d'%i+'.txt','w')
    f.close()
```

源代码

任务 8-2 数据保存到磁盘

【任务要求】

【实践 8-2-1】 文件复制。编写程序，将任务 8-1 中涉及的 ta_8.1.2-words.txt 文件复制一份，要求以逐行读取、逐行写入的方式复制，新文件命名为 words-bak.txt，存放位置和当前程序在相同文件夹即可。

【实践 8-2-2】 高强度加密。阅读 RSA 算法基本原理，编写程序生成 RSA 算法的公钥和私钥文件，分别命名为 public.pem 和 private.pem，并用公钥对如下字符串进行加密，输出加密结果，然后再对输出的结果用私钥进行解密，检查是否和原字符串一样。

```
Hello,This is RSA 加密
```

【实践 8-2-3】 数据存储到文件。利用 Python 的随机数功能，生成 100×100 的一个随机数矩阵，即 100 行 100 列，每个随机数都是 0~1 之间的数字，并且保留小数点后 6 位，将生成的矩阵放入二维列表中，然后将这些数据逐行写入 data.txt 文件中。

【实践 8-2-4】 遍历目录。编写程序，遍历并统计 C:\windows 路径（如果是 Mac 或 Linux，请遍历/user 文件夹）下有多少个文件和文件夹，并输出结果。

笔记

【相关知识】

8.2.1 写入文件

当打开文件后，可以将数据写入文件中，写入文件也就是将内存中的数据存储到磁盘上。以下介绍将字符串和字符串序列写入文件中的方法。

1. 将字符串写入文件中

将字符串写入文件的语法如下。

```
文件.write(字符串)
```

在将字符串写入文件时，以不同打开模式打开的文件中，向其中写入字符串的效果是不同的。实例如下（s8.5.py）。

```
######################## s8.5.py ############################
#以'w'模式打开文件,写入字符串
file = open('data_01.txt','w')                 #以'w'模式打开文件 data_01.txt
file.write('string')                           #文件原内容被'string'覆盖
file.close()                                   #关闭文件 data_01.txt

#以'a'模式打开文件,写入字符串
file = open('data_01.txt','a')                 #以'a'模式打开文件 data_01.txt
file.write('string')                           #文件原内容后追加内容'string'
file.close()                                   #关闭文件 data_01.txt
```

【注意】

① 以'w'模式打开文件时，是以写入方式打开文件。原文件内容会被覆盖，文件中只有新写入的内容。

② 以'a'模式打开文件时，是以追加方式打开文件。如果文件存在，文件打开后，文件指针在文件末尾，新写入的内容追加在文件原内容的后面；如果文件不存在，就会创建新文件，在新文件中追加写入的内容。

③ 在进行写入文件操作后，一定要关闭文件，否则写入内容不会被保存在文件中。

2. 将字符串序列写入文件中

将字符串序列写入文件的语法如下。

```
文件.writelines(字符串序列)
```

同样，在将字符串序列写入文件时，以不同打开模式打开的文件中，向其中写入字符串序列的效果也是不同的。另外，写入的字符串序列不会自动换行，如果需要换行，必须使用换行符'\n'。

实例如下（s8.6.py）。

```
######################## s8.6.py ############################
#以'w'模式打开文件,写入字符串序列
file = open('data_01.txt','w')                 #以'w'模式打开文件 data_01.txt
file.writelines(['a', 'b', 'c', 'd'])          #文件原内容被'a', 'b', 'c', 'd'覆盖
file.close()                                   #关闭文件 data_01.txt

#以'a'模式打开文件,写入字符串序列
file = open('data_01.txt','a')                 #以'a'模式打开文件 data_01.txt
```

```
file. writelines ([ 'a', 'b', 'c', 'd' ])    #文件原内容后追加内容'a', 'b', 'c', 'd'
file. close( )                               #关闭文件 data_01. txt

#写入的字符串内容不会自动换行,如果需要换行,必须使用换行符'\n'。
file = open('data_01. txt','a')              #以'a'模式打开文件 data_01. txt
file. writelines ([ 'a\n ', 'b\n ' ])        #文件原内容后追加'a',下一行追加内容 'b'
file. close( )                               #关闭文件 data_01. txt
```

8. 2. 2 文件的定位

在系统中，磁盘中的信息可以随机访问，也就是说文件中的指针可以移动到任何位置。当使用默认模式打开文件时，文件的读指针会定位在文件开头，即文件中的内容会从左到右进行读写。当使用'a'模式打开文件时，文件指针会定位在文件结尾，即文件内容会在文本末尾进行追加写入。

1. 将文件指针移动到指定位置

将文件指针移动到指定位置可以使用 seek( )方法，具体的语法如下。

```
文件 . seek( 偏移值,[ 起始位置 ])
```

当使用此方法移动文件指针时，实例如下（s8. 7. py）。

源代码

```
######################## s8. 7. py ###########################
#使用 seek( )方法将文件指针移动到指定位置
with open('data_01. txt', 'r') as file:      #打开文件
    file. seek(10)                           #文件指针从文件头向右移动 10 个字符
file. seek(10,0)                             #文件指针从文件头向右移动 10 个字符
file. seek(10,1)                             #文件指针从当前位置向右移动 10 个字符
file. seek(-10,10)                           #文件指针从文件末尾向左移动 10 个字符
string = file. read(4)                       #读取 4 个字符
print( string)                               #输出读取的字符
```

【注意】

① 当偏移值为正数时，表示向右移动，即文件指针向文件末尾的方向移动；当偏移值为负数时，表示向左移动，即文件指针向文件头的方向移动。

② 当起始位置为 0 时，表示从文件头开始；当起始位置为 1 时，表示从当前文件指针位置开始；当起始位置为 2 时，表示从文件末尾开始。起始位置默认值为 0。

③ 当起始位置不为 0 时，只有'b'模式可以指定非 0 的偏移值。

2. 获取文件指针的当前位置

获取文件指针的当前位置可以使用 tell( )方法，具体的语法如下。

```
文件 . tell( )
```

当使用此方法获取文件指针的当前位置时，实例如下（s8. 8. py）。

源代码

```
######################## s8. 8. py ##########################
#使用 tell()方法获取文件指针的当前位置
with open('data_01. txt', 'r') as file:     #打开文件
    file. read()                            #读取文件内容
    file. tell()                            #查看文件指针当前位置
    file. seek(0,0)                         #将文件指针移动到文件头
    file. tell()                            #查看文件指针所在位置
    data = file. readlines()                #读取文件一行内容并存储在变量 data 中
    print(data)                             #输出 data
    file. tell()                            #查看文件指针所在位置
    file. seek(24)                          #文件指针从文件头向右移动 24 个字符
    file. tell()                            #查看文件指针所在位置
    file. read()                            #读取文件指针之后的内容
```

① 当使用 open()方法打开文件后，文件指针默认在文件开头。

② 当使用 read()方法读取出文件所有内容后，文件指针到达文件末尾。

③ 当使用 readline()方法读取出文件中第一行数据后，文件指针到达文件第一行的末尾。

8. 2. 3 创建目录

使用标准模块 os 可以进行创建目录的操作。

1. 创建一级目录

创建一级目录，即一次只能创建一级目录，可以使用标准模块 os 提供的 mkdir()函数进行创建。具体的语法如下。

```
os. mkdir(目录,mode=0o77)
```

当使用此方法创建一级目录时，要求目录不存在，否则系统会抛出异常。实例如下。

```
#使用 os. mkdir()方法创建一级目录
import os                                   #导入 os 模块
os. mkdir('E:\\user)                        #创建一级目录
```

2. 创建多级目录

如果想要创建多级目录可以使用标准模块 os 提供的 makedirs()函数进行创建。具体的语法如下。

```
os. makedirs(目录,mode=0o77)
```

使用此方法创建多级目录，实例如下。

```
#使用 os.makedirs()方法创建多级目录
import os                                          #导入 os 模块
os.makedirs('E:\\user\\python)                     #创建多级目录
```

8.2.4 删除目录

通过标准模块 os 模块，可以进行删除目录的操作。语法如下。

```
os.rmdir(目录)
```

当使用此方法删除目录时，需要目录为空，否则系统会抛出异常。实例如下。

```
#使用 os.rmdir()方法删除目录
import os                                          #导入 os 模块
os.rmdir('E:\\user\\python')                       #删除目录
```

8.2.5 遍历目录

遍历目录指的是遍历指定目录下的全部目录及文件。可以使用标准模块 os 的 walk()函数进行操作。基本的语法如下。

```
os.walk(根目录[,遍历顺序][,错误处理方式][,])
```

使用此方法创建多级目录，实例如下。

```
#使用 os.makedirs()方法创建多级目录
import os                                          #导入 os 模块
os.makedirs('E:\\user\\python)                     #创建多级目录
```

8.2.6 重命名目录

通过标准模块 os，可以进行重命名目录的操作。语法如下。

```
os.rename(文件原目录,文件新目录)
```

当使用此方法重命名文件时，要求文件已存在，否则系统会抛出异常。实例如下。

```
#使用 os.rename()方法重命名目录
import os                                          #导入 os 模块
os.rename('user', 'test')                          #将目录名称改为 test
```

【注意】

在使用 os.rename()函数进行重命名目录操作时，只能修改最后一级的目录名称，否则系统将抛出异常。

【实践指导】

微课 8-3
文件复制

【实践 8-2-1 指导】

本实践主要是熟悉逐行读取文本文件、逐行写入文本文件、关闭文件的操作，特别需要注意打开文件的方式。逐行写入文件的具体格式如下。

```
文件.writelines(字符串序列)
```

其中，以不同打开模式打开的文件中，向其中写入字符串序列的效果也是不同的。另外，写入的字符串序列不会自动换行，如果需要换行，必须使用换行符'\n'。

文件 running.txt 中的内容如下。

```
这是第一行
这是第二行
这是第三行
这是第四行
这是最后一行
```

逐行读取文件内容如下。

```
#打开文件
f = open('running.txt', 'w')
print('文件名为:',f.name)
seq = ['我是新的第一行 1\n', '我是新的第二行 2']
f.writelines(seq)
#关闭文件
f.close()
```

输出结果如下。

```
文件名为：running.txt
```

由于文件 running.txt 的打开方式为'w'，'w'代表以只写模式打开文件，意味着新的内容会覆盖文件原内容，打开文件 running.txt 中的内容如下。

```
我是新的第一行 1
我是新的第二行 2
```

具体程序代码如下。

源代码

```
########################t8_2.1.py ###########################
f1 = open('ta_8_1.2-words.txt',encoding='utf-8')
f2 = open('words-bak.txt','w')
data = f1.readlines()
for i in data:
```

```
        f2.writelines(i)
    f1.close()
    f2.close()
```

【实践 8-2-2 指导】

本实践主要是熟悉读取并写入文本文件内容的操作。以下介绍 RSA 算法，步骤如下。

① 任意选取两个不同的大素数 p 和 q，计算两者乘积 n=p∗q，f(n)=(p−1)∗(q−1)。

② 任意选取一个大整数 e，满足最大公约数 gcd(e,f(n))=1，整数 e 作为加密钥。

③ 确定解密钥 d，满足 d 和 e 两者乘积与 f(n)的求余运算(d∗e)modf(n)=1，即 d∗e=k∗f(n)+1，k≥1 是一个任意的整数。

④ 公开整数 n 和 e，秘密保存 d。

⑤ 将明文 m 加密成密文 c，加密算法为：$c=E(m)=m^{e}modn$。

⑥ 将密文 c 解密为明文 m，解密算法为：$m=D(c)=c^{d}modn$。

具体程序代码见电子资源。

【实践 8-2-3 指导】

微课 8-4
数据存储到文件

本实践主要是熟悉写入文本文件、创建目录的操作。具体程序代码如下。

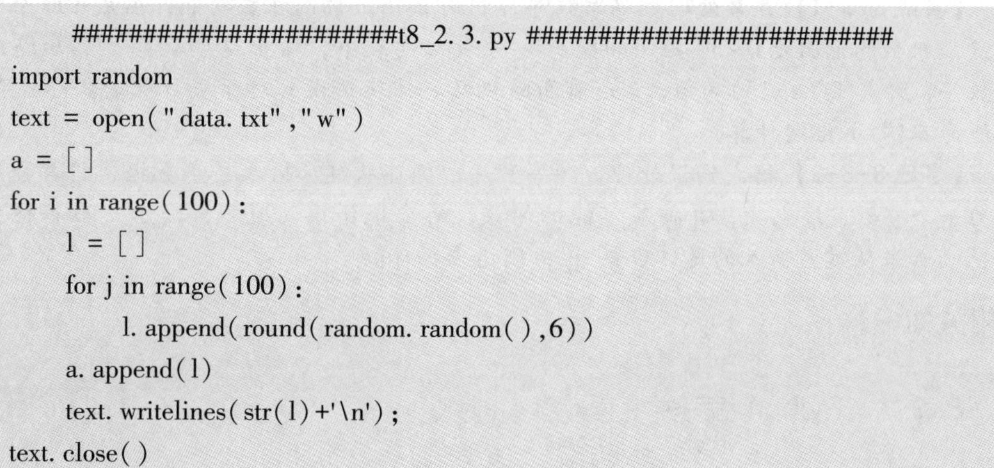

```
        ########################t8_2.3.py ###########################
    import random
    text = open("data.txt","w")
    a = []
    for i in range(100):
        l = []
        for j in range(100):
            l.append(round(random.random(),6))
        a.append(l)
        text.writelines(str(l)+'\n');
    text.close()
```

【实践 8-2-4 指导】

本实践主要是熟悉遍历目录的操作。具体程序代码如下。

```
        ########################t8_2.4.py ###########################
    import os
    path ="C:\windows"
    document = 0
    folder = 0
```

笔记

```
for fn in os.listdir(path):
        folder += 1
for root,dirs,files in os.walk(path):
    for each in files:
            document += 1
print(document)
print(folder)
```

执行后，结果显示如下。

```
231714
116
```

任务 8-3 Python 编程中的错误处理

【任务要求】

【实践 8-3-1】 异常处理。编写程序，利用 Python 的随机数功能，生成 100 个随机数（随机数的范围是 0~50 之间的整数）并放入列表中，输出这些数字，然后遍历这些数字，计算 1/(x-15)的值，x 是前面随机数。捕获错误，对于被 0 除时提示“除数不能为零!”并继续计算。

【实践 8-3-2】 格式错误处理。编写程序，循环从键盘输入任意数据，将其分别转换为一个整数、浮点数，并捕获可能的错误，对出现错误的地方，提示“数据格式错误!”。如果从键盘输入的是“Q 或 q”，则退出循环。

【相关知识】

8.3.1 Python 编程中的异常

1. 异常

Python 程序中的异常指的是在程序执行过程中，产生了与预期不一样的结果，阻止程序正常运行的情况。在异常发生时，Python 解释器会接手管理以终止程序的运行。

Python 程序中的异常一般分为语法错误和程序异常两种情况。语法错误指的是编写代码过程中使用的语法不符合 Python 语言的编程规定，程序异常指的是执行程序过程中产生的异常。

2. 常见的异常及其描述

表 8-2 列出了 Python 中常见的异常。

表 8-2 Python 中常见的异常与描述

异　　常	描　　述
NameError	尝试访问一个没有声明的变量
IndexError	索引超出列表范围
IndentationError	缩进错误
ValueError	传入的值错误
KeyError	请求的键在字典中不存在
IOError	输入输出错误
ImportError	当 import 语句无法找到模块或者 from 无法在模块中找到相应的名称时
AttributeError	尝试访问未知的对象属性
TypeError	不同类型之间的无效操作
MemoryError	内存不足
ZeroDivisionError	除数为零

8.3.2 异常处理语句

程序发生异常时，Python 解释器会捕捉到异常，抛出到执行环境中，并显示回溯 Traceback 过程以及错误发生代码所在的位置，中断程序的执行。为了在异常产生的情况下，程序可以正常地执行，可以使用以下语句来截获异常保障程序正常的运行。

1. try…except 语句

使用 try…except 语句可以捕获并且处理异常，具体的语法如下。

```
try:
    可能出现的错误
except [要捕获的异常名称[as 名称]]:
    进行异常处理
```

使用 try…except 语句捕获异常后，当程序出错时，会输出错误的信息，程序会继续执行。下面实例应用 try…except 语句捕获执行 division()函数可能抛出的 ZeroDivisionError 异常（s8.9.py）。

源代码

```
        ########################s8.9.py ##########################
#定义一个 division 函数用来分发东西
def division():
    number = int(input('总数为:'))              #输入被除数
    people = int(input('人数为:'))              #输入除数
    result = number//people                     #求商
    remain = number-result * people             #求余数
    if remain > 0:
```

笔 记

```
        print(result,remain)
    else:
        print(result)
if __name__ == '_main_':
    try:                                            #捕获异常
        division()                                  #调用函数 division()
    except ZeroDivisionError:                       #处理异常
        print('除数为 0 异常')
```

2. try…except…else 语句

下面实例应用 try…except…else 语句捕获执行 division() 函数可能抛出的 ValueError 异常（s8. 10. py）。

源代码

```
    ########################s8. 10. py ##########################
#定义一个 division 函数用来分发东西
def division():
    number = int(input('总数为:'))                  #输入被除数
    people = int(input('人数为:'))                  #输入除数
    result = number//people                         #求商
    remain = number-result * people                 #求余数
    if remain > 0:
        print(result,remain)
    else:
        print(result)
if __name__ == '_main_':
    try:                                            #捕获异常
        division()                                  #调用函数 division()
    except ZeroDivisionError:                       #处理异常
        print('除数为 0 异常')
    except ValueError as e:                         #处理 ValueError 异常
        print('输入错误')                           #输出错误原因
    else:                                           #没有抛出异常时执行
        print('顺利完成')
```

【注意】 else 语句用来指定当 try 语句块中没有发生异常时要执行的语句块，而当 try 语句块中发生异常时，该语句块中的内容将不会被执行。

3. try…except…finally 语句

使用 try…except…finally 语句可以捕获并且处理异常，具体的语法如下。

```
try:
    可能出现的错误
except [要捕获的异常名称[as 名称]]:
    进行异常处理
finally:
    执行清理
```

下面实例应用 try…except…finally 语句捕获执行 division( ) 函数可能抛出的异常(s8.11.py)。

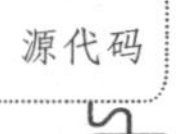


```
    ########################s8.11.py ###########################
#定义一个 division 函数用来分发东西
def division():
    number = int(input('总数为:'))                    #输入被除数
    people = int(input('人数为:'))                    #输入除数
    result = number//people                           #求商
    remain = number-result * people                   #求余数
    if remain > 0:
        print(result,remain)
    else:
        print(result)
if __name__ == '_main_':
    try:                                              #捕获异常
        division()                                    #调用函数 division()
    except ZeroDivisionError:                         #处理异常
        print('除数为 0 异常')
    except ValueError as e:                           #处理 ValueError 异常
        print('输入错误')                              #输出错误原因
    else:                                             #没有抛出异常时执行
        print('顺利完成')
    finally:                                          #无论是否发生异常都执行
        print('进行了分发操作')
```

无论系统是否引发异常，使用 finally 语句都可以执行清理代码。

微课 8-5
异常处理

【任务指导】

【实践 8-3-1 指导】

本实践主要是熟悉 Python 编程中的异常处理，尤其是 ZeroDivisionError。具体程序代码见电子资源。

源代码

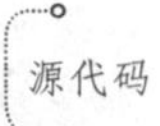

【实践 8-3-2 指导】

本实践主要是熟悉 Python 编程中的异常处理语句。具体程序代码见电子资源。

学习反思

文本：参考答案

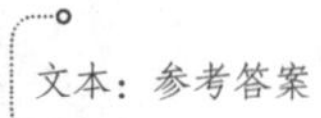

1. 掌握文本文件的创建与读取。
2. 如何区别文件的相对路径和绝对路径？
3. 根据自己的理解，讲述什么是将数据处理结果保存到磁盘。
4. 如何向文件中写入字符串与字符串序列？
5. 如何解决 Python 中的各种错误？

项目 9 面向对象编程

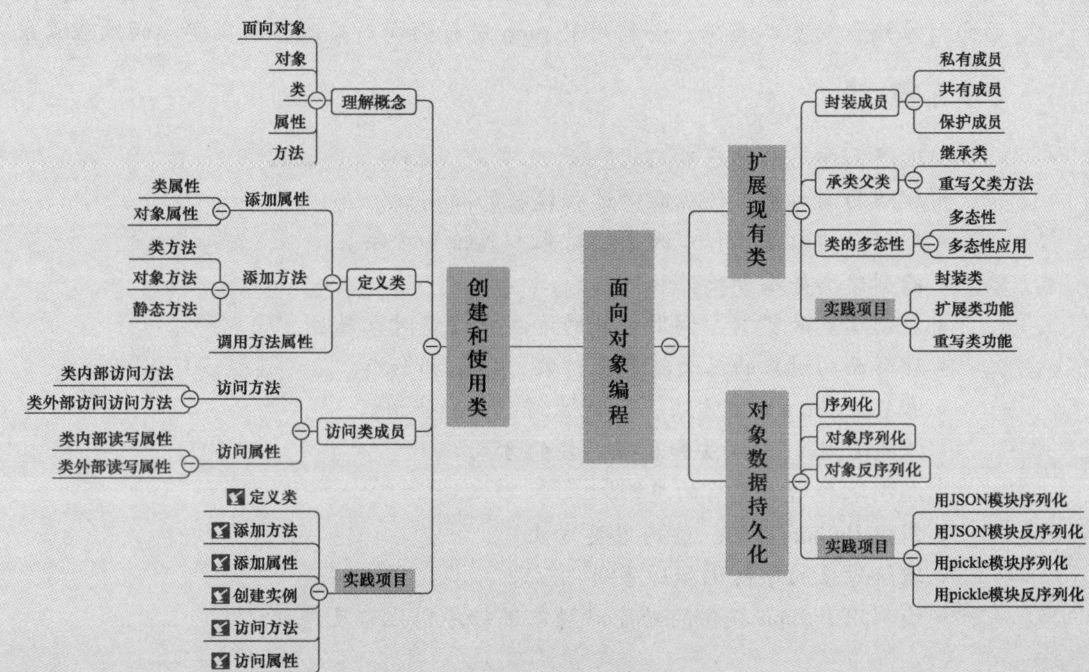

知识技能树

Python 编程的基本技巧包括语法、流程控制、数据处理、文件操作和函数等，这些都是 Python 编程者首先要掌握的技能。

在编程领域，一般有两种编程思路：一种是面向过程编程（Procedure Oriented Programming，POP），它是以解决具体问题为核心，分析解决问题所需要的步骤，然后用函数一一实现这些步骤，这适合比较小的、计算类型的处理；另一种是面向对象编程（Object Oriented Programming，OOP），它是将编程中要处理的事物抽象为“类”，把事物的数据和功能作为“类”的组成部分，编程中通过操作“类”和“类”的具体对象，实现更为高效的编程应用。很多高级编程语言（如 C++、JavaScript、Java 等）都支持面向对象的编程技术。

PPT：项目 9 面向对象编程

Python 是一种高级编程语言，同样提供了对面向对象编程思想的支持。本项目中读者将学习 Python 中面向对象的编程技术，包括面向对象的认识，类和对象的创建和使用，以及面向对象中封装、继承和多态思想的应用。通过学习，读者将能全面掌握面向对象编程的基本思想，会利用 Python 进行面向对象编程解决实际的编程需求。

【学习目标】

- 理解面向对象的基本思想。
- 理解面向对象与传统面向过程编程的异同。
- 理解面向对象编程中的类、对象、属性和方法。
- 能创建类并添加属性和方法。
- 会创建类的实例，调用对象的方法，读写对象属性。
- 理解面向对象的三大特色：封装、继承和多态。
- 掌握 Python 中类方法、类属性的定义和使用。
- 掌握 Python 中方法和属性封装的方式。
- 能继承和增强现有的类。
- 掌握 Python 类的一些内置类方法。
- 理解对象的序列化和反序列化。
- 能利用 Python 提供的功能对对象进行序列化和反序列化。

任务 9-1 创建与使用类

【任务要求】

【实践 9-1-1】 机器人类的创建。创建一个名为 t_9_1. py 的 Python 文件，并在该文件中创建机器人类，类的名称为 Robot，并以此完成有关机器人的基本特性和功能的实现，具体如下。

① 添加类属性。给类添加 5 个用于表示机器人属性的参数，分别是年龄属性_age，身高属性_high，体重属性_weight，生产厂家属性_factory，名称属性_name，并通过__init__方法，实现上述 5 个参数的初始化。

② 实现类方法。给 Robot 类添加 4 个用于实现机器功能的方法，分别是 walk（行走）、listen（听）、see（看）、say（发声）。每个方法的输出内容基本格式为“机器…在…”，如 name 参数值为 cat 的对象，walk 方法输出“机器 cat 在行走…”。

③ 添加 printInfo 方法，用于输出机器人信息，信息的格式是“该机器人的基本信息是：名称-年龄-身高-体重-生产厂家”。

④ 访问类对象。创建机器类 Robot 的 5 个实例，实例名称分别为 robot1 ~ robot5，并分别设置 name 参数为 dog、cat、man、monkey、tiger，其余参数自定义，分别调用每个实例的 printInfo 方法，检查输出信息。

笔记

⑤ 区别类属性和实例属性。在 Robot 类中添加表示机器人总个数的属性 count，编写一个对象方法 counter，在__init__中调用该方法，实现每次创建类的实例，count 就加 1 的功能。

【实践 9-1-2】 列表操作类的实现。定义一个操作列表的类 ListOper，包括的方法如下。

① 列表元素添加方法：add_key(keyname)［keyname:字符串或者整数类型］。

② 列表元素取值方法：get_key(num)［num:整数类型］。

③ 列表合并方法：update_list(list)［list:列表类型］。

④ 删除并且返回最后一个元素的方法：del_key()。

⑤ 初始化方式为：ListOper（列表 x）

【实践 9-1-3】 字典操作类的实现。编写一个类 DictOper，实现如下功能。

① 方法 del_dict(key)，删除某个 key 的值。

② 方法 get_dict(key)，判断某个键是否在字典中，如果存在则返回键对应的值，不存在则返回 not found。

③ 方法 get_keys()，返回所有键名组成的列表。

④ update_dict(dicx)方法，合并字典并且返回合并后字典的 values 组成的列表。

⑤ 初始化字典使用__init__初始化，参数为字典类型。

笔记

【相关知识】

9.1.1 面向对象基本概念

1. 类

现实世界中，人们将猫、狗、猪、羊等称为动物，将西红柿、黄瓜、菠萝、土豆等称为蔬菜，这里的动物、蔬菜就是对同类事物的总称。之所以归为一类，是因为它们具备共同的特性和行为，如动物都具有身高、体重、年龄等特征，以及进食、呼叫、奔跑等行为。通过这样的“归类”，人类就可以更好地认识自然界。面向对象编程中，正是基于人类认识世界的这种思想，在编程中把具有相同特性和行为的对象抽象为类（class），并赋予相应的属性（property）和行为（method），再通过创建类的具体对象，并操作对象实现编程目标。总之，类是具有相同特性（属性）对象的抽象（总称）。图 9-1 所示为类的抽象概念图。

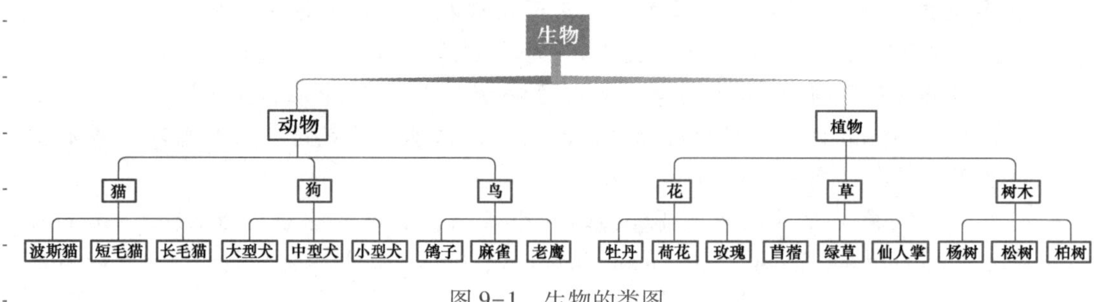

图 9-1 生物的类图

2. 对象

对象（object）是类的具体化。例如，如果认为动物是一个类，那么猫、狗、狮子就是动物的具体化，就是对象（面向对象编程中往往叫实例，即 instance）。同样，如果认为狗是一个类，则狼狗、哈巴狗等都是狗这个类的具体化，即对象。所以，类是具有相同特性（属性）和行为（功能）的一类对象的总称（抽象），而对象则是类的具体化，就是类的一个具体实例。注意，在理解类和对象时一定要分清类的抽象范围。一旦确定了类，有关这个类的每一个具体个体都称为对象。例如，如果认为鸟是一个类，麻雀、鸽子就都是对象；如果鸽子是类，野鸽、雪鸽、迷鸽、信鸽、雀鸽就都是对象。

在面向对象编程中，一般根据业务需要将要操作的同类对象定义为一个类，然后再创建类的实例，并在程序中对对象的属性进行读写，调用对象方法完成业务功能。

3. 属性

属性（property）是对象所拥有的特征（或属性），如花的属性包括颜色、名称、开花时长、开花时间等。不同的花虽然具有这些共同特性，但特性值是不一样的，这就需要在创建具体对象时赋予不同对象不同的属性值，这样每个对象就具有各自的特征。例如，人是一个类，具有姓名、年龄、出生日期和联系电话等属性，在创建对象实体时赋予每个对象不同的年龄、姓名等属性值，这样就可以区分每个对象。所以，属性是对象的特征，属性值是对象特征的具体数据表现。

4. 方法

方法（method）是对象具备的功能（或行为）。所谓的功能，就是指对象能具体做什么。例如，人的行为包括吃、喝、说、走、劳动等，鸽子的行为包括飞、抓虫子、呼叫等。需要注意的是，方法是一个过程（函数），属性是对象的某个特征。在面向对象编程中，属性是用于保存对象的特征数据，而方法则是一段完成特定功能的代码集合。

面向对象编程中，类、对象、方法和属性之间的关系可以用图 9-2 表示。

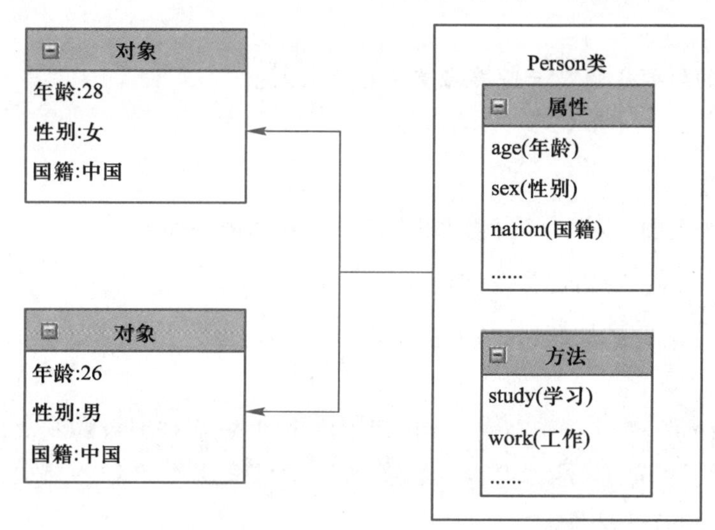

图 9-2　面向对象中类、对象与属性方法之间的关系图

笔记

5. 面向对象编程

所谓的面向对象，就是根据业务需求，将编程中涉及被操作的对象抽象为类，然后再根据编程语言语法定义出类，并为类添加方法和属性，通过调用方法实现功能，访问属性实现数据读写。面向对象编程是一种思想，是一种更接近现实世界的编程思想。目前绝大部分高级编程语言都支持面向对象编程思想。

9.1.2　定义类和创建对象

Python 中使用面向对象编程和其他语言类似。首先，需要定义被抽象编程对象为类，然后再创建类的对象实体，再操作对象实体，完成业务需求。所以，要使用面向对象编程思想，首先要定义类。

1. 定义类

和其他编程语言相比，Python 只用了很少的新语法就可以定义一个类。Python 中定义类的语法如下。

```
#类的定义语法
class 类名:
    类功能代码
```

定义类的代码（9-1. py）示例如下。

源代码

```
######################## 9-1. py ###########################
class  Student:                             #Student 是类名称
    def __init__(self,name):                #类的构造方法,后面学习
        self._name=name                     #定义一个属性_name,并赋初值
        def getInfo(self):                  #getInfo 方法
            print("我叫"+self._name,"我是一名 Python 爱好者!")
```

按照 Python 的编程规范，一般类名首字母要大写。

2. 创建对象

Python 中创建类的对象（实例）非常简单，基本语法如下。

```
对象名称=类名(初始化参数)
```

在 9-1. py 代码后添加两行，创建 Student 类的对象，并分别赋予不同属性值，具体代码如下。

```
zs=Student('张三')              #创建了一个对象,操作对象的变量名叫 zs
ls=Student('李四')              #创建了一个对象,操作对象的变量名叫 ls
```

3. 调用对象的方法和属性

调用对象的方法属性非常简单，继续在 9-1. py 代码最后添加两行，代码如下。

```
stu1.getInfo()                #输出我叫张三,我是一名 Python 爱好者!
stu2.getInfo()                #输出我叫李四,我是一名 Python 爱好者!
```

9.1.3　添加属性

面向对象编程中的属性有对象属性和类属性两种。对象属性（也叫实例属性）是每个类对象单独拥有且其值可能不同的属性，如前面的_name 属性，每个对象名字就不同；类属性是类的所有对象共享的属性且其值是相同的，如学生总数（count）、平均年龄（avgAge）等属于所有学生共享的属性。在很多高级语言面向对象编程中，类属性通常被称为静态（static）属性，对象属性被称为实例属性。

1. 添加类属性

为类添加类属性有两种方式实现，一种是在类定义中添加类属性并设置其初始值，另外一种是通过类名添加类属性和赋初值，代码如下（9-2. py）。

源代码

```
######################## 9-2. py ###########################
class  Student:                            #Student 是类名称
    schoolName='XXX 科技大学'               #在类定义中设置类属性 schoolName
    def getInfo(self):                     #getInfo 方法
```

```
        print("我是 Python 爱好者!")  #方法功能实现代码

    #注意:类定义于上一行结束,下面是类定义之外的代码


  #通过类名直接设置类属性,并赋初值
Student.count=123                   #通过类名添加类属性 count,并设置初值 123


#通过对象名访问类属性
print(Student.count)                 #通过类名访问类属性,输出为 123
#通过对象访问类中定义的类属性
stu1=Student()
print(stu1.schoolName)               #输出'XX 科技大学'
```

【注意】

Python 中两种添加类属性的方式容易“混乱”，建议类属性均在类定义中添加。

2. 添加对象属性

对象属性是不同对象可以拥有不同属性值的属性。Python 中添加对象属性也有两种方法，一种是在类定义时添加属性并初始化，另一种是在类的定义外部通过对象名添加属性并初始化。实例代码如下（9-3.py）。

源代码

```
######################## 9-3.py ###########################
class  Student:                      #Student 是类名称
    schoolName='科技工程大学'         #定义类属性 schoolName

    def getInfo(self):               #getInfo 方法
        print("我是 Python 爱好者!")  #方法功能实现代码

    def __init__(self,name, age):
        self._name=name              #添加对象属性_name,并用参数 name 初始化
        self._age=age                #添加对象属性_age,并用参数 age 初始化

#注意:类定义于上一行结束,下面是类定义之外的代码

#创建两个对象实例并初始化属性值
stu1=Student('张三','18')            #创建对象实例 stu1,并设置属性值
```

```
stu2=Student('王军','17')            #创建对象实例 stu2,并设置属性值

#通过对象名访问对象属性
print(stu1._name)                    #输出'张三'
print(stu1._name)                    #输出'王军'

#通过对象名设置对象属性。
stu1.phy=100                         #为对象 stu1 添加对象属性 phy,并初始化
stu2.math=99                         #位对象 stu2 添加对象属性 math,并初始化

#输出对象属性
print(stu1.phy)                      #输出 100
print(stu2.phy)                      #程序错误,提示 Student 没有 phy 属性
```

【注意】

① 为类添加对象属性，往往是在__init__方法中，该方法称为初始化方法（或构造方法），在创建类的对象实例时会自动被调用，这种方式添加的对象属性所有对象都包含，而且各自可以拥有不同的属性值。

② 通过对象名添加属性，这种方式添加的属性只被该对象拥有，类的其他对象是“看不到的”。如果直接访问不存在的属性会提示错误“AttributeError：'xxx' object has no attribute yyy”。

③ 为类添加类属性虽然也有两种方式，但推荐在类定义中添加。

④ 类属性可以通过“类名．类属性”方式访问，也可以通过“对象名．类属性名”方式访问，而对象属性只能通过“对象名．属性名”方式访问。

⑤ 每个类都包含一个内置的属性 self，它代表当前对象本身。在类的定义中，要访问当前对象的方法，必须通过“self. 方法名()”形式访问，要访问当前对象的属性，必须通过“self. 属性名”方式进行。

【说明】

Python 的语法比较灵活，在给类添加对象属性时，一般将每个对象均包含的对象属性在类定义内部添加，而个别对象独自拥有的对象属性则直接在类定义外部通过“对象名．属性名=值方式”添加。

9.1.4 添加方法

方法是类对象实体的具体功能，在类定义中表现为函数的定义。在 Python 中的方法有对象方法（也叫实例方法）、类方法（也叫类方法）和静态方法 3 种。

- 对象方法：和对象属性类似，属于每个具体对象，只能通过“对象名．对象方法名()”方式调用，对象方法中，要操作当前对象的属性方法，需要用到内置的 self 属性。
- 类方法：类方法是所有对象共享的方法，可以通过“类名．类方法名()”方式

或者“对象名．类方法名()”方式调用，类方法中调用当前类的类方法和类属性，需要用到类名称，类方法中不允许调用对象方法和对象属性。

- 静态方法：静态方法就是普通的函数，不属于某个对象，静态方法中不允许调用类方法、类属性和对象方法及对象属性。

源代码

以下是在类中添加以上几种方法的代码实例（9-4. py）见电子资源。

【注意】

① 对象方法的第 1 个参数必须是 self，对象方法中可以直接访问对象属性（通过“self. 对象属性名”方式访问）和类属性（通过“类名．类属性”方式访问），对象方法在类的外部只能通过“对象名．对象方法（参数）”形式访问，在类定义内部通过“self. 对象方法名（参数）”方式调用。

② 类方法的第 1 个参数必须是 cls，类方法定义可以访问类属性（通过“类名．类属性名”或“cls. 类属性名”方式访问）和类方法（通过“cls. 类方法()”或“类名．类方法（参数）”方式访问），在类的外部通过“类名．类方法名（参数）”方式调用类方法，通过“类名．类属性名”方式读写类属性。

③ 静态方法必须用@staticmethod 作为注解，不能省略，也不能包含 self 和 cls 参数。在类的定义中，对象方法中可以通过“self. 静态方法名()”访问静态方法，在类方法中可以通过“cls. 静态方法名()”或“类名．静态方法名()”方式访问静态方法，在类的外部可以通过“对象名．静态方法名()”或“类名．静态方法名()”方式访问静态方法，效果是一样的。

④ 在 Python 类中，如果需要操作对象的各自属性，就需要定义对象方法；如果要操作类属性，就需要定义类方法，如果仅仅是完成一些不涉及调用类的属性或方法的其他功能，则可以定义类的静态方法或者干脆在类的外部定义普通函数。

9. 1. 5 封装类的成员

面向对象编程中，将类的方法、属性统称为类的成员。

1. 类的三大特征

面向对象编程有封装、继承和多态三大特征。学习面向对象程序设计思想，必须掌握这几个概念。

- 封装：就是限制类成员的可见范围，即在哪些地方可以访问类的成员，这样可以隐藏类内部结构的复杂性，确保编程的高内聚性。这就好比现实中的门锁，门锁仅仅留出了钥匙孔，内部复杂结构是看不到的，这样方便使用，而且普通用户也没有必要知道锁内部的结构。
- 继承：就是通过现有的类派生出新的类，派生出的类包含原有类的部分或全部成员，这样做可以非常方便地扩展类的功能，如通过动物类派生出猫类、狗类，还可以通过狗类派生出各种具体的种类等。
- 多态：多态性体现在类的继承中。一个类继承自某个类，则这个类既包含了父类的功能，又包含了自己的功能，在实际运行中，有时体现父类的功能或特性，有时又体现自己的功能或特性，这就是类的多态性。

2. 封装类的属性

面向对象编程中的封装，就是用于限制类成员在哪里可以访问，哪里不可以访问。属性的封装主要包括 public（公共属性）、protected（保护属性）、private（私有属性）3 种。具体如下。

① 属性名前加双下画线（__），为 private 封装，该属性只能在类的定义代码中访问，这样该属性被封装在类定义部分，类外部的代码不能直接访问。

② 属性名前加单下画线（_），为 protected 封装，该属性只能被当前类和它的子类访问。这种方式封装的属性，不能通过 import 方式在其他模块中访问。

③ 属性名前无下画线，为 public 封装，该属性可以被类内部、外部的代码直接访问。

【实例 9-1-1】类属性封装。下面通过不同的封装，限制类的属性的不同可见性(9-5. py)。

源代码

```
####################### 9-5. py ###########################
class  Student:                          #Student 是类名称
    def __init__(self,name,phy,email):
        self. phy=phy                    #添加 public(公共类型)的对象属性 phy
        self. _email=email               #添加 protected(保护类型)的对象属性_email
        self. __name=name                #添加 private(私有类型)的对象属性__name
    def getName(self):
        return self. __name              #通过 self 访问私有属性

#创建两个对象实例并初始化属性值
stu1=Student('张三',99,'test@ 126. com')      #创建对象实例 stu1
print(stu1. phy)                               #输出 99
print(stu1. _email)                            #输出 test@ 126. com
print(stu1. __name)                            #提示错误,__name 属性不存在
```

【注意】

① 当属性为 private 封装，由于在类外面无法通过代码直接操作，一般是在类定义中添加访问该属性的方法，如 9-5. py 中的 getName 方法，就是返回私有属性__name 的值。

② Python 中以双下画线开始和以双下画线结尾的属性和方法往往有特殊含义，如__name__、__FILE__、__init()__等，所以，程序员尽量不要定义以双下画线开头和结尾的属性和方法，以免和内置方法产生冲突。

③ 不要把成员封装同类成员和对象成员搞混淆。成员封装是约束成员在类定义和类外部的可见性。项目开发中需要根据业务需求，选择使用哪种封装方式，而类成员或对象成员则是确定该成员是属于对象个体，还是所有对象共享。

3. 封装类的方法

Python 中封装类的方法和封装类的属性方式一样，封装为 private 类型的方法只需

要在方法前面加上双下画线（__），封装为 protected 类型的方法需要在方法名称前面加单下画线（_），封装为 public 类型的方法不能在方法名前加下画线。

【实例 9-1-2】方法的封装。下面通过不同封装方式，限制类的方法的可见性（9-6. py）。

源代码

```
######################## 9-6. py ##########################
class Student:                    #Student 是类名称
    def __init__(self, name, phy):
        self. __name = name       #设置私有属性__name,并用参数 name 初始化
        self. phy = phy           #设置 phy 对象属性,并用 age 初始化

    def setInfo(self):            #public 类型方法
        print(self. __name)
        #定义私有方法

    def _setInfo(self):           #protected 类型方法
        print(self. __name)

    def __setInfo(self):          #private 类型方法
        print(self. __name)       #通过对象方法访问私有属性

#创建两个对象实例并初始化属性值
stu1 = Student('张三', 99)        #创建对象实例 stu1,并设置私有属性值
#通过对象名访问对象属性
print(stu1. getInfo)              #输出张三
print(stu1. _getInfo())           #输出张三
print(stu1. __getInfo())          #提示错误,__getInfo()方法不存在
```

微课 9-1
类的创建和使用

【实践指导】

源代码

【实践 9-1-1 指导】

根据实践 9-1-1 要求，可以通过以下步骤实现。

步骤 1：创建 Robot 类，并通过__init__方法初始化属性。

步骤 2：实现 Robot 类的几个方法，方法内容依据要求进行。

步骤 3：实现 Robot 类的 printInfo 方法，按照格式实现对象的相关信息。

具体实现代码见电子资源（t9_1_1. py）。

微课 9-2
用类实现列表操作

源代码

【实践 9-1-2 指导】

根据实践 9-1-2 的要求，具体实现代码见电子资源（t9_1. 2. py）。

微课 9-3
用类实现字典
操作

【实践 9-1-3 指导】

根据实践 9-1-3 的要求，具体实现代码见电子资源。

任务 9-2 通过继承扩展现有类的功能

源代码

【任务要求】

【实践 9-2-1】 类的继承和重写。在任务 9-1 的 Python 代码所在文件夹中创建__init__. py文件，使其变成包，并在该包文件夹中创建另一个模块文件 t_9_2. py，在其中完成以下功能。

① 类的继承性。定义一个机器猫类，类名叫 PersonRobot，并继承任务 9-1 的 Robot 类，给派生类添加会话方法（chat）、唱歌方法（song）和性别对象属性（_sex），而且它们为对象属性和对象方法，并分别实现 chat 方法和 song 方法，方法的功能为自定义的信息，在 PersonRobot 的__init__方法中提供初始化_sex 属性的参数。

② 类方法的重写。创建两个 PersonRobot 类的实例，分别为 p1 和 p2，其属性值自定义，并通过实例调用其 chat 方法和 song 方法，并调用 walk 方法。观察输出与任务 9-1 的异同。

③ 类的多态性。在 PersonRobot 类中重写 printInfo 方法，输出信息中添加 sex 属性，然后在派生类 PersonRobot 中的代码最后，通过 p1 和 p2，访问父 printInfo 方法，检查输出结果的变化。

【实践 9-2-2】 编写集合操作类。编写一个集合操作类 SetOper，实现如下功能。

① 集合元素添加方法：add_setinfo(keyname)，keyname 为字符串或者整数类型。

② 求集合交集的方法：get_intersection(setx)，setx 为一个集合。

③ 集合并集的方法：get_union(setx)，setx 为一个集合。

④ 求集合差集的方法：del_difference(setx)，setx 为一个集合。

⑤ 初始化方式：SetOper(setx)，setx 为一个集合。

【相关知识】

9.2.1 通过继承类扩展类功能

1. 继承类

继承就是扩展现有类的功能，即从现有类派生出新类的过程。Python 中继承的基本语法格式如下。

```
class A(父类 1[,父类 2...]):
    类代码
```

实例代码如下（9-7. py）。

源代码

```
        ######################## 9-7. py ###########################
#定义动物类 Animal
class Animal:
    def __init__(self, name):
        self.name = name

    def shout(self):
        print('%s shout'%self.__class__.__name__)    #获取类名称并输出

a = Animal('动物')
a.shout()


#定义 Cat 类,并继承 Animal 类
class Cat(Animal):
    pass

cat = Cat('卡菲猫')              #输出 Cat shout
cat.shout()                    #输出 Cat shout
print(cat.name)                #输出卡菲猫
```

在以上代码中，Animal 是 Cat 的父类，也称为基类（或超类），Cat 是 Animal 的子类，也称为派生类（或子类）。

【说明】 Python 3 中 object 类是所有对象的根基类，即类定义时如果没有指定基类，则默认继承自 object。具体如下。

```
class A:                        #默认继承自 object 基类
    def __init__(self,name):
        self._name=name

class B(object):                #直接给出继承自 object 基类
    def __init__(self,name):
        self._name=name
```

另外，在 Python 中，不允许在类继承中两次出现同一个类的名称，如以下 D 类定义。

笔记

```
class C(A):              #继承自 A 类
    def __init__(self,name):
        self._name=name

class D(object,A):   #Python 不允许这样写,因为 object 在 A 的定义中已经出现过
    def __init__(self,name):
        self._name=name
```

因为 object 类在 A 的定义中已经出现过了，就 D 的定义中就不允许再次出现。

2. 继承中类成员的可见性

这里的可见性，就是类中的成员，在哪些区域可以访问，哪些区域不能访问。类成员的访问规则如下。

① 父类中定义为 public 类型的成员，直接被继承到子类中，并且依然是 public 类型的。

② 父类中定义为 private 类型的成员，不会被继承到子类中，即被隐藏在父类中，子类中看不到。

③ 父类中定义为 protected 类型的成员，被继承到子类中，变为 private 类型。

④ 子类中同名成员会覆盖父类的同名成员。

⑤ 子类中访问父类中被子类覆盖的成员需要特殊的语法格式。

9.2.2 重写父类方法

很多时候，在子类中需要对来自父类的方法进行重写（也叫覆盖）。重写很容易，在子类中重新编写和父类中同名的方法即可，具体实例如下（9-8.py）。

源代码

```
######################## 9-8.py ###########################
#定义 A 类
class  A:
    def fa(self):
        return 1+1;
    def fb(self):
        return 100+100;

#定义 A 的子类 B
class B(A):
    def fa(self):          #重写父类方法
        return 2+2
    def fc(self):
        return 10 * 10

inst1=B()
print(inst1.fa())          #返回 4,而不是 2
```

9.2.3　在子类中调用父类的同名方法

在类继承中，子类会继承父类的非私有方法。在子类的对象实例中，可以直接调用来自父类的方法。但当子类覆盖了父类的同名方法之后，父类的方法就不能在子类中直接调用，必须借助 super 对象，super 对象是 Python 类中指向当前对象父类的实例。子类中调用父类中被覆盖的方法有如下 3 种。

```
父类名字.父类方法(self)
super().父类的方法名()          #推荐使用这种方法
super(当前类的名字,self).父类的方法名()
```

以下是一个子类中调用父类同名方法的实例（9-9.py）。

源代码

```
        ######################## 9-9.py ##########################
#定义父类 A
class Father:
    def fa(self):
        return 10 + 10;

#定义子类 B,继承 A
class Son(Father):
    def fa(self):
        return 20 + 20

    def fc(self):
        return 10 * 10

    def fe(self):
        print(Father.fa(self))                    #调用父类的同名方法
        print(super(Son, self).fa())              #调用父类的同名方法
        print(super().fa())                       #调用父类的同名方法

s1 = Son()                                        #创建实例
print(s1.fa())                                    #输出 40,而不是 20
s1.fe()                                           #分别输出 20,而不是 40
```

【说明】　如果父类的__init__方法有除 self 外的其他参数，则子类必须有__init__方法，并在其代码最前面调用父类的__init__方法，具体如下（9-10.py）。

```
######################## 9-10. py ###########################

class Father:
    def __init__(self,name):
        self._name=name

#定义子类 B,继承 A
class Son(Father):

    def __init__(self,name):
        super().__init__(name)        #调用父类的__init__方法

    def show(self):
        print(self._name)

s1 = Son('张三')        #创建实例
s1.show()               #输出张三
```

源代码

9.2.4 对象的多态性

在面向对象编程中，第 3 个主要的特点就是对象的多态性。所谓多态性，就是当类对象继承了其他的类，则对象在运行中会表现出不同的状态，当调用来自父类的成员时，它体现的是父类的特征和行为，当调用子类的成员时，它体现的是子类的特征行为。

【实例 9-2-1】定义一个名为 Animal（动物）的 class，而后有由此类派生出两类，分别是 Dog 和 Cat，并且 Dog 和 Cat 都重写了父类的 go 方法，然后创建了 3 个对象的实例，并分别调用它们的 go 方法，输出的结果也是不同的（9-11. py）。

```
######################## 9-11. py ###########################
class Animal(object):
    def  go(self):
        print('Animal is running...')

class Dog(Animal):            #继承 Animal 类
    def go(self):
        print('Dog is running...')

class Cat(Animal):            #继承 Animal 类
    def go(self):
        print('Cat is running...')
```

源代码

```
#定义一个函数测试多态性
def go(animal):
    animal.go()

#创建3个类的对象实例
animal=Animal()
dog=Dog()
cat=Cat()

go(animal)                #体现为 Animal 类的特征
go(dog)                   #体现为 Dog 类的特征
go(cat)                   #体现为 Cat 类的特征
```

可以看出，同样来自父类的 go 方法，在不同对象中体现的行为是不同的，实质上就是在继承过程中，被调用的方法如何执行功能，取决于方法的具体实现，这就是面向对象的多态性表现。

9.2.5　Python 类的内置方法和属性

为了给编程人员提供更多的方便和支撑，Python 内置了很多方法和属性，它们大多以双下画线（__）开始和结尾。表 9-1 列出主要的方法和属性。

表 9-1　Python 内置的方法和属性

常用专有属性	说　明
__init__()	构造方法，创建对象时自动调用，用于类定义中
__class__	获取实例所在的类，如 dog.__class__
__dict__	实例自定义属性，如 dog.__dict__，获取以字典表示的属性
__base__	单继承中代表父类
__bases__	多父类继承方式中代表直接父类构成的元组

【实践指导】

【实践 9-2-1 指导】

根据实践 9-2-1 的要求，可以按照如下步骤实现。

步骤 1：创建一个 Python 模块。

步骤 2：创建新的类，并继承任务 9-1 中的类，同时给新的类添加新的方法和属性。

步骤 3：创建新类的实例，分别调用新类的 printInfo 和父类的 printInfo 方法，观察其输出的不同，并思考产生的不同原因。

微课 9-4
类的继承和重写

源代码

实现代码见电子资源（t9_2_2. py）。

【实践 9-2-2 指导】

根据实践 9-2-2 的要求，实现代码见电子资源（t9_2. 2. py）。

微课 9-5
编写类实现集合操作

学习反思

源代码

文本：参考答案

1. 根据自己的理解阐述什么是面向对象编程。
2. 如何理解类、对象、属性和方法？
3. 面向对象编程和面向过程编程的异同是什么？
4. 介绍 Python 中类的创建和使用流程。
5. 如何理解类属性、类方法、对象属性和对象方法的不同？
6. 面向对象的三大特征分别是什么？
7. 继承中，如何访问父类中同名的方法？
8. 什么是序列化和反序列化？
9. Python 有哪些序列化实现方式？
10. 基于 JSON 的序列化和反序列化对应的函数名分别是什么？

项目 10 项目实践

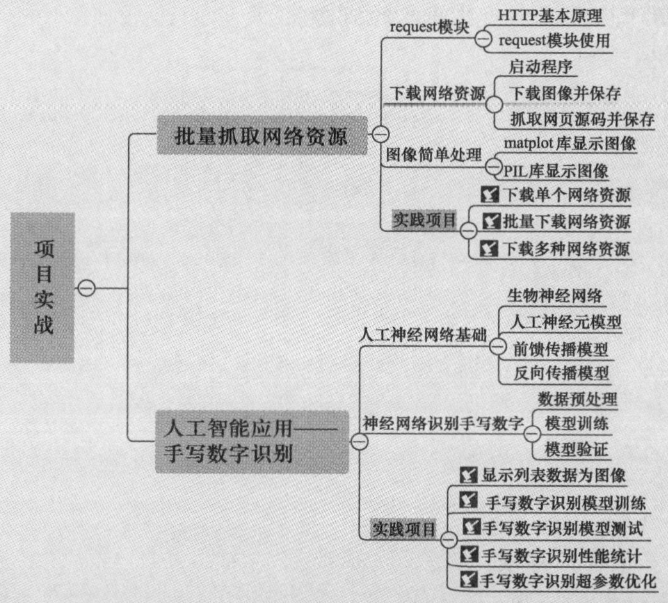

知识技能树

在学习完 Python 必须掌握的通用技能后，本项目将结合当前最新的人工智能技术应用，以几个典型的人工智能应用为案例，帮助读者掌握 Python 在项目开发中的一些高级技能。任务 10-1 是获取网络资源，任务 10-2 是人工智能的图像识别应用——手写数字识别。

PPT：项目 10 项目实践

【学习目标】

- 认识网络获取资源的基本过程和方法。
- 熟悉 request 进行网络请求的基本方法。
- 掌握 Python 中图像处理的基本方法。
- 属性 OpenCV 显示图像、基本图像变换的方法。
- 认识人工神经网络的基本概念。
- 掌握数字识别的基本原理。
- 能编写简单的程序进行手写数字识别。
- 理解深度学习中一些基本的概念。

任务 10-1　批量抓取网络图像资源

【任务要求】

【实践 10-1-1】 从网络下载单个资源。编写一个模块，从网络下载给定 URL 的一张图片，并显示在屏幕上。

【实践 10-1-2】 从网络批量下载资源。完善上述方法，从百度图像搜索网站搜索某种类型图片（如搜索"蔬菜"），并将搜索到的前 100 张图片下载保存到本地磁盘。

【实践 10-1-3】 从网络下载多种资源。创建一个文本文件 NameList. txt，内容包括下载的多个类别的图片名称，如西红柿、苹果等，每个类别一行，继续完善上述模块，下载指定的图片到本地，且每个类别用单独文件夹保存。

【相关知识】

10. 1. 1　requests 模块使用基础

笔 记

1. HTTP 基本原理

网站是基于 HTTP 的，HTTP 定义了客户端与服务器端之间数据传输的规范。上网时，用户通过客户端（浏览器）首先发起 HTTP 请求，服务器收到请求后向客户端做出响应，将客户端请求的内容以 HTML 格式返回给客户端。HTTP 通信原理如图 10-1 所示。

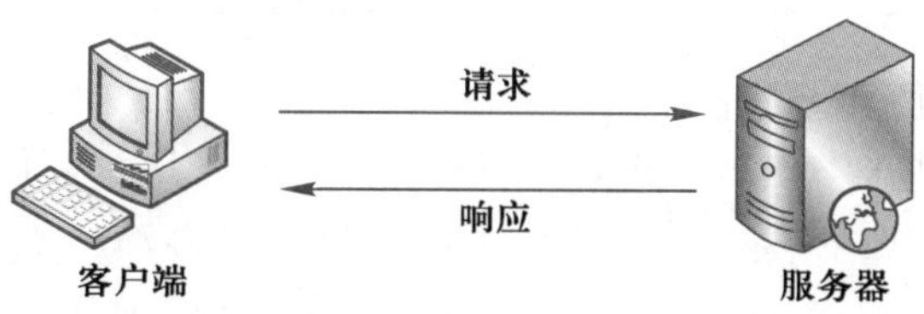

图 10-1　HTTP 请求响应

HTTP 服务默认使用 80 端口，而客户端使用的端口是动态分配的。当没有指定端口访问时，浏览器会默认添加 80 端口。也可以自己指定访问端口，如 http://www.taobao.com:80。现在大多数访问都使用了 HTTPS 协议（在 HTTP 的基础上通过传输加密和身份认证保证了传输过程的安全性），HTTPS 的默认端口为 443，如果使用 80 端口访问 HTTPS 协议的服务器可能会被拒绝。

HTTP 请求是通过 URL 发起的。统一资源定位器（Uniform Resource Location，URL）是定位网络资源的统一格式。

```
协议:主机:端口/资源? 参数 1=值 1& 参数 2=值 2...
```

例如：

```
https://image.baidu.com/search/index?tn=baiduimage&ipn=r&ct=201326592&cl=2&lm=-1&st=-1&fm=result&fr=&sf=1&fmq=1638710726105_R&pv=&ic=0&nc=1&z=&hd=&latest=&copyright=&se=1&showtab=0&fb=0&width=&height=&face=0&istype=2&dyTabStr=&ie=utf-8&sid=&word=cat
```

其中：

- https 表示客户与服务器之间的传输协议，常见的另外还有 FTP、HTTP 等协议。
- image.baidu.com 表示服务器域名，即服务器主机在互联网的名称。
- search/index 表示待请求的网页资源在服务器上的位置。
- 参数对，由“key=value”键值对与“&”分隔符构成的部分，表示请求时传递的参数。

HTTP 定义了 8 种方法，确定了客户端访问网络资源不同的方式，见表 10-1。

表 10-1　8 种 HTTP 请求

序　号	请求方式	功能说明	是否常用
1	GET	请求指定 URL 的 HTML 页面信息，并返回基于 HTML 的页面内容	是
2	POST	向服务器提交数据，如上次文件，提交表单，数据包含在请求体中	是
3	PUT	从客户端向服务器端提交数据，常常用于更新数据	是
4	DELETE	请求服务器删除指定的资源，如文件、数据库记录等	是
5	HEAD	类似于 GET 请求，主要用于设置请求报头，如认证、浏览器检查等	是
6	CONNECT	预留的管道方式的代理服务器，设置代理方式请求	否
7	OPTIONS	允许客户端查看服务器的性能，获取服务器的相关配置信息	否
8	TRAC	回显服务器收到的请求，用于测试或者诊断	否

2. requests 模块使用基础

Python 程序中要基于 HTTP 访问网络资源，有很多模块都提供了支持。比较简单的是 requests 模块，requests 模块支持 HTTP 连接保持和连接池，支持使用 Cookie 保持会话，支持文件上传下载，支持自动响应内容的编码，支持国际化的 URL 和 POST 数据自动编码。requests 会自动实现持久连接。以下是利用 requests 模块请求网络资源的基本操作方法。

（1）导入 requests 模块

使用 requests 前，首先要导入 requests 模块。

```
import requests
```

（2）发送 GET 请求

GET 请求，就是由客户端发起，请求服务器返回客户端要访问的网络资源，如网站的某个网页。GET 请求的格式如下。

```
import requests
r0 = requests.get('https://www.baidu.com/')        # 最基本的、不带参数的 GET 请求
r1 = requests.get(url='http://dict.baidu.com/s', params={'wd':cat})    #带参数的
                                                                        #GET 请求
```

【说明】常见的请求方式有 5 种，见表 10-1。GET 请求格式中的“wd”表示请求参数，“cat”表示参数的值。以上代码中的第 2 条请求代码作用是从百度字典网站搜索单词“cat”。

GET 请求的参数也可以直接通过 URL 构造，如以下 URL 就传递了 3 个参数，分别是 wd、device 和 from，它们的值就是等号之后对应的值。

```
https://dict.baidu.com/s?wd=cat&device=pc&from=home
```

（3）发送 POST 请求

requests 发送 GET 请求和 POST 请求不太一样，GET 请求的参数是通过 params 参数传递，而发送 POST 请求，请求参数通过 data 参数传递。

```
import requests
import json
r = requests.post(url, data=json.dumps(jsonStr))
```

（4）请求响应内容的读取

requests 请求后，返回的是一个 response 对象，它保存了服务器返回的资源信息，如编码、资源内容、请求状态等。

```
import requests
r= requests.get('https://www.baidu.com/')        #不带参数的 GET 请求
#下面每条都是获取资源的不同信息
r.encoding                #获取资源的编码格式,服务器返回资源的编码格式
r.encoding = 'utf-8'      #设置资源的编码格式,客户端重新设置编码格式
r.text                    #服务器返回内容的文本格式
r.content                 #服务器返回内容的二进制格式
r.headers                 #服务器返回的报头信息,如编码格式等
r.status_code             #服务器返回的请求状态码,如 200 表示请求成功
r.json()                  #以 JSON 字符串格式返回请求内容,前提资源内容是 JSON 格式
```

（5）设置请求的 header 信息

很多时候，服务器要求客户端在发送 HTTP 请求时必须提供请求端的 header 信息，header 是 HTTP 请求中用于客户端和服务器端配置信息的，如编码方式、客户端信息等，配置 header 的方式可以通过请求传递 headers 进行，代码如下。

```
#GET 请求方式设置 header 信息
header = {'user-agent': 'Mozilla/5.0 (Macintosh; Intel Mac OS X 10_15_7)'}
```

笔 记

```
cookie = {'key':'value'}
response = requests.get/post('your url',headers=header,cookies=cookie)
#POST 请求方式设置 header 信息
data = {'some': 'data'}
headers = {'content-type': 'application/json','User-Agent': 'Mozilla/5.0 '}
r = requests.post('https://api.github.com/some/endpoint', data=data, headers=headers)
```

（6）获取服务端响应的状态码

使用 requests 方法请求服务器资源后返回的是一个 response 对象，它不但存储了服务器响应的内容，还包括服务器的响应状态，通过请求返回的状态信息，可以判断请求是否成功，这样就可以根据服务器返回的不同状态信息进行不同的处理。例如，状态为 404 表示请求的资源在服务器上不存在，状态为 200 表示请求成功，状态为 500 表示服务器出现错误等。表 10-2 列出了一些常见的请求状态码。

表 10-2 HTTP 请求响应常见的状态码

状态码	响应类别	状态原因
1XX	信息性状态码（Informational）	服务器正在处理请求
2XX	成功状态码（Success）	请求已正常处理完毕，常见的 200 表示请求成功
3XX	重定向状态码（Redirection）	需要进行额外操作以完成请求
4XX	客户端错误状态码（Client Error）	客户端原因导致服务器无法处理请求，404 表示为找到资源
5XX	服务器错误状态码（Server Error）	服务器原因导致处理请求出错，501 表服务器出错

获取状态码可以通过读取 request 请求返回的 response 对象的 status_code 获取，代码如下。

```
import requests
r = requests.get('https://www.baidu.com)
print(r.status_code)                    #读取请求返回的状态码
#输出为 200 表示请求成功
```

（7）设置请求超时

由于网络速度过慢或者服务器响应忙，都可能导致网络请求失败，可以设置请求超时阈值，当超过指定的时间阈值，便会自动返回，放弃请求。

```
r = requests.get('url',timeout=2)          #设置超时为 2 秒
```

10.1.2 用 requests 模块下载资源

1. 下载图片并保存

要将一个网络资源保存到本地，可以用如下代码（10-1.py）。

```
            #==========10-1.py================#
import requests                                   #导入 requests 模块

url='https://www.baidu.com/img/flexible/logo/pc/result@2.png'    #网络图片
try:
    pic = requests.get(url, timeout=7)            #下载文件,请求超时设置为 7 秒
except Exception as err:                          #捕获下载异常
    print('下载失败！'+err)
    exit()                                        #出现异常就停止

fileName = './baidulogo.png'                      #请求资源要保存的文件名
try:
    fp = open(fileName, 'wb')                     #打开文件
    fp.write(pic.content)                         #保存文件
    fp.close()                                    #关闭文件
except  IOError as err1:
    print('文件保存失败！'+err1)
print('下载成功！')
```

源代码

笔 记

2. 用 requests 模块抓取网页源码并保存到文件

要获取网页源码并保存为文件，可以使用以下代码方法。

```
import requests                                         #导入模块
#下载网页并保存
html = requests.get("http://www.baidu.com")            #要抓取的网页文件
with open('test.txt', 'w', encoding='utf-8') as f:     #保存文件
    f.write(html.text)
```

10.1.3　Python 下显示图像到屏幕

Python 读取并显示图片方法比较多，主要有以下几种。

- 基于 opencv 库。
- 基于 matplotlib 库。
- 基于 PIL 库。

1. 使用 matplotlib 库显示图像

matplotlib 是一个非常优秀的 Python 绘图库。借助 matplotlib 库，可以轻松实现将数据绘制为曲线图、散点图、折线图、直方图、柱状图、饼图等，它还能方便地显示一般的图像数据，并将显示结果保存到文件。

（1）显示图像

matplotlib 显示图像的方法如下（10-2.py）。

源代码

```
#==========10-2. py=================#
import matplotlib. pyplot as plt                # plt 用于显示图像
import matplotlib. image as mpimg               # mpimg 用于读取图像
import numpy as np                              #用于矩阵、数组计算的模块

imgdata = mpimg. imread('xihs. png')            #读取 xihs. png 文件数据
#返回值是一个 np. array 数组,可以对它进行任意数组支持的处理运算
print(imgdata. shape)      #获取图像的(高、宽、通道数)信息,返回#(718, 866, 4)

plt. imshow(imgdata)       #显示图像
#plt. axis('off')          #不显示坐标轴
plt. show()
```

显示的图像如图 10-2（a）所示。

(a)

(b)

(c)

图 10-2　matplotlib 显示图像

（2）只显示某个颜色通道

matplotlib 支持显示图像时只显示某个颜色通道的图像信息，具体代码如下（10-3. py）。

源代码

```
#==========10-3. py=================#
import matplotlib. pyplot as plt                # plt 用于显示图像
import matplotlib. image as mpimg               # mpimg 用于读取图像
import numpy as np

imgdata = mpimg. imread('xihs. png')            #读取 xihs. png 文件数据
#mpimg. imread 返回值是一个 np. array 数组,可以对它进行任意数组支持的处理
#运算
print(imgdata. shape)      #获取图像的(高,宽,通道数)信息,输出为#(718, 866, 4)

imgdata1 = imgdata[:,:,0]                       #表示只显示第 1 个通道的数据
plt. imshow(imgdata1)
plt. show()
```

最终输出的图像，如图 10-2（b）所示。此时会发现显示图像是热度图，可以添加 cmap 参数，使其转为灰度图，代码如下（10-4. py），图像显示效果如图 10-2（c）所示。

```
#==========10-4. py=================#
#这里省略部分代码,请参考上面的例子
plt. imshow( imgdata1 , cmap='Greys_r')          #显示为灰度图
plt. show( )
```

源代码

（3）将 RGB 格式图像转为灰度图像

在对图像进行处理时，经常需要对图像进行灰度化处理。灰度化处理就是将一幅彩色图像转化为灰度图像的过程。一般彩色图像分为 R、G、B 3 个分量，分别代表红、绿、蓝 3 种颜色，灰度化就是使彩色的 R、G、B 分量相等的过程。灰度值大的像素点比较亮（像素值最大为 255，即白色），反之比较暗（像素值最小为 0，即黑色）。借用 PIL 模块的功能，可以将图像进行灰度化转换，代码如下（10-5. py）。

```
#==========10-5. py=================#
import numpy as np
import matplotlib. pyplot as plt
from PIL import Image

fname = 'xihs. png'
image = Image. open( fname). convert( "L")              #对图像转换为灰度格式
arr = np. asarray( image)                              #获取图像数据到数组
plt. imshow( arr, cmap='gray', vmin=0, vmax=255)       #显示为灰度格式
plt. show( )
```

源代码

最终显示的灰度图像如图 10-3 所示。

图 10-3　显示灰度图像

以上实例中，convert（参数）是转换图像的格式，convert 的参数可以是以下几种。

- 参数为'1'：表示将原图像转为二值图像（非黑即白），即每个像素用 8 个 bit 表示，0 表示黑色，255 表示白色。
- 参数为'L'：表示将原图像转换为灰度图像，每个像素用 8 个 bit 表示，0 表示黑色，255 表示白色，其他数字表示不同的灰度。转换公式如下。

```
L = R * 299/1000 +G * 587/1000+B * 114/1000
```

公式中的 R、G、B 分别表示红色、绿色和蓝色的分量值。

- 参数为'RGB'：表示将原图像转换为 24 位 RGB 格式的图像。
- 参数为'RGBA'：表示将原图像转换为 RGBA 格式的图像，这种图像支持透明，为 32 位彩色图像，它的每个像素用 32 个 bit 表示，其中 24 bit 表示红色、绿色和蓝

笔 记

色 3 个通道，另外 8 bit 表示 Alpha 通道，即透明通道。

- 参数为'CMYK'：表示将原图像转换为 CMYK 格式的图像，为 32 位彩色图像，它的每个像素用 32 个 bit 表示。模式 CMYK 就是印刷四分色模式，它是彩色印刷时采用的一种套色模式，利用色料的三原色混色原理，加上黑色油墨，共计 4 种颜色混合叠加，形成所谓“全彩印刷”。4 种标准颜色为 C：Cyan＝青色（又称为天蓝色）、M：Magenta＝品红色（又称为洋红色）、Y：Yellow＝黄色、K：Key Plate（blacK）＝定位套版色（黑色）。PIL 中 RGB 模式转换为 CMYK 模式的公式如下。

```
C = 255 - R
M = 255 - G
Y = 255 - B
K = 0
```

- 参数为'YCbCr'：表示将原图像转换为 YCbCr 格式的图像，为 24 位彩色图像，它的每个像素用 24 个 bit 表示。YCbCr 中 Y 是指亮度分量，Cb 指蓝色色度分量，而 Cr 指红色色度分量。人的肉眼对视频的 Y 分量更敏感，往往通过对色度分量进行子采样来减少色度分量，肉眼将察觉不到图像质量的变化。RGB 模式转换为 YCbCr 模式的公式如下。

```
Y= 0.257 * R+0.504 * G+0.098 * B+16
Cb = -0.148 * R-0.291 * G+0.439 * B+128
Cr = 0.439 * R-0.368 * G-0.071 * B+128
```

- 参数为'P'：表示将原图像转换为 8 位彩色图像（即 256 色），它的每个像素用 8 个 bit 表示，其对应的彩色值按照调色板查询出来。
- 参数为'I'：表示将原图像转换为 32 位整型灰色图像，它的每个像素用 32 个 bit 表示，0 表示黑色，255 表示白色，0～255 之间的数字表示不同的灰度。在 PIL 中，从 RGB 模式转换为 I 模式是按照以下公式转换的。

```
I = R * 299/1000 + G * 587/1000 + B * 114/1000
```

- 参数为'F'：表示将原图像转换为 32 位浮点灰色图像，它的每个像素用 32 个 bit 表示，0 表示黑色，255 表示白色，0～255 之间的数字表示不同的灰度。在 PIL 中，从 RGB 模式转换为 F 模式是按照以下公式转换的。

```
F = R * 299/1000+ G * 587/1000 + B * 114/1000
```

（4）将显示的图像保存为图像文件

Matplotlib 支持将绘制在屏幕的图像进行保存，可以通过调用 savefig 保存图像，代码（10-6.py）如下。

```
#==========10-6.py================#
import numpy as np
import matplotlib.pyplot as plt
```

```
from PIL import Image


fname = './xihs.png'
image = Image.open(fname).convert("L")                   #读图像文件
arr = np.asarray(image)                                  #获取图像数据
plt.imshow(arr, cmap='gray', vmin=0, vmax=255)           #绘制图像
plt.show()                                               #显示图像
plt.savefig('new.png')                                   #保存图像到文件
```

2. PIL 库显示图像

PIL（Python Image Library）也是一个优秀的图像库，包括对图像进行基础操作的功能，如 open（打开）、save（保存）、convert（转换）、show（显示）等。

（1）显示图片

```
from PIL import Image
im = Image.open('./xihs.png ')
im.show()
```

（2）保存 PIL 显示的 Image 图像

```
from PIL import Image
img = Image.open('xihs.png')
img.show()
img.save('new1.png')                #保存图像
```

（3）将图像转换为灰度图像

```
from PIL import Image               #导入模块
img= Image.open('xihs.png')         #读取图像
#img.show()                         #显示图像
grayImg = img.convert('L')          #转为灰度
grayImg.show()                      #显示图像
```

【实践指导】

【实践 10-1-1 指导】

根据实践 10-1-1 要求，从网络下载图片保存到本地并显示在屏幕上，其代码如下。

微课 10-1
从网络下载单个资源

```
def saveImageFile(url, imagePath,keyword='', no=1):
    try:
        pic = requests.get(url, timeout=7)                  #获取图像
        fileName = './' + imagePath + '/' + keyword + '_' + str(no) + '.png'
```

```
        print('正在保存第%d 个文件%s ... ' % (no, fileName),end='')
        fp = open(fileName, 'wb')                   #打开文件
        fp.write(pic.content)                       #保存图像
        fp.close()                                  #关闭文件
        print('ok! ')                               #提示保存成功
    except ConnectionError as err1:                 #错误处理
        print('下载文件出现网络错误,请调整网络后重试')
        print(err1)
```

【说明】

以上编写的是一个函数，每个参数的含义如下。

- url：表示要下载图片的 URL 地址。
- imagePath：表示要保存的图片地址。
- keyword：表示要下载的图片名称，默认为''。
- no：表示图片编号，默认为 1。

微课 10-2 从网络批量下载资源

源代码

【实践 10-1-2 指导】

根据实践 10-1-2 要求，从百度图片搜索网站搜索要下载的图片，并获取图片的 URL 地址列表和图片数量，具体实现见电子资源。

微课 10-3 从网络批量下载图片

源代码

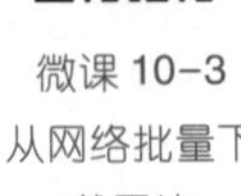

【实践 10-1-3 指导】

根据实践 10-1-3 要求，创建一个文本文件，通过 Python 读取文本文件内容，并依照文本文件下载前 100 张图像，具体实现见电子资源。

最终的下载效果如图 10-4 所示。

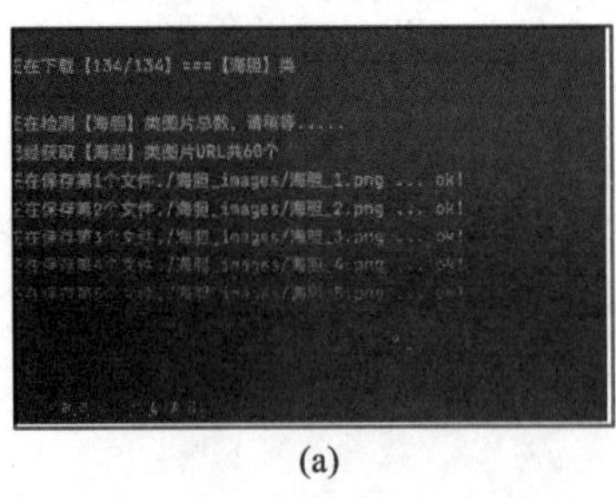

(a)

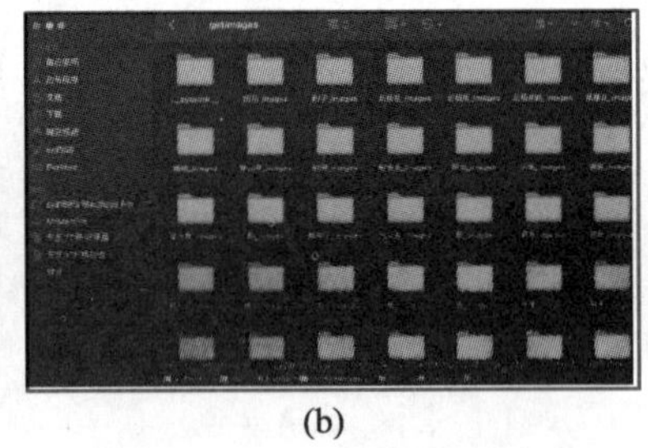

(b)

(c)

图 10-4 图像下载过程与结果

任务 10-2 人工智能应用——手写数字识别

【任务要求】

手写数字识别是研究人工智能入门实践的项目，它是利用深度学习算法识别手写

数字。手写数字识别常用的训练数据集是 MNIST 数据集，它可以被转换为 CVS 格式，如图 10-5 所示，每行代表 1 个数字和该数字图像的每个像素点的亮度值（黑白图像），左侧一列代表具体的数字，其右侧 784 个数字（28×28＝784）表示该数字图像（28 像素高、28 像素宽）每个点的亮度值。

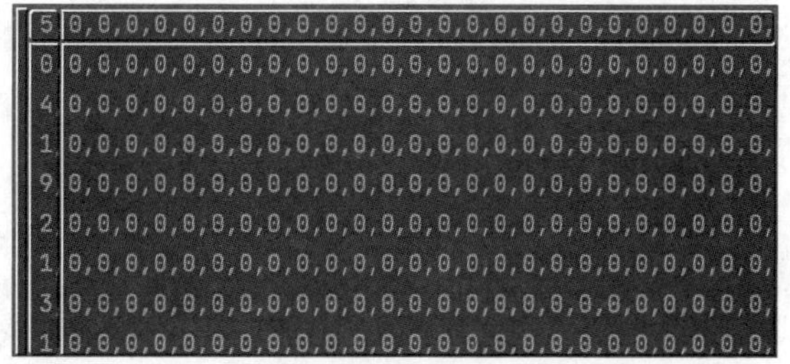

图 10-5　图像下载过程与结果

根据该数据集和相关知识部分的学习，并参考相关资料，完成以下任务。

【实践 10-2-1】 图像数据显示。读取训练集中一个数字的图像数据显示在屏幕上，并检查显示内容是否和数据集最左侧的数字一致。

【实践 10-2-2】 模型训练。学习本任务相关知识部分内容，编写用于识别数字的模型训练函数 training。

【实践 10-2-3】 模型测试。编写对测试集数据进行测试的测试函数 testing，并调用测试函数输出测试结果和原图像。

【实践 10-2-4】 性能统计。完善测试函数，统计测试集的准确率是多少。

【实践 10-2-5】 超参优化。改进训练函数中的学习率，进行多轮次的训练，再次对测试集数据进行测试，检查准确率。

【相关知识】

10.2.1　人工神经网络基础

1. 生物神经网络

研究生物神经系统的学者们认为，动物的大脑中都存在着大量的“神经元”，见表 10-3。人或动物的各种行为或者技能，是由数量庞大的神经元连接而成的神经网络在发挥作用。

表 10-3　动物大脑中的神经元数量

动　物	神经细胞数目（数量级）
蜗牛	10 000（10^4）
蜜蜂	100 000（10^5）
蜂雀	10 000 000（10^7）
老鼠	100 000 000（10^8）
人类	10 000 000 000（10^{10}）
大象	100 000 000 000（10^{11}）

神经细胞之间的信息传递是通过称为“电化学”的过程完成的，这些信息从一个神经细胞的树突末梢通过轴突传递给下一个神经细胞的树突，然后再从该神经细胞的

笔记

树突进入细胞体，最后根据强度选择是否传递到下一个神经细胞，如图 10-6 所示。神经细胞利用一种特殊的方法把所有从树突进入到细胞体中的信息进行“叠加”，如果信息总和达到某个阈值，就会激发神经细胞进入“兴奋”（也可以理解为激活）状态，这时电信号就会从当前神经细胞，通过其轴突传递向下一个神经细胞，反之当前神经细胞就会处于“抑制”状态。

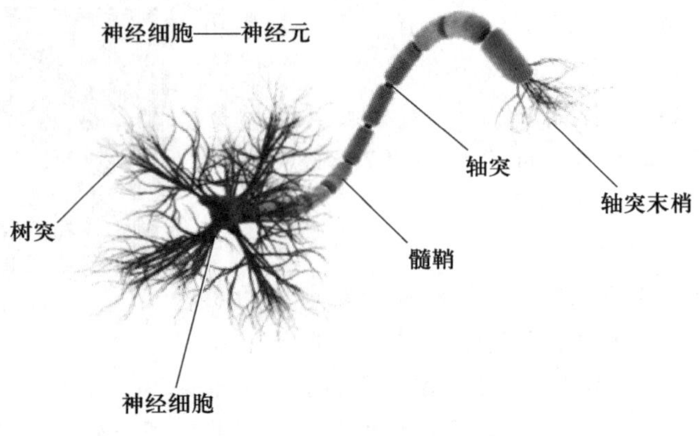

图 10-6 图像下载过程与结果

在实际大脑中，“电信号”在神经细胞之间的传递有多种方式，如轴突→树突→细胞体、轴突→细胞体→树突、树突→细胞体→轴突等。

人或者动物对外界的刺激反应，实际上可以认为是大脑中一些具备对外界某种刺激具有本能反应的神经元在发挥作用，当外界的刺激达到一定的“阈值”，大脑的神经元就能立即做出反应，而不是经过复杂的“运算”。例如，人们看见认识的人或物体，大脑瞬间可以做出反应。

2. 人工神经元模型

人工神经网络（Artificial Neural Network，ANN），是 20 世纪 80 年代以来人工智能领域兴起的研究热点，它模仿人脑神经网络系统的结构建立一种简单的模型，即人工神经网络是一种运算模型，它由大量的人工神经元（或称“节点”）之间相互连接构成，每个神经元代表一种特定的变换函数，称为激活函数（Activation Function）。每两个神经元之间的连接都代表一个对于通过该连接信号的加权值（称为“权重”），这相当于人工神经网络的记忆。网络的输出则依网络的连接方式、权重值和激活函数的不同而不同。网络自身通常都是对自然界某种算法或者函数的逼近，也可能是对一种逻辑策略的表达。人工神经网络的神经元模型如图 10-7 所示。

其中：

- $x_1 \cdots x_n$：表示输入神经元的信号。
- $w_1 \cdots w_n$：表示每个输入的权重值。
- b：输入神经元信号的偏置，即在没有输入的情况下已经具有值。
- 激活函数：就是对输入的信号进行变换处理，达到阈值则激活（相当于亮度达到一定程度，人们就能看到周围物体一样），否则就抑制（相当于亮度不够，人们看不到周围物体）。

输入神经元的多个信号叠加后，经过激活函数变换后的输出值 y 为：

$$y = h\left(\sum_{j=1}^{n} x_j * w_j + b\right)$$

其中，h 为激活函数。常见的激活函数包括 sigmoid 激活函数、tanh 激活函数、修正的线性函数（Rectified Linear Units，ReLu）激活函数、Maxout 激活函数、ELU 激活函数和 Leaky ReLU 激活函数等，对应的图像如图 10-8 所示。

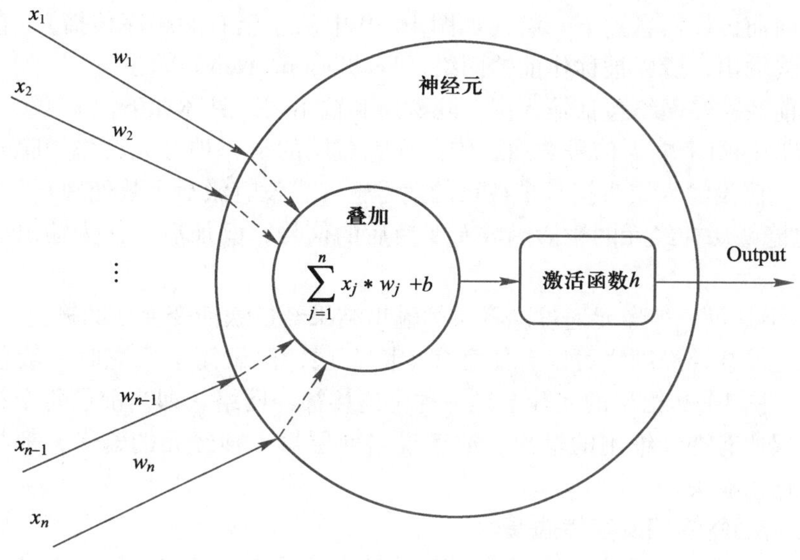

图 10-7　人工神经元模型

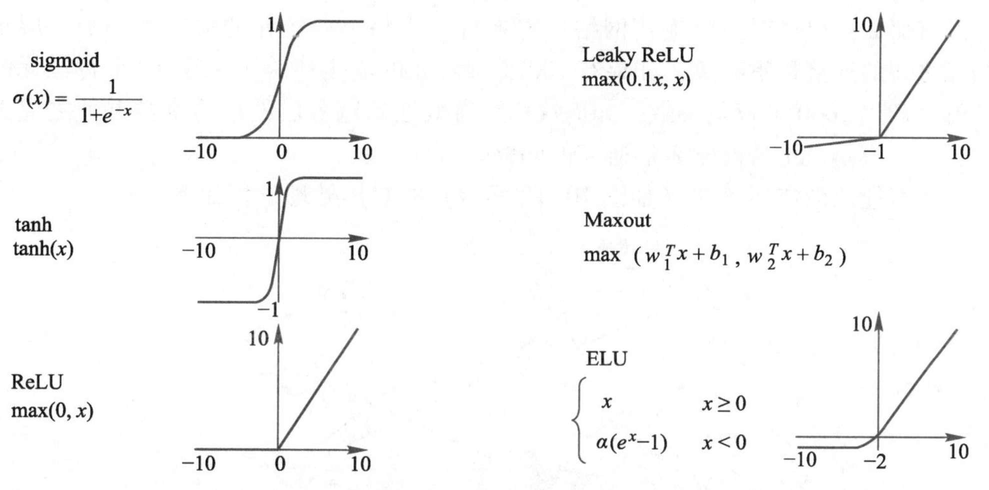

图 10-8　常见的激活函数

3. 人工神经网络的前馈传播模型

人工神经网络研究者模仿生物神经网络系统，认为人工神经网络系统类似生物神经网络系统，由大量的神经元连接在一起构成。一个神经元可以看成是一个连接点，大量的神经元就意味着大量的连接点，大量的神经元连接起来可以有很多种连接形式，其中应用最广泛的是把神经细胞一层一层地连接在一起，如图 10-9 所示。这种类型的神经网络，每一层神经细

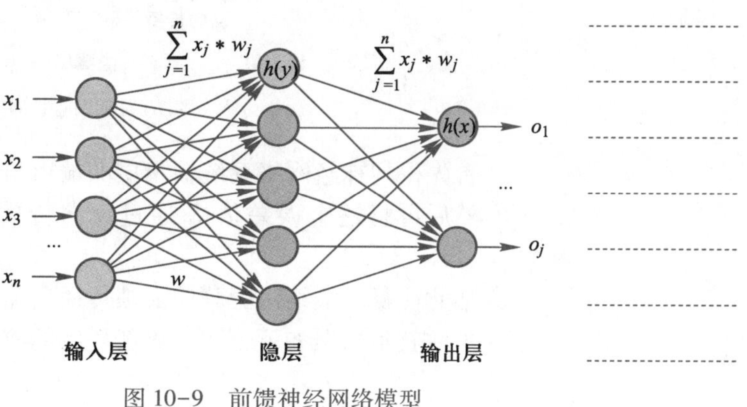

图 10-9　前馈神经网络模型

笔记

笔 记

胞的输出都向前传播信息到下一层（如图 10-9 中从左至右的顺序传播），直至获得整个网络的最终输出，所以被称作前馈网络（Feedforward Network）。

简单的前馈神经网络包括输入层、隐藏层和输出层，具体如下。

① 输入层的每个输入信号叠加后传输到隐藏层的每个神经元，作为隐藏层神经元的输入信号（假设输入层直接是带权重的信号输入，没有激活函数处理）。

② 经过隐藏层神经元的激活函数 h 变换后的信号，叠加后又作为输出层神经元的输入信号。

③ 输出层是每个神经元通过隐藏层的输出结果经过激活变换后的输出。

理论上，前馈神经网络可以有任意多个隐含层，但做简单研究时一般包含一个隐含层就足够。图 10-9 给出的实际上是一种全连接神经网络，即当前层每个神经元的输入包含前一层所有神经细胞的输出，或者说当前层每个神经元的输入，都与前一层每个神经元的输出有关。

4. 人工神经网络的反向传播模型

对于前馈神经网络系统，从原理来看，似乎只要确定了整个网络系统的层数，以及各层的神经元数量和各层之间传递的权重参数，这个神经网络系统就确定了。实际上并没有那么简单，对于全连接网络，进入每一层每个神经元的输入都和上一层每个神经元之间的连接权重有关，如果有 100 个神经元的输出作为下一层 10 个神经元的输入，就会产生 1000 个权重参数，如何快速、有效地确定各层的权重参数并使之逼近理想值，这一直是人工智能学者们研究的问题。

人工智能反向传播算法（如图 10-10 所示）的具体处理过程如下。

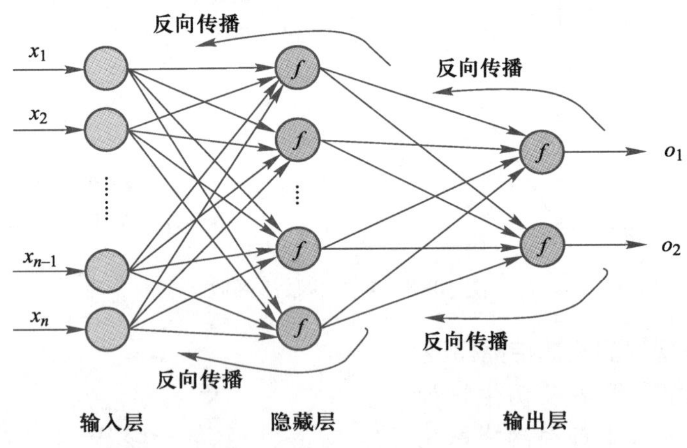

图 10-10 前馈神经网络模型

① 首先得到神经网络系统输出层的输出与期望值（实际值）之间的误差 E。

② 然后再将这个误差值 E 通过反向传播算法反馈到前一层（隐藏层）的权重参数。

③ 如此往复，继续由隐藏层反馈传播到输入层的权重参数。

④ 最后就是根据如下公式，更新各层的权重参数：

$$w_{new}=w_{old}-\eta*\frac{\partial E}{\partial w}$$

其中，η 是一个超级参数，用于调节 w 参数变化的快慢，通常称为学习率（Learning Rate）。以上公式中是根据梯度下降法推导出来的，有兴趣的读者可以参考相关资料。

反向传播模型通过大量地输入数据，不断调整神经细胞各层的权重参数，以使得神经网络系统的输出与期望值的误差达到最小，这个优化权重参数的过程称为梯度下降法。

10.2.2　神经网络识别手写数字

实际应用中，数字识别一般分为两个研究方面，分别是印刷体数字识别和手写体数字识别。印刷体数字识别一般借助 OCR（光学扫描识别技术）技术识别，是一种特征匹配的识别技术，目前技术相对比较成熟，识别准确率也很高。手写数字识别即图像识别（Image Recognition）技术，是利用计算机对图像进行处理、分析和理解，以识别出其中的手写数字。手写体识别相对比较复杂，常用于数字手写体的算法包括 K 最近算法、支持向量机、多层感知器、深度学习算法等。其中，深度学习算法是基于神经网络思想的识别算法，也是本书中讲解的方法。

利用反向传播的神经网络系统识别手写数字的基本原理，如图 10-11 所示。整个过程分为以下几个步骤。

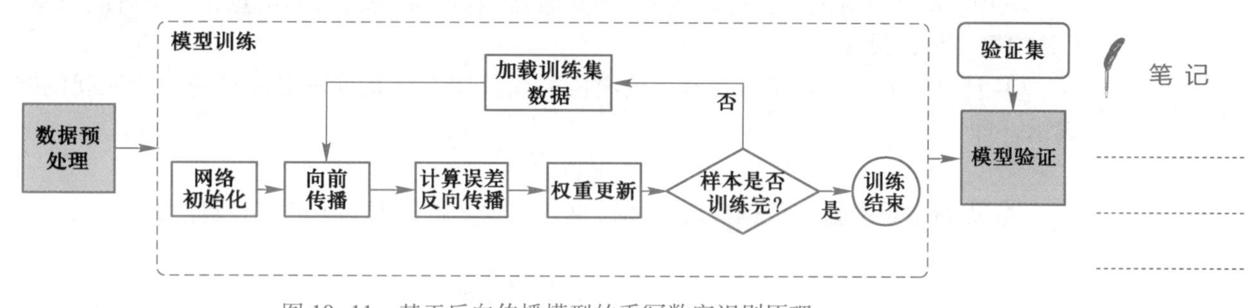

图 10-11　基于反向传播模型的手写数字识别原理

笔 记

1. 数据预处理

数据预处理，就是将待处理的数据进行规范化处理。本书数据来自 MNIST 数据集（CVS 格式），其格式如图 10-12 所示，每行表示一个手写数字图像的数据（28×28 的图像），最左边一列表示该图像对应的实际数字，也叫标签值，右边 28×28 = 784 个数字是该数字每个像素点的值（黑白像素）。神经网络系统采用 0～1 间的数据更容易训练，故对数据要进行归一化处理。

```
inputs = numpy.asfarray(all_values[1:]) / 255 * 0.99 + 0.01        #归一化
targets = numpy.zeros(self.getOutNodeCount) + 0.01                  #归零
```

2. 模型训练

手写数字的识别过程基于深度学习思路，训练过程如图 10-11 所示，包括网络初始化、向前传播、反向传播误差计算、参数更新等多个阶段。

笔 记

```
5 0,0,0,0,0,0,0,0,0,0,0,0,0,0,0,0,0,0,0,0,0,0,0,0,0,0,0,0,0,0,0,0,0,0,0,0,
0 0,0,0,0,0,0,0,0,0,0,0,0,0,0,0,0,0,0,0,0,0,0,0,0,0,0,0,0,51,159,253,159,5
4 0,0,0,0,0,0,0,0,0,0,0,0,0,0,0,0,0,0,0,0,0,0,0,0,0,0,0,0,0,0,0,0,0,0,0,0,
1 0,0,0,0,0,0,0,0,0,0,0,0,0,0,0,0,0,0,0,0,0,0,0,0,0,0,0,0,0,0,0,0,0,0,0,0,
9 0,0,0,0,0,0,0,0,0,0,0,0,0,0,0,0,0,0,0,0,0,0,0,0,0,0,0,0,0,0,0,0,0,0,0,0,
2 0,0,0,0,0,0,0,0,0,0,0,0,0,0,0,0,0,0,0,0,0,0,0,0,0,0,0,0,0,0,0,0,0,0,0,0,
1 0,0,0,0,0,0,0,0,0,0,0,0,0,0,0,0,0,0,0,0,0,0,0,0,0,145,255,211,31,0,0,0,0
3 0,0,0,0,0,0,0,0,0,0,0,0,0,0,0,0,0,0,0,0,0,0,0,0,0,0,0,0,0,0,0,0,0,0,0,0,
1 0,0,0,0,0,0,0,0,0,0,0,0,0,0,0,0,0,0,0,0,0,0,0,0,0,0,0,0,0,0,0,0,0,0,0,0,
4 0,0,0,0,0,0,0,0,0,0,0,0,0,0,0,0,0,0,0,0,0,0,0,0,0,0,0,0,0,0,0,0,0,0,0,18
3 0,0,0,0,0,0,0,0,0,0,0,0,0,0,0,0,0,0,0,0,0,0,0,0,42,118,219,166,118,118,6
5 0,0,0,0,0,0,0,0,0,0,0,0,0,0,0,0,0,0,0,0,0,0,0,0,0,0,0,0,0,0,0,0,0,0,0,0,
```

图 10-12 MNIST 数据集数据格式（CVS）

① 网络初始化。训练开始要对网络进行初始化，确定权重参数的初始值、学习率、训练轮次、输入节点数、隐藏节点数和输出节点数。输入节点数实际上是图像像素数，即 28×28=784，因为识别的数字是 0~9 共计 10 个，所以模型输出的节点数为 10，隐藏节点数可以选择，如设置为 100；至于权重参数，可以初始化为一些 0~1 之间的随机值，学习率确定为 0.1，训练轮次初始化为 10。

② 向前传播。利用前馈神经网络模型，计算各层的输出值，计算公式如下。

$$y = h\left(\sum_{j=1}^{n} x_j * w_j + b\right)$$

其中，h 是激活函数，可以选择 ReLu 激活函数，x_j是输入的信息，w_j是对应权重，b 是偏置，可以设置为 0。

③ 计算误差。在计算误差时，输出值的误差用网络系统输出值与期望值之间的差表示，即：

$$error = y - y_0$$

④ 更新权重参数。根据反向传播模型，权重参数按照如下公式计算。

$$w_{new} = w_{old} - \eta * \frac{\partial E}{\partial w}$$

⑤ 判断所有训练集的数据是否训练完，如果没有，则返回②继续，否则完成一个轮次的训练，继续下一个轮次。

⑥ 完成所有轮次的训练后，该神经网络系统各层的参数已经得到一定优化，这时进入下一个阶段，用验证集的数据进行测试。

3. 模型测试

利用测试集的数据，对训练好的网络权重参数，进行测试。将每个测试集的数据输入网络系统，根据输出的值和它的实际值，利用 softmax 等函数确定一个识别出的数字，然后再判断是否与测试集对应的标签数据一致，如果是，就增加正确计数器 1 次，否则计 0，所有测试数据都输入系统后，最终的识别正确率为：

正确率=正确识别次数/测试集数据总数×100%

【说明】

这里的神经网络模型只是对神经网络模型原理的简单实现，距离实际应用还有一定差距，请读者参考相关资料进行改进。

【实践指导】

【实践 10-2-1 指导】

本实践的要求是将 MNIST 数据集中一个数字图片的数据显示为图像，可以用 matplotlib 库的功能实现。以下是用于显示数据的函数 showImage。

```
#绘制图像
def showImage(self,imageValues):
    #[1:]表示从数据的第 2 个数字开始提取图像数据,reshape((28, 28))表示变
    #成 28 * 28 的图像
    image_array = numpy.asfarray(imageValues[1:]).reshape((28, 28))
    plt.show()  #显示图像到屏幕
```

【说明】 以上函数是整个定义在 NeuralNetwork 类中。

【实践 10-2-2 指导】

本实践的要求是编写训练模型。模型的基本思路见前面相关知识部分，可以编写两个函数，一个是训练一个数据的实现函数 trainingOne，一个是整个训练集的训练过程 testing。

微课 10-4
模型训练函数的实现

(1) 训练一个数据的实现函数 trainingOne

函数内容见电子资源。

源代码

(2) 整个训练过程的实现函数

整个训练过程的实现代码如下。

```
def trainning(self, trainDataFile):
    data_file = open(trainDataFile, 'r')                #打开训练数据集 CVS 文件
    data_list = data_file.readlines()                   #读取所有的数据
    data_file.close()                                   #关闭文件
    #循环进行 epoch 轮次训练
    for current in range(self.epoch):
        print('正在开展第【%d/%d】代训练,请稍后......' % (current + 1,
self.epoch), end='\r')
        for index, record in enumerate(data_list):
            all_values = record.split(',')              #数据拆分到数组
            inputs = numpy.asfarray(all_values[1:]) / 255 * 0.99 + 0.01
                                                        #转为浮点数并归一化
```

```
        targets = numpy.zeros(self.getOutNodeCount) + 0.01
                                                #防止出现0,所以添加了0.01
        targets[int(all_values[0])] = 0.99      #设置对应标签的元素为0.99
        self.trainingOne(inputs, targets)       #进行一个训练的计算
```

微课 10-5
模型测试函数的实现

【实践 10-2-3 指导】

本实践是编写模型测试函数。具体函数见电子资源。

【实践 10-2-4 指导】

源代码

本实践是利用测试集对训练的模型进行测试，通过如下代记录训练集中预测正确和不正确的数据：

```
    if answer_label == correct_label:       #如果预测正确则记录正确次数
        scoreCard.append(1)
    else:                                   #如果预测错误则记录失败次数
        scoreCard.append(0)
    scorecard_array = numpy.asarray(scoreCard)  #转为列表
```

以下代码是计算测试集中预测的准确率。

```
    scorecard_array = numpy.asarray(scoreCard)      #转为列表
    print("识别总的准确率是{:.2f}%".format(100 * scorecard_array.sum() / scorecard_array.size))
```

【实践 10-2-5 指导】

深度学习中，学习率和训练轮次属于超参数。所谓超参数，就是需要人工确定的参数，而不是通过学习自动确定的参数。本实践中，可以定义一个专门的函数用于优化确定超参数的值。

```
def setConfig(self, isBigData=False, epochTimes=1, is_show_process=False):
    #输入节点数,图像尺寸
    input_nodes = 28 * 28
    #隐藏节点数,类似于神经元数
    hidden_nodes = 200
    #输出节点数,待分类的格式,0-9
    output_nodes = 10
    #学习率,每次权重参数调整的幅度大小
    learning_rate = 0.1
    #训练轮次,对同样数据进行多次训练
    epoch_times = epochTimes
```

最终的运行结果如图 10-13 所示。

测试集的图像输出如图 10-14 所示。

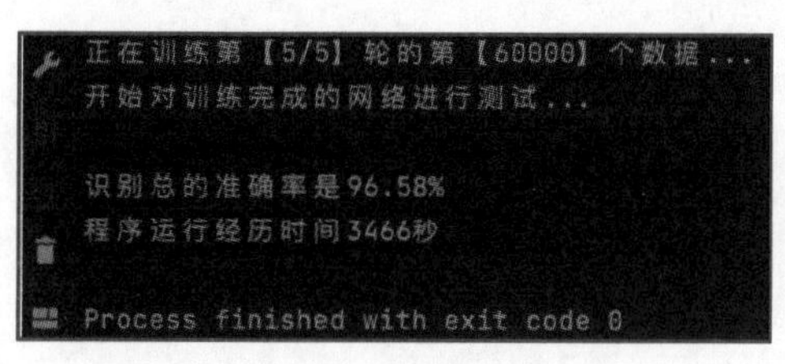

图 10-13　MNIST 数据集的测试结果

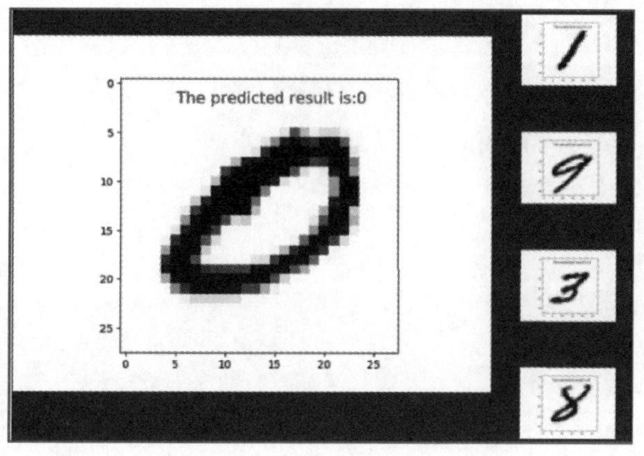

图 10-14　MNIST 测试集测试过程的图像输出

学习反思

1. Request 模块的作用是什么？
2. 如何从网络下载图像资源？
3. Python 中显示图像的库有哪些？
4. 什么是人工神经网络？
5. 人工神经元的基本结构是什么？
6. 手写数字识别的基本原理是什么？
7. 什么是目标检测？
8. 目标检测的基本原理是什么？
9. 目前常见的目标检测模型有哪几种？
10. 数据标注如何进行？
11. 如何自己制作数据集？
12. 如何创建一个虚拟的 Python 环境？

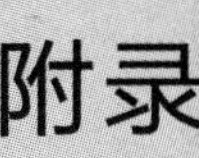

附录

附录 A 拓展学习内容

拓展学习内容

本部分主要包括以下内容。

- 用正则表达式处理字符串。
- 使用第三方模块。
- 对象数据的持久化保存与恢复。
- 人工智能应用——手势识别。
- 人工智能应用——目标检测。

请扫描二维码或查看本书电子资源

拓展实践题目

附录 B 拓展实践题目

本部分主要包括每个任务的配套课后拓展实践题目（不提供答案）。请扫描二维码或查看本书电子资源。

拓展阅读材料

附录 C 拓展阅读材料

请扫描二维码或查看本书电子资源。

附录 D 客观题习题集

请查看本书电子资源。

附录 E 学习达标统计

<table>
<tr><th rowspan="2">项目</th><th colspan="3">任务实践完成情况计数</th><th colspan="3">知识理解掌握情况计数</th><th colspan="2">达标计分</th></tr>
<tr><th>已完成
（个）
（5 分/个）</th><th>部分完成
（个）
（3 分/个）</th><th>未开展
（个）
（0 分/个）</th><th>完全理解
（个）
5 分/个</th><th>部分理解
（个）
（3 分/个）</th><th>完全不理解
（个）
（0 分/个）</th><th>实践任务
得分</th><th>知识理解
得分</th></tr>
<tr><td>项目 1</td><td></td><td></td><td></td><td></td><td></td><td></td><td></td><td></td></tr>
<tr><td>项目 2</td><td></td><td></td><td></td><td></td><td></td><td></td><td></td><td></td></tr>
<tr><td>项目 3</td><td></td><td></td><td></td><td></td><td></td><td></td><td></td><td></td></tr>
<tr><td>项目 4</td><td></td><td></td><td></td><td></td><td></td><td></td><td></td><td></td></tr>
<tr><td>项目 5</td><td></td><td></td><td></td><td></td><td></td><td></td><td></td><td></td></tr>
<tr><td>项目 6</td><td></td><td></td><td></td><td></td><td></td><td></td><td></td><td></td></tr>
<tr><td>项目 7</td><td></td><td></td><td></td><td></td><td></td><td></td><td></td><td></td></tr>
<tr><td>项目 8</td><td></td><td></td><td></td><td></td><td></td><td></td><td></td><td></td></tr>
<tr><td>项目 9</td><td></td><td></td><td></td><td></td><td></td><td></td><td></td><td></td></tr>
<tr><td>项目 10</td><td></td><td></td><td></td><td></td><td></td><td></td><td></td><td></td></tr>
<tr><td rowspan="3">汇总</td><td colspan="6">小计（分别计算实践任务和知识理解部分的分数合计）</td><td></td><td></td></tr>
<tr><td colspan="6">总得分（=实践得分/实践任务总数×60%+知识得分/知识题总数×40%）</td><td colspan="2"></td></tr>
<tr><td colspan="8">说明：总得分小于 60 为合格，60~74 为良好，75~95 为中等，95 以上为优秀</td></tr>
</table>

参 考 文 献

［1］埃里克·马瑟斯．Python 编程从入门到实践［M］．2 版．袁国忠，译．北京：人民邮电出版社，2020.

［2］龚沛曾，杨志强．Python 程序设计及应用［M］．北京：高等教育出版社，2021.

［3］明日科技．零基础学 Python［M］．长春：吉林大学出版社，2021.

［4］明日科技．Python 从入门到精通［M］．北京：清华大学出版社，2021.

郑重声明

高等教育出版社依法对本书享有专有出版权。任何未经许可的复制、销售行为均违反《中华人民共和国著作权法》，其行为人将承担相应的民事责任和行政责任；构成犯罪的，将被依法追究刑事责任。为了维护市场秩序，保护读者的合法权益，避免读者误用盗版书造成不良后果，我社将配合行政执法部门和司法机关对违法犯罪的单位和个人进行严厉打击。社会各界人士如发现上述侵权行为，希望及时举报，我社将奖励举报有功人员。

反盗版举报电话　(010) 58581999　58582371

反盗版举报邮箱　dd@hep. com. cn

通信地址　北京市西城区德外大街 4 号

高等教育出版社法律事务部

邮政编码　100120

读者意见反馈

为收集对教材的意见建议，进一步完善教材编写并做好服务工作，读者可将对本教材的意见建议通过如下渠道反馈至我社。

咨询电话　400-810-0598

反馈邮箱　gjdzfwb@pub. hep. cn

通信地址　北京市朝阳区惠新东街 4 号富盛大厦 1 座　高等教育出版社总编辑办公室

邮政编码　100029